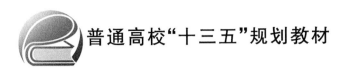
普通高校"十三五"规划教材

工程制图与CAD

主　编　林悦香　潘志国　刘艳芬

副主编　姜学东　杜宏伟　毛新奇

U0260163

北京航空航天大学出版社

内容简介

本教材主要内容有:制图的基本知识和基本技能,投影法及点、直线和平面的投影,基本立体及截切体和相交体的投影,组合体的三视图,轴测投影图,机件的图样画法,标准件和常用件,零件图和装配图,计算机绘图基础。

本教材适合作为高等院校近机械类和非机械类各本科专业教学用书,也可作为工程技术人员的培训教材。本教材的特点是注重基础性、实践性和创新性,语言简练,通俗易懂,并采用了国家最新颁布的技术制图、机械制图和计算机绘图有关标准。

本教材与林悦香等主编的《工程制图与CAD习题集》(书号:978-7-5124-2106-6)配套使用,并配有教学课件及全部习题答案(可发邮件至 goodtextbook@126.com 或致电 010-82317037 申请索取)供任课教师参考。

图书在版编目(CIP)数据

工程制图与CAD / 林悦香,潘志国,刘艳芬主编. --
北京:北京航空航天大学出版社,2016.4
　ISBN 978-7-5124-2105-9
　Ⅰ.①工… Ⅱ.①林… ②潘… ③刘… Ⅲ.①工程制
图—AutoCAD 软件 Ⅳ.①TB237

中国版本图书馆 CIP 数据核字(2016)第 073164 号

工程制图与CAD
主　编　林悦香　潘志国　刘艳芬
副主编　姜学东　杜宏伟　毛新奇
责任编辑　董　瑞
*
北京航空航天大学出版社出版发行
北京市海淀区学院路 37 号(邮编 100191)　http://www.buaapress.com.cn
发行部电话:(010)82317024　传真:(010)82328026
读者信箱:goodtextbook@126.com　邮购电话:(010)82316936
北京九州迅驰传媒文化有限公司印装　各地书店经销
*
开本:787×1 092　1/16　印张:15.75　字数:403 千字
2016 年 5 月第 1 版　2020 年 1 月第 5 次印刷　印数:10001~10600 册
ISBN 978-7-5124-2105-9　定价:39.00 元

编委会名单

前　言

为适应 21 世纪人才培养的需要,根据教育部工程图学教学指导委员会审定的"普通高等院校工程图学课程教学基本要求",作者在总结多年教学实践和教学改革成果的基础上,同时吸纳兄弟院校同行专家的意见编写了本教材。本教材适用于近机械类和非机械类各专业本科学生。考虑到这些专业的特点及学时数相对较少的实际情况,决定以"简明、精练、通俗易懂"作为本教材的编写宗旨,主要有以下特点:

(1)内容安排注重基础性、实践性和创新性。既注重基础理论的掌握,又强调实践技能和创新能力的培养。图例典型,习题难度适中。

(2)注重执行标准的时效性,采用国家最新颁布的技术制图、机械制图、计算机绘图有关国家标准,并体现于教材的相关内容及附录中。

(3)贯彻基础理论以"实用为主,够用为度"的教学原则,对传统的画法几何部分进行了优化组合,删减了部分内容并降低了难度。

(4)计算机绘图部分采用了 AutoCAD 2011 版软件进行介绍。让学生掌握先进的现代绘图技能。

参与本书编写的单位有青岛农业大学、东北农业大学、青岛农业大学海都学院、山东华源莱动内燃机有限公司。本教材共 10 章,由林悦香、潘志国、刘艳芬担任主编,姜学东、杜宏伟、毛新奇担任副主编。具体编写分工如下:林悦香编写第 1 章及第 7 章;姜学东编写第 2 章和第 3 章;潘志国编写第 4 章、第 5 章和第 9 章;杜宏伟编写第 8 章、附录五及附录六;刘艳芬编写第 6 章;苏文海编写第 10 章;杨树文编写附录三及附录四,并负责校核标准;毛新奇编写附录一及附录二。

在本教材的编写过程中,参考了大量同类教材(列于参考文献中),在此对这些教材的编者表示感谢。另外,对本教材的编写给予关心和支持的同志还有江景涛、董应赛、朱广印、莫新平、庄振春,在此一并表示感谢。

本教材与林悦香、潘志国、杜宏伟主编的《工程制图与 CAD 习题集》(书号:978 - 7 - 5124 - 2106 - 6)配套使用,并配有教学课件和全部习题答案(可发邮件至 goodtextbook @ 126. com 或致电 010 - 82317037 申请索取)供任课教师参考。

由于编者水平有限,书中存在的问题,欢迎使用本教材的广大师生和读者提出宝贵意见,以便修订时调整与改进。

编 者

2015 年 10 月

目　录

绪 论

1. 现代工程制图课程的性质、研究对象和课程内容

工程图样被称为"工程界的语言",它作为工程信息的载体,准确地表达了物体的形状、尺寸和技术要求。设计者通过图样来表达设计思想,制造者通过图样来了解设计意图并按图样加工设计对象,图样便是设计者与制造者交流的"语言"。随着科学技术的高速发展和国际交流的日益频繁,作为国际性技术语言的工程图样显得越来越重要。工程技术人员必须掌握这种技术语言,具备看图和画图的能力。

本课程就是研究如何阅读和绘制机械图样的一门学科,是工科类各专业学生必修的一门重要的技术基础课。

本课程的主要内容包括:

(1)制图的基本知识:通过学习和贯彻制图国家标准的有关规定,树立标准意识;训练仪器绘图与徒手绘图的基本技能。

(2)投影理论:主要学习制图的理论基础——用正投影法表达空间形体的原理和方法。

(3)机械制图:学习如何运用投影理论,绘制和阅读机械图样的方法。

(4)计算机绘图:学习用 AutoCAD 2011 软件绘制机械图样的方法,培养用计算机绘图的基本能力。

2. 现代工程制图的主要任务

(1)培养依据投影理论,用二维平面表达三维空间形体的能力。

(2)培养空间想象能力和空间构思能力,能够正确阅读机械图样。

(3)培养徒手绘图、尺规绘图和计算机绘图的综合绘图能力。

(4)培养严肃认真、一丝不苟的工作作风。

(5)培养标准意识,严格遵照国家标准规定绘制图样,以表达机器、部件和零件。

3. 现代工程制图的学习方法

本课程是一门实践性较强的课程,只有通过大量地看图、画图实践才能掌握。因此,在学习本课程时,必须做到:

(1)认真听课,按时完成配套习题集上的一系列作业。这是巩固基本理论和基本方法的有效途径。

(2)注意看图和画图相结合,物体与图样相结合。要多看、多画、多想,注意培养空间想象能力和空间构思能力。

(3)严格遵守制图标准的规定,学会查阅、使用标准的方法。

(4)学习计算机绘图时,注意加强上机练习,通过不断实践才能更好地掌握程序命令的操作技巧,提高计算机绘图速度。

第1章 制图的基础知识和基本技能

制图的基础知识主要介绍国家标准《技术制图》、《机械制图》的有关规定和基本的几何作图方法。制图的基本技能主要介绍手工绘图工具的使用技能和徒手绘图的技能。

1.1 国家标准《技术制图》和《机械制图》的有关规定

工程图样是现代工业生产中必不可少的技术资料,具有严格的规范性。为此,国家制订并颁布了一系列国家标准,简称"国标",它包括强制性国家标准(代号为"GB")和推荐性国家标准(代号为"GB/T")。本节摘录了有关《技术制图》和《机械制图》中关于"图纸幅面和格式"、"比例"、"字体"、"图线"、"尺寸标注"的基本规定。

1.1.1 图纸幅面和图框格式(GB/T 14689—2008)

1. 图纸幅面

图纸幅面是指图纸宽度和长度组成的图面。绘制图样时,应采用表1-1中规定的图纸基本幅面尺寸。基本幅面代号有 A0、A1、A2、A3、A4 五种。

表1-1 图纸幅面及图框格式尺寸

单位:mm

幅面代号	幅面尺寸	周边尺寸		
	$B \times L$	a	c	e
A0	841×1 189	25	10	20
A1	594×841	25	10	20
A2	420×594	25	10	20
A3	297×420	25	5	10
A4	210×297	25	5	10

2. 图框格式

图纸上限定绘图区域的线框称为图框。图框在图纸上必须用粗实线画出,图样绘制在图框内部。其格式分为不留装订边和留装订边两种,如图1-1和图1-2所示。但同一产品的图样只能采用一种图框格式。

一般 A4 图幅采用竖放,其他图幅采用横放。特殊情况下 A4 图幅也可以横放,其他图幅也可以竖放。

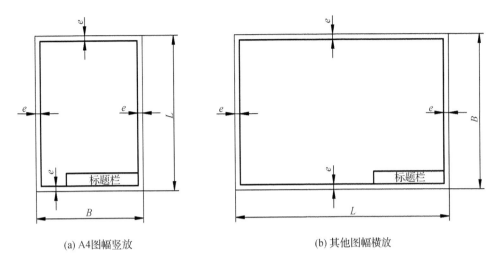

(a) A4图幅竖放   (b) 其他图幅横放

图 1 - 1 不留装订边的图框格式

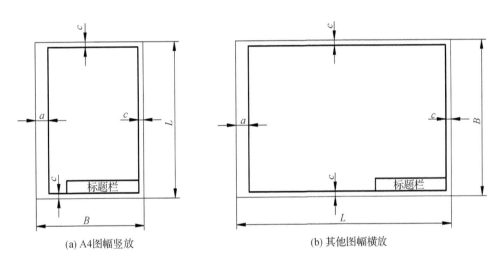

(a) A4图幅竖放   (b) 其他图幅横放

图 1 - 2 留装订边的图框格式

3. 标题栏

标题栏是由名称及代号区、签字区、更改区和其他区组成的栏目。标题栏位于图纸的右下角,其格式和尺寸由 GB/T 10609.1—1989 规定,图 1 - 3 所示是该标准提供的标题栏格式。教学中可以使用简化的零件图标题栏和装配图标题栏,如图 1 - 4 所示。

标题栏的外框为粗实线,内框为细实线。其底边和右边与图幅的边框重合。一般情况下,看标题栏的方向即为看图方向。当 A4 图幅横放或其他图幅竖放时,须加方向符号。另外为了复制或微缩摄影时定位方便,应在图纸各边长的中点处绘制对中符号。对中符号是从周边画入图框内 5 mm 的一段粗实线。方向符号及对中符号如图 1 - 5 所示。

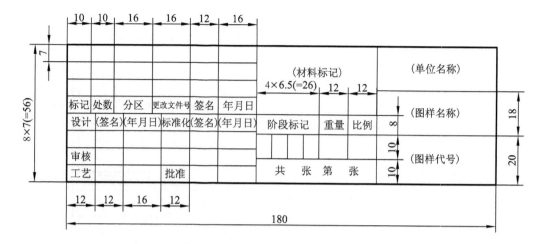

图 1-3 国家标准规定的标题栏格式

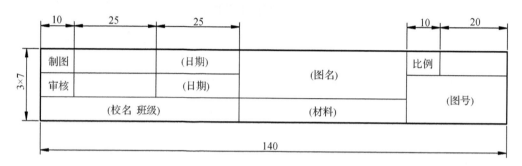

图 1-4 教学中制图作业采用的标题栏格式

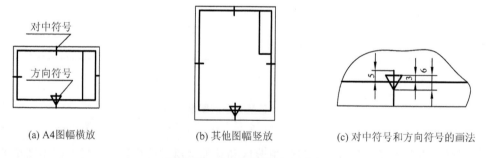

(a) A4图幅横放　　　(b) 其他图幅竖放　　　(c) 对中符号和方向符号的画法

图 1-5 方向符号与对中符号

1.1.2 比例(GB/T 14690-1993)

比例是图中图形与实物相应要素的线性尺寸之比。

绘制图样时,应根据实际需要按表1-2中规定的系列选取适当的比例。一般应尽量采用机件的实际大小(1:1)画图,以便能直接从图样上看出机件的真实大小。绘制同一机件的各个视图应采用相同的比例,并在标题栏的比例一栏中标明。当某个视图需要采用不同的比例时,必须另行标注。应注意,不论采用何种比例绘图,标注尺寸时,均按机件的实际大小标注尺寸。

表 1 - 2　比例系列

种　类	比　例								
值比例	1:1								
放大比例	**2:1**	2.5:1	4:1	**5:1**	**$1 \times 10^n:1$**	**$2 \times 10^n:1$**	2.5$\times 10^n:1$	4$\times 10^n:1$	**$5 \times 10^n:1$**
缩小比例	1:1.5	**1:2**	1:2.5	1:3	1:4	**1:5**	1:6	**1:10**	
	1:1.5$\times 10^n$	**1:2$\times 10^n$**	1:2.5$\times 10^n$	1:3$\times 10^n$	1:4$\times 10^n$	**1:5$\times 10^n$**	1:6$\times 10^n$	**1:1$\times 10^n$**	

注：1. n 为正整数；

2. 加粗的比例为优先选用的比例；其他比例为必要时允许选用的比例。

1.1.3　字体(GB/T 14691－1993)

字体指的是图中汉字、字母、数字的书写形式。图样中的字体书写必须做到：字体工整、笔画清楚、间隔均匀、排列整齐。

字体号数(即字体高度，用 h 表示，单位为 mm)的公称尺寸系列为：1.8,2.5,3.5,5,7,10,14,20。

1. 汉　字

汉字应写成长仿宋体，并应采用国家正式公布推行的简化字。汉字的高度 h 不应小于 3.5 mm，其字宽一般为 $h/\sqrt{2}$。

长仿宋体汉字的书写要领是：横平竖直、注意起落、结构匀称、填满方格。示例如下：

10号字 字体工整 笔画清楚 间隔均匀 排列整齐

7号字 横平竖直注意起落结构均匀填满方格

2. 字母和数字

数字和字母分为 A 型和 B 型。A 型字体的笔画宽度 d 为字高 h 的 1/14，B 型字体的笔画宽度 d 为字高 h 的 1/10。数字和字母有斜体和正体之分，图样上多采用斜体。斜体字字头向右倾斜，与水平基准线成 75°。

阿拉伯数字的书写示例(B 型斜体)：

罗马数字书写示例(A 型斜体)：

拉丁字母书写示例(大、小写均为斜体):

1.1.4 图线(GB/T 4457.4—2002、GB/T 17450—1998)

1. 图线形式

绘制机械图样使用 8 种基本图线(如表 1-3 所列),即粗实线、细实线、双折线、虚线、细点画线、波浪线、粗点画线、双点画线。

机械制图中通常采用两种线宽,其比例关系为 2∶1,粗线宽度优先采用 0.5 mm、0.7 mm。为了保证图样清晰易读,便于复制,图样上尽量避免出现线宽小于 0.18 mm 的图线。

不连续线的独立部分称为线素,如点、长度不同的划和间隔。各线素的长度应符合表 1-3 中的规定。

表 1-3 图 线

名 称	线 形	线 宽	主要用途及线素长度	
细实线	———————	0.5d	尺寸线、尺寸界线、剖面线等	
粗实线	———————	d	可见轮廓线等	
细虚线	— — — — —	0.5d	不可见轮廓线	长 12d 短间隔长 3d
粗虚线	▬ ▬ ▬ ▬	d	允许表面处理的表示线	
细点画线	—— · —— · ——	0.5d	轴线、对称中心线	长划长 24d 短间隔长 3d 点长 0.5d
粗点画线	▬ · ▬ · ▬	d	限定范围表示线	
细双点画线	—— ·· —— ·· ——	0.5d	相邻辅助零件的轮廓线、中断线等	
波浪线	∿∿∿	0.5d	断裂处边界线、视图与剖视图的分界线。在一张图样上一般采用一种线形,即波浪线或双折线	
双折线	——/\——/\——	0.5d		

各种图线应用示例如图 1-6 所示。

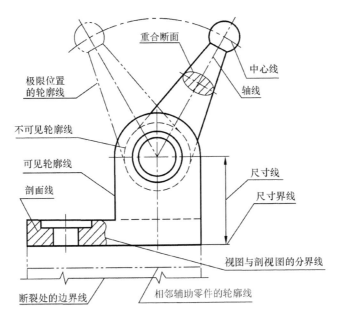

图 1-6　图线应用示例

2. 图线画法

(1)画圆的中心线时,圆心应是点画线中长划的交点,点画线的划两端应超出轮廓 2~5 mm;较小的图形(如小圆),中心线可用细实线代替,如图 1-7 所示。

(2)虚线、点画线与其他图线相交时,应是线段相交,不得留有空隙;若虚线为粗实线的延长线时,虚线应留出空隙,如图 1-8 所示。

(3)多种图线重合,按粗实线、虚线、点画线的优先顺序绘制。

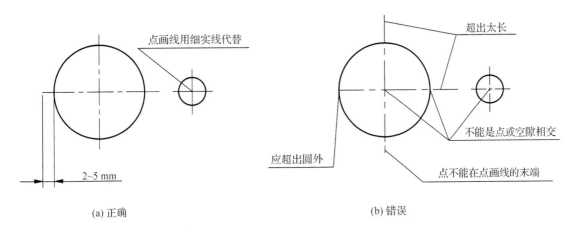

图 1-7　圆中心线的画法

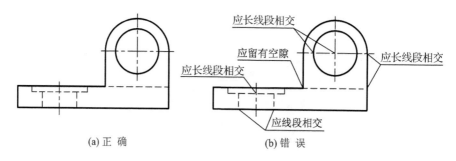

(a) 正确　　　　　　　(b) 错误

图 1-8　图线相交的画法

1.1.5　尺寸注法(GB/T 4458.4—2003、GB/T 16675.2—1996)

机件结构形状的大小和相互位置需用尺寸表示,尺寸的组成如图 1-9 所示。尺寸标注方法应符合国家标准的规定。

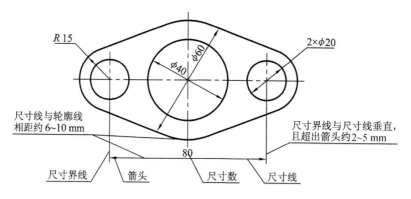

图 1-9　尺寸组成及标注示例

1. 尺寸标注的基本规则

(1)图样上所标注尺寸为机件的真实大小,且为该机件的最后完工尺寸,它与图形的比例和绘图的准确度无关。

(2)图样中(包括技术要求和其他说明)的尺寸,以毫米为单位时,不需要标注计量单位的名称或代号;若采用其他单位,则必须注明相应计量单位的名称或代号。

(3)机件的每一个尺寸,在图样中一般只标注一次,并应标注在反映该结构最清晰的图形上。

(4)在保证不致引起误解和不产生理解多意性的前提下,力求简化标注。

2. 尺寸要素

(1)尺寸界线

尺寸界线表示所注尺寸的起始和终止位置,用细实线绘制,并应由图形的轮廓线、轴线或对称线引出。也可以直接利用轮廓线、轴线或对称线等作为尺寸界线。尺寸界线应超出尺寸线约 2~5 mm。尺寸界线一般应与尺寸线垂直,必要时才允许倾斜,如图 1-10 所示。

(2)尺寸线

尺寸线用细实线绘制。标注线性尺寸时,尺寸线必须与所标注的线段平行,相同方向的各尺寸线之间的距离要均匀,间隔应大于 5 mm。尺寸线一般不用图上的其他线代替,也不与其他图线重合或在其延长线上,并应尽量避免与其他的尺寸线或尺寸界线相交。

(3)尺寸线终端

尺寸线终端表示尺寸的起止,可以有两种形式,如图1-11所示。

① 箭头 箭头适合于各类图样,d 为粗实线宽度,箭头尖端与尺寸界线接触,不得超出或离开。机件图样中的尺寸线终端一般均采用此种形式。

② 斜线 当尺寸线与尺寸界线垂直时,尺寸线的终端可用斜线绘制,斜线采用细实线。

同一张图样中只能采用一种尺寸线终端形式。

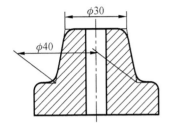

图 1-10 倾斜引出的尺寸界线

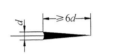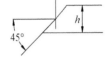

图 1-11 尺寸终端的形式

(4)尺寸数值

尺寸数值即机件尺寸的实际大小。

① 线性尺寸数值一般注写在尺寸线的上方,也允许注写在尺寸线的中断处。但同一张图上注写方法应一致,且要求注写的数字的字号应一致。

② 尺寸数值的注写方向应以标题栏或看图方向符号为准,水平尺寸字头朝上写在尺寸线上方,竖直尺寸字头朝左写在尺寸线左方。

注意:尺寸数值不可被任何图线通过,必要时可将图线断开。

常用尺寸注法示例如表1-4所列。

表 1-4 常用尺寸注法示例

内　容	示　例	说　明
线性尺寸		尺寸数字按左图所示方向注写,并尽量避免在如示例的30°范围内标注,无法避免时,采用右图所示方法注写
圆及圆弧尺寸		整圆或大于半圆的圆弧,标注直径,在数值前加"ϕ"。非整圆时,尺寸线超出圆心一段,且单箭头画出

续表1-4

内容	示例	说明
圆及圆弧尺寸	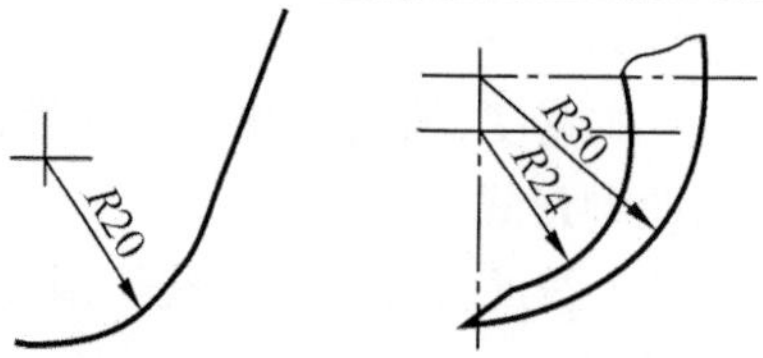	小于半圆的圆弧,标注半径,在数值前加"R"。尺寸线与圆心相连,单箭头画出
	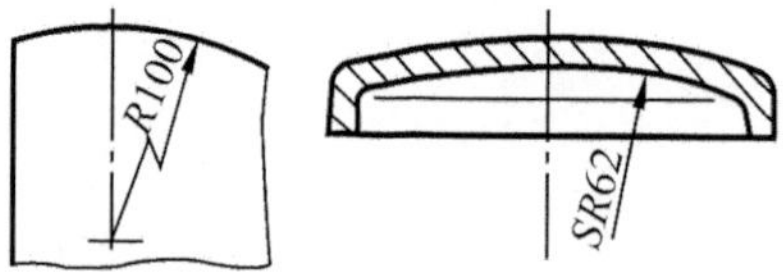	大圆弧、圆心在图形之外时,采用左图方法注写。球面尺寸应在"φ"或"R"前加"S"
角度尺寸	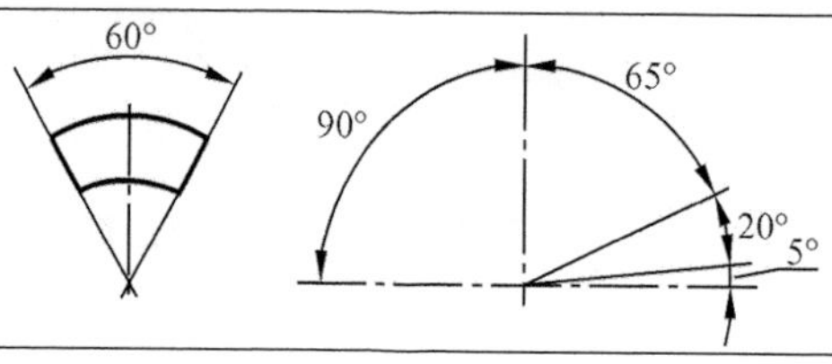	角度的尺寸界线沿径向引出,尺寸线为圆弧,圆心为该角顶点 角度尺寸数字一律水平书写
小尺寸	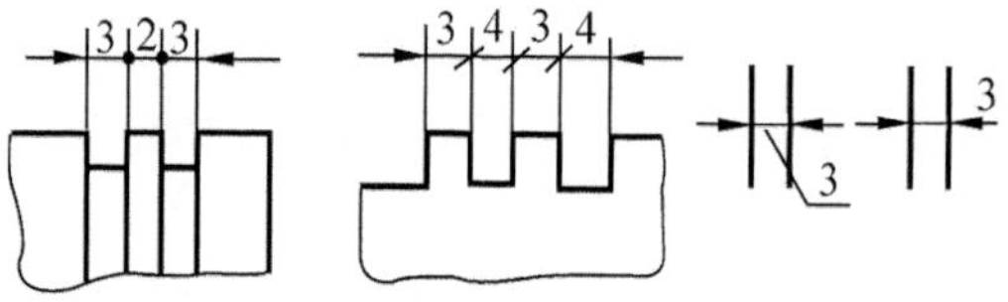	小图形,没地方标注线性尺寸时,箭头可外移,或用小圆点、45°斜线代替箭头,或引出标注
	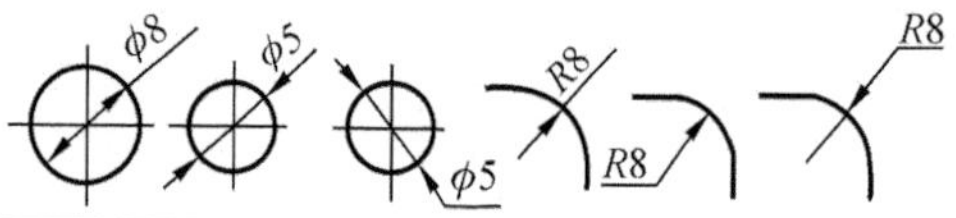	小圆弧可用引出标注
对称机件	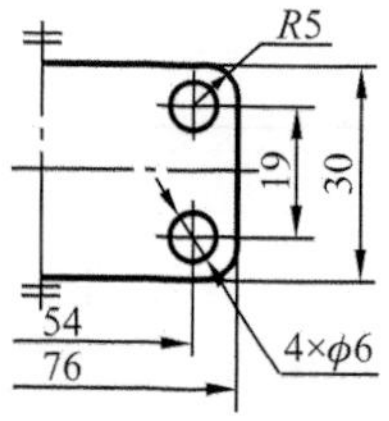	对称机件仅画出一半时,尺寸线用单箭头,且应超过对称中心线。如尺寸54、76 图中4×φ6表示有4个φ6孔
图线通过尺寸	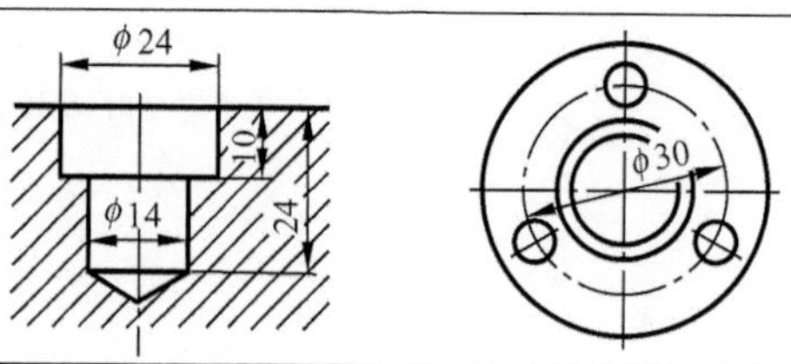	当尺寸数值不可避免地被图线通过时,图线应断开
规律排列的孔	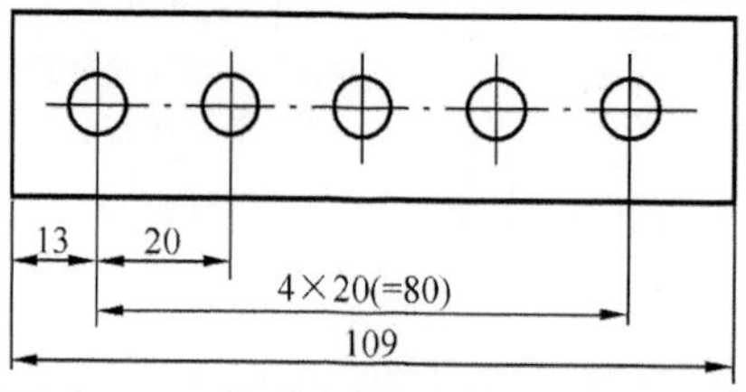	按规律排列的孔,其定位尺寸可按左图方法标注

1.2 尺规绘图

尺规绘图是指用铅笔、丁字尺、三角板、圆规等为主要工具绘制图样。虽然目前技术图样已使用计算机绘制,但尺规制图仍然是工程技术人员必备的基本技能,也是学习和巩固图学理论知识不可缺少的方法,必须熟练掌握。

1.2.1 尺规绘图工具及其使用

常用的绘图工具有以下几种:

1. 图板及丁字尺

图板是木制的矩形板,用来铺放和固定图纸(见图1-12),其短边为工作边(又称导边),应光滑平直。丁字尺用来画水平线,使用时,丁字尺头部要紧靠图板左边,然后用丁字尺尺身的上边画线(见图1-13)。

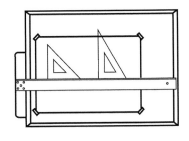

图1-12 贴图纸方法

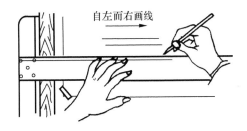

图1-13 丁字尺画水平线

2. 三角板

三角板有45°和30°-60°两块,与丁字尺配合可画竖直线及15°倍角线,如图1-14(a)所示。用三角板画竖直线时,手法如图1-14(b)所示。

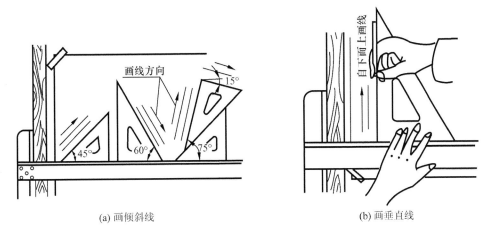

(a) 画倾斜线

(b) 画垂直线

图1-14 斜线和竖直线的画法

用两块三角板配合画任意角度的平行线和垂直线,如图1-15所示。

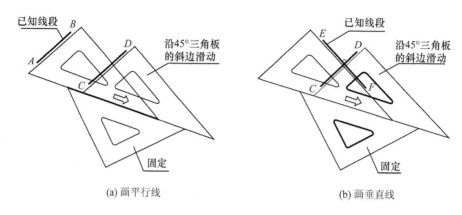

(a) 画平行线　　　　　　　　　　　　(b) 画垂直线

图1-15　任意角度的平行线和垂直线的画法

3. 铅　笔

画图时常采用B、HB、H、2H绘图铅笔。铅芯的软硬是用字母B和H表示,B前数值越大表示铅芯越软(黑),H前数值越大表示铅芯越硬。画细线或写字时铅芯应磨成锥状,而画粗实线时,可以磨成四棱柱(扁铲)状,如图1-16所示。

画线时,铅笔可略向画线前进方向倾斜,尽量让铅笔靠近尺面。画线时用力要均匀,匀速前进。为了使所画的线宽均匀,推荐使用不同直径标准笔芯的自动铅笔。

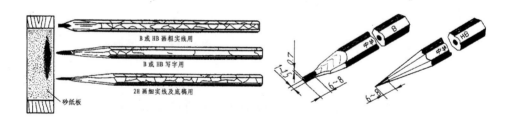

图1-16　铅笔的磨削形状

4. 分　规

分规是用来量取尺寸和等分线段的,用法如图1-17所示。

5. 圆　规

圆规(见图1-18)用来画圆或圆弧。它的一条腿上装有铅芯,另一条腿上装有钢针。在画粗实线圆时,铅笔芯应用2B或B(比画粗直线的铅笔芯软一号),并磨成矩形;画细线圆时,用H或HB的铅笔芯,并磨成铲形。

当画大直径的圆或描深时,圆规的针脚和铅笔脚均应保持与纸面垂直。当画大圆时,可用加长杆来扩大所画圆的半径,其用法如图1-18所示。画圆时应当匀速前进,并注意用力均匀。

6. 其他工具

除了上述工具之外,还经常使用曲线板来绘制非圆曲线,如图1-19所示。另外需要准备橡皮、固定图纸用的透明胶带、削铅笔刀、测量角度的量角器、磨铅笔用的砂纸以及清除图面上橡皮屑的小毛刷等。

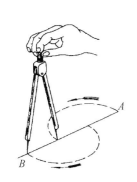
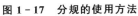

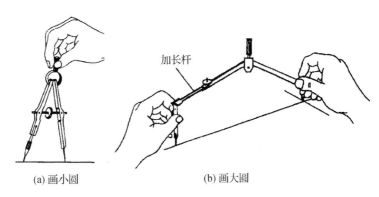

加长杆

(a) 画小圆　　　　　　(b) 画大圆

图 1 - 17　分规的使用方法　　　　　　**图 1 - 18　圆规的使用方法**

1.2.2　几何作图

　　虽然机件图样的轮廓形状是多种多样的,但这些图样基本上都是由一些直线、圆弧或其他曲线所组成的,因此,熟练掌握这些几何图形的画法是绘制好机械图的基础。

图 1 - 19　曲线板

1. 等分已知线段

将直线 AB 五等分,其作图方法如图 1 - 20 所示。

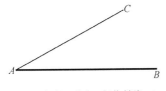

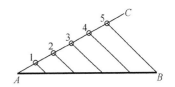

(a) 自点A(或点B)任作射线AC　　(b) 用分规以任意单位长度　　(c) 连接$5B$,过各个分点作$5B$
　　　　　　　　　　　　　在AC上取5个分点　　　　　的平行线交AB即得5等分

图 1 - 20　等分直线段的画图步骤

2. 等分圆周(内接正多边形)

(1)六等分圆周和正六边形作法

① 用圆规作图方法,如图 1 - 21 所示。以点 A(或点 B)为圆心,原圆半径为半径,截圆于 1,2,3,4 点,即得圆周六等分点。

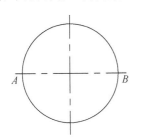
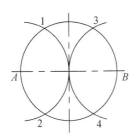
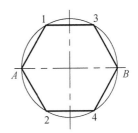

图 1 - 21　用圆规画正六边形

② 用丁字尺和三角板作图方法,如图 1-22 所示。

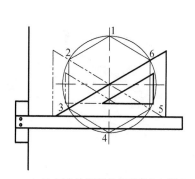
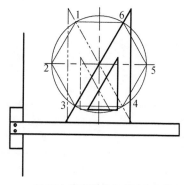

(a) 正六边形顶点在垂直中心线上　　　(b) 正六边形顶点在水平中心线上

图 1-22　用丁字尺和三角板画正六边形

(2) 五等分圆周和正五边形作法

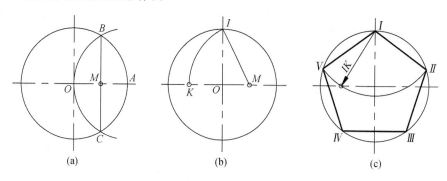

(a)　　　　　　(b)　　　　　　(c)

图 1-23　圆周五等分和正五边形的作法

① 以点 A 为圆心,以 OA 为半径,画圆弧交圆于点 B、C,连 BC 得 OA 中点 M,如图 1-23(a)所示;

② 以 M 为圆心,MI 为半径画弧得交点 K,如图 1-23(b)所示;

③ 以 IK 长从 I 起截圆周得点 II、III、IV、V;

④ 依次连接得正五边形,如图 1-23(c)所示。

3. 斜度和锥度

(1) 斜　度

斜度是指一直线或平面相对另一直线或平面的倾斜程度。其大小用倾斜角的正切表示,并把比值写成 $1:n$ 的形式,即斜度 $=\tan\alpha=H:L=1:n$,如图 1-24(a)所示。

采用斜度符号标注时,符号的斜线方向应与斜度方向一致。斜度的作图方法如图 1-24(b)所示,分别取对边 1 个单位长、邻边 10 个单位长作小三角形,再作斜边的平行线即可。斜度符号画法如图 1-24(c)所示。

(2) 锥　度

锥度是正圆锥底圆直径与圆锥高度之比,或正圆锥台两底圆直径之差与圆锥台高度之比,如图 1-25 所示,即

$$锥度 = 2\tan(\alpha/2) = D:L = (D-d):l$$

锥度的作图方法如图 1 – 26 所示,按定义作小锥形,水平方向量取 3 个单位,竖直方向量取一个单位,然后作小锥形的平行线。

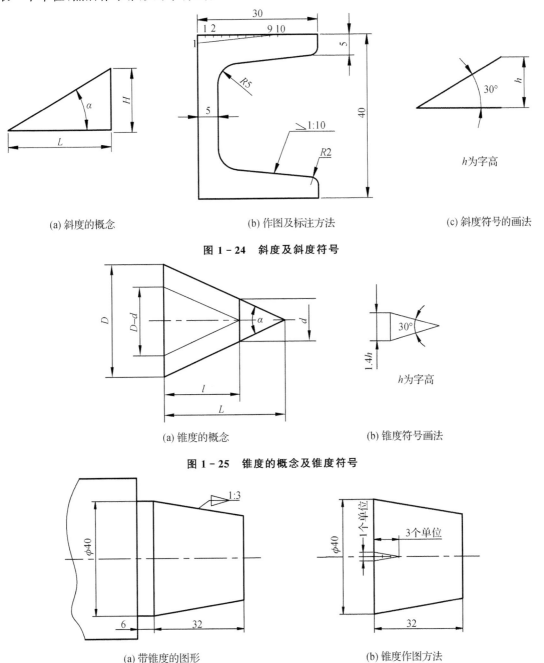

(a) 斜度的概念　　　　　　　(b) 作图及标注方法　　　　　　　(c) 斜度符号的画法

图 1 – 24　斜度及斜度符号

(a) 锥度的概念　　　　　　　　　　(b) 锥度符号画法

图 1 – 25　锥度的概念及锥度符号

(a) 带锥度的图形　　　　　　　　　(b) 锥度作图方法

图 1 – 26　锥度的作图方法

4. 圆弧连接

用已知半径为 R 的圆弧光滑连接(即相切)两已知圆弧或直线,称为圆弧连接。该圆弧称为连接弧,连接点就是切点。圆弧连接的作图方法可归结为:求连接弧的圆心和找出连接点的位置。

（1）求连接弧的圆心运动轨迹及连接点，作图原理如图 1 - 27 所示。

① 一个半径为 R 的连接圆弧与已知直线连接（相切）时，其连接圆弧的圆心 O 的轨迹是一条直线，该直线与已知直线平行且距离为半径 R，其切点 T 为过圆心做已知直线的垂线所得垂足。如图 1 - 27(a) 所示。

② 一个半径为 R 的连接弧与一个半径为 R_1 的已知圆弧外切时，其连接弧圆心 O 的轨迹是已知圆弧的同心圆，半径为 $R + R_1$，切点是两圆心的连线与已知圆弧的交点 T，如图 1 - 27(b) 所示。

③ 一个半径为 R 的连接弧与一个半径为 R_1 的已知圆弧内切时，其连接弧圆心 O 的轨迹是已知圆弧的同心圆，半径为 $|R_1 - R|$，切点是两圆心连线的延长线与已知圆弧的交点 T，如图 1 - 27(c) 所示。

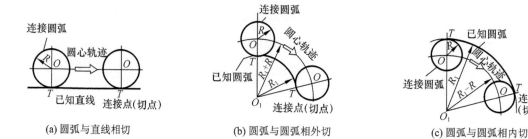

图 1 - 27　连接弧的圆心运动轨迹

（2）常见几种圆弧连接的作图方法如下：

① 用半径为 R 的圆弧连接两相交直线 M、N：分别作两已知直线 M、N 的平行线 L、K，且使平行线的距离为 R，两线的交点 O 即为连接弧圆心；分别找出连接弧与直线 M、N 的切点 T_1、T_2；以点 O 为圆心，R 为半径画连接弧，如图 1 - 28(a) 所示。

② 用半径为 R 的圆连接两已知圆弧：分别以点 O_1、O_2 为圆心，以 $R_1 + R$、$R_2 + R$（外切）或 $|R_1 - R|$、$|R_2 - R|$（内切）为半径画圆弧，两圆弧交点为连接弧圆心 O，再找出切点 T_1、T_2，以点 O 为圆心，以 R 为半径画连接弧，如图 1 - 28(b)、(c) 所示。

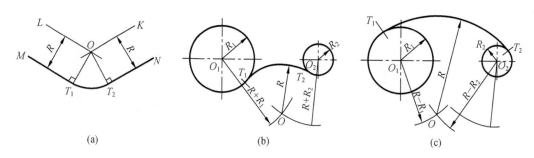

图 1 - 28　圆弧连接作图方法

③ 用半径为 R 的圆弧连接一直线和一圆弧：先做已知直线的平行线，距离为连接弧半径 R，再以已知圆弧圆心为圆心，以 $R + R_1$（外接圆弧和直线）或 $R_1 - R$（内接圆弧和直线）为半径画弧，交直线于 O，再以 O 为圆心，以 R 为半径画连接弧找切点 T_1、T_2，如图 1 - 29(a)、(b) 所示。

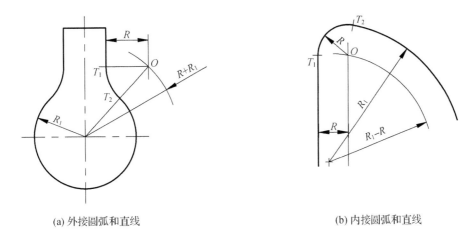

(a) 外接圆弧和直线　　　　　　　　　　(b) 内接圆弧和直线

图 1 - 29　直线与圆弧连接作图方法

1.3　平面图形的尺寸分析及画图步骤

如图 1 - 30 所示,平面图形常由一些线段连接而成的一个或数个封闭线框所构成。在画图时,要能根据图中尺寸确定画图步骤;在注尺寸时(特别是圆弧连接的图形),需根据线段间的关系,分析需要注什么尺寸。注出的尺寸要齐全,没有多注、少注和自相矛盾的现象。

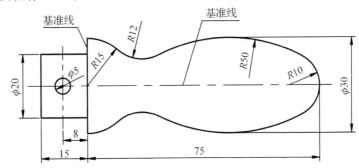

图 1 - 30　手　柄

1.3.1　平面图形的尺寸分析

对平面图形的尺寸进行分析,可以检查尺寸的完整性,确定各线段及圆弧的作图顺序。尺寸按其在平面图形中所起的作用,可分为定形尺寸和定位尺寸两类。

1. 定形尺寸

确定平面图形上各线段形状大小的尺寸称为定形尺寸,如直线的长度、圆及圆弧的直径或半径以及角度大小等。图 1 - 30 中的 $\phi20$、$\phi5$、$R15$、$R12$、$R50$、$R10$、15 均为定形尺寸。

2. 定位尺寸

确定平面图形上的线段或线框间相对位置的尺寸称为定位尺寸,图 1 - 30 中确定 $\phi5$ 小圆位置的尺寸 8 和确定端部圆弧 $R10$ 位置的 75 均为定位尺寸。

定位尺寸通常以图形的对称线、较大圆的中心线、轴线或较长的直线作为标注尺寸的起点,这些线称为基准线。图 1-30 中所示 X、Y 方向均有基准线。

1.3.2 平面图形的线段分析

根据定形尺寸和定位尺寸是否齐全,平面图形中的线段可分为 3 类:

1. 已知线段

定形尺寸和定位尺寸齐全的线段,这种线段可根据尺寸直接作图,如图 1-30 中的 $\phi 5$ 小圆、左端矩形线框以及 $R15$、$R10$ 圆弧。

2. 中间线段

有定形尺寸但定位尺寸不全的线段,这种线段必须在已知线段画出后才可作图。如图 1-30 中的 $R50$,缺少圆心在 X 方向的定位尺寸,由于与一个已知线段相连接($R10$),可利用一个相切的条件作出。

3. 连接线段

有定形尺寸而无定位尺寸的线段,这种线段必须在已知线段和中间线段画出后才可作图。如图 1-30 中的 $R12$,缺少两个圆心的定位尺寸,由于与两个已经画出的线段相连接($R15$ 和 $R50$),利用两个相切的条件即可作出。

1.3.3 平面图形的画图步骤及尺寸标注

1. 平面图形的画图步骤

平面图形的画图步骤可归纳如下,如图 1-31 所示:

(1)画出基准线,并根据各个封闭图形的定位尺寸画出定位线。

(2)面出已知线段。

(3)画出中间线段。

(4)画出连接线段。

2. 平面图形的尺寸标注

标注尺寸时要考虑如下几点:

(1)需要标注哪些尺寸,才能做到齐全,不多不少,没有自相矛盾的现象;

(2)怎样注写才能清晰,符合国标有关规定。

标注尺寸的步骤如下:

(1)分析图形各部分的构成,确定基准;

(2)注出定形尺寸;

(3)注出定位尺寸。

1.3.4 尺规绘图的工作方法

(1)准备工作。图板、丁字尺和三角板等擦拭干净,磨削好不同图线的铅笔及圆规的铅芯。

(2)根据所绘图样的大小确定比例并选取合适的图纸幅面。

(3)用丁字尺找正后再用胶带纸固定图纸。

(4)用细实线按国家标准规定画出图框及标题栏。

(5)轻画底稿。用 H 或 2H 铅笔,先画各图形的基准线,再画各图形的主要轮廓线,最后绘制细节。底稿画好后应检查、修改和清理作图线。

（6）描深。按先曲线后直线、先实线后其他的顺序描深。尽量使同类线的粗细、浓淡一致。

（7）绘制尺寸界线、尺寸线及箭头，注写尺寸数字，书写其他文字、符号，填写标题栏。

（8）全面检查，改正错误，完成全图。

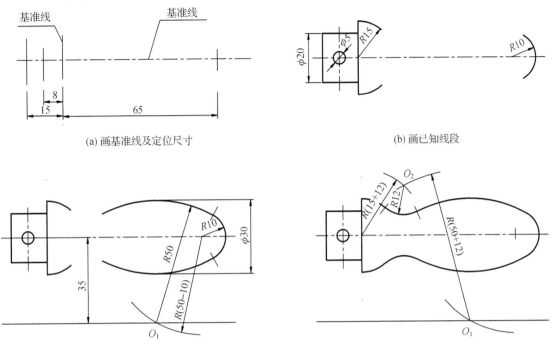

图 1－31　平面图形的画图步骤

1.4　徒手绘图

徒手绘图是指不借助绘图工具，以目测估计形状大小，徒手绘制图样。徒手图也称为草图。在仪器测绘、讨论设计方案、现场参观时，受现场条件或时间的限制，经常需要绘制草图。因此，对于工程技术人员来说，除了要学会用尺规、仪器绘图和使用计算机绘图之外，还必须具备徒手绘制草图的能力。

1.4.1　徒手绘草图要求

（1）画线要稳，图线要清晰。

（2）目测尺寸准确（尽量符合实际），各部分比例匀称。

（3）绘图速度要快。

（4）标注尺寸无误，字体工整。

1.4.2　徒手画线的方法

1. 握笔的方法

手握笔的位置要比尺规作图高些，以利于运笔和观察目标。笔杆与纸面成 45°～60°，执笔稳而有力。

2. 直线的画法

画直线时,手腕靠着图纸,眼要注意终点,便于控制方向。如图1-32所示,画水平线时以图1-32(a)中的画线方向最为顺手,这时图纸可以斜放;画竖直线时自上而下运笔,如图1-32(b)所示。画长斜线时,为了运笔方便,可以将图纸旋转一个适当角度,以利于运笔画线。

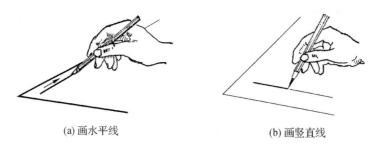

(a) 画水平线　　　　　　(b) 画竖直线

图1-32　直线画法

3. 圆的画法

徒手画圆时,应先定圆心及画中心线,再根据半径大小用目测在中心线上定出4点,然后过4点画圆,如图1-33(a)所示。当圆的直径较大时,可过圆心增画两条45°的斜线,在线上再定4个点,然后过这8点画圆,如图1-33(b)所示。

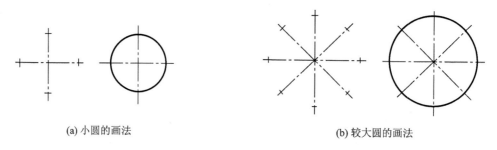

(a) 小圆的画法　　　　　　(b) 较大圆的画法

图1-33　徒手绘圆的方法

思考题

1. 图纸基本幅面有几种?不同幅面代号的图纸边长之间有何规律?

2. 图框格式有几种?周边尺寸如何规定?

3. 一个完整的尺寸,一般应包括哪四个组成部分,它们分别有哪些基本规定?

4. 什么是斜度?什么是锥度?怎样作出已知的斜度和锥度?

5. 在作圆弧连接时,为何必须准确作出连接圆弧的圆心和切点?在各种不同场合下,如何分别用平面几何的作图方法准确地作出连接圆弧的圆心和切点?

6. 1:2和2:1哪个是放大比例,哪个是缩小比例?

7. 什么是定形尺寸和定位尺寸?通常按哪几个步骤标注平面图形的尺寸?

8. 平面图形中的线段可分为哪三类?它们是根据什么区分的?在作图时应按什么顺序画这三类线段?

第2章 点、直线和平面的投影

在工程图学中,用空间物体在平面中的投影来表达空间物体。点、直线和平面是组成空间物体最基本的几何要素。因此,要掌握空间物体的投影规律,首先要掌握点、直线、平面的投影规律。

2.1 投影法概述

2.1.1 投影法

物体在光线照射下,在地面或墙壁上产生影子。人们注意到了影子和物体之间存在着相互对应的关系,根据这种自然现象,并加以抽象研究,总结其中规律,提出了投影的方法。如图2-1所示,假定平面 P 为投影面,不属于投影面的定点 S 为投射中心,投影线均由投射中心发出,通过空间点 A 的投影线与投影面 P 相交于点 a,则点 a 称为空间点 A 在投影面 P 的投影。同样,点 b 是空间点 B 在投影面 P 的投影。

由上述方法得到空间几何原形投影的方法称为投影法。投影法是画法几何学的基础,画法几何就是依靠投影法确定空间几何原形在平面图纸上的图形。

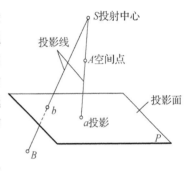

图 2-1 投影法

2.1.2 投影法的分类

如图2-1所示,投影线均发自投射中心时,称为中心投影法。投影线相互平行时,称为平行投影法,如图2-2与图2-3所示。在平行投影法中,投影线垂直于投影面时,称为正投影法,所得投影称为正投影(又称直角投影);投影线倾斜于投影面时,称为斜投影法,所得投影称为斜投影(又称斜角投影)。

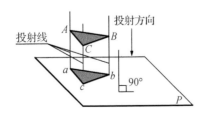

图 2-2 正投影

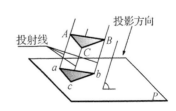

图 2-3 斜投影

平行投影法的特点之一是,空间的平面图形若与投影面平行,则它的投影反映空间图形的真实形状和大小。平行投影法的重要规律:

(1)平行两直线的投影仍互相平行,即已知 $AB/\!/CD$,则 $ab/\!/cd$,如图2-4所示。

（2）属于直线的点，其投影仍属于直线的投影，即已知 $H \in EF$，则 $h \in ef$，如图 2-5 所示。

（3）点分线段之比，投影后保持不变，即 $EH:HF=eh:hf$，如图 2-5 所示。

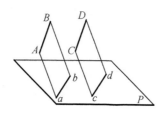 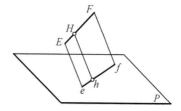

图 2-4　两直线平行　　　　图 2-5　直线上的点

2.1.3　工程上常用投影图的种类

1. 多面正投影图

工程上采用增补投影面的方法，采用两个或两个以上相互垂直的投影面，在每个投影面上分别用正投影法获得几何原形的投影，由这些投影确定该几何原形的空间形状，如图 2-6 所示。

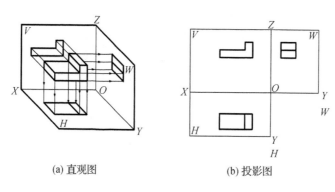

(a) 直观图　　　　　　　　　(b) 投影图

图 2-6　多面正投影

采用正投影法时，常将几何体的主要平面放成与相应的投影面平行。这样画出的投影图能反映出这些平面的实形。因此，从图上可以直接得到空间几何体的尺寸。也就是说正投影图有很好的度量性。虽然正投影图的立体感不足，即直观性较差，但由于其度量性方面的突出优点，在机械制造行业和其他工程部门中被广泛采用。

2. 轴测投影

轴测投影图是一种单面投影图。图 2-7(a)表示了某一几何体的轴测投影图的形成，先设定几何原形的空间直角坐标系，再采用平行投影法（正投影法或斜投影法）将空间几何原形及其坐标体系沿着与空间坐标面不平行的方向一起投射到投影面，得到的投影称为轴测投影（又称轴测图）。

图 2-7(b)是轴测图。由于采用平行投影法，所以空间平行的直线投影后仍平行。轴测投影图能同时反映出几何体长、宽、高三个方向的形状，以增强立体感。轴测投影图以其良好的直观性，经常用作书籍中的插图或工程图样中的辅助图样。

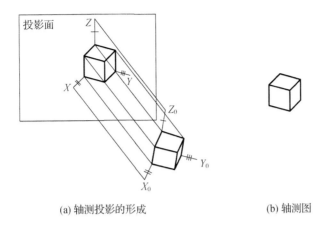

(a) 轴测投影的形成   (b) 轴测图

图 2 - 7 轴测投影

3. 标高投影

标高投影是用正投影法获得空间几何元素的投影之后,再用数字标出空间几何元素对投影面的距离,以在投影图上确定空间几何元素的几何关系。图 2 - 8(a)表示了某曲面标高投影的形成,图 2 - 8(b)是其标高投影。图中一系列标有数字的曲线称为等高线。标高投影常用来表示不规则曲面,如船舶、飞行器、汽车曲面及地形等。

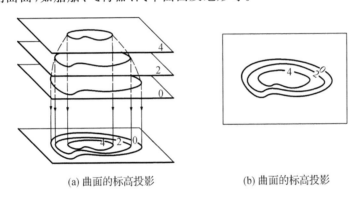

(a) 曲面的标高投影   (b) 曲面的标高投影

图 2 - 8 标高投影

4. 透视投影

透视投影(透视图)属于中心投影法。它与照相成影的原理相似,图形接近于视觉映像。所以透视图逼真感、直观性强。

图 2 - 9 所示是某几何体的一种透视投影。由于采用中心投影法,所以有的空间平行的直线投影后就不平行了。

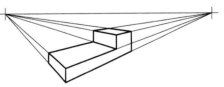

图 2 - 9 透视投影

透视投影广泛用于工艺美术及宣传广告图样。虽然它的直观性强,但由于作图复杂且度量性差,故在工程上只用于土建工程及大型设备的辅助图样。若使用计算机绘制透视图,可避免复杂的人工作图过程,因此,在某些场合利用其直观性强的优点而广泛地采用。

2.2 点的投影

在工程图学中,用平面图形表达空间物体,图形是由图线围成,而所有的图线又是由点构成的。点就是组成形体最基本的几何元素。因此,要掌握形体的投影规律,首先要掌握点的投影规律。

2.2.1 三面投影体系的建立

两个形状不同的物体,在同一投影面上的投影却可能是相同的,如图 2 - 10 所示。这说明物体的一个投影不能表达物体的全貌。要表示出物体的全貌,真实准确地反映物体的形状大小,就必须从不同的方向对物体进行投影,工程中常把物体放在三个互相垂直的平面所组成的投影面体系中,如图 2 - 11 所示,这样就可得到物体三个方向的投影。

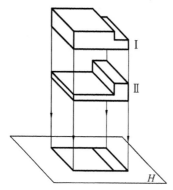

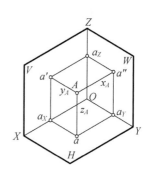

图 2 - 10　一个投影不能完全表达物体　　**图 2 - 11　三面投影体系的建立**

在三投影面体系中,三个投影面分别称为正立投影面(简称 V 面)、水平投影面(简称 H 面)和侧立投影面(简称 W 面);三个投影面两两垂直相交,得三个投影轴 OX、OY、OZ,三个投影轴的交点 O,称为原点。物体在这三个投影面上的投影分别称为正面投影、水平投影和侧面投影。

如图 2 - 12(a)所示,为了能在同一张图纸上画出物体的三个投影,国家标准规定:投影后,V 面不动,H 面绕 OX 轴向下旋转 90°,W 面绕 OZ 轴向后旋转 90°。这时 OY 轴分为两条,一条随 H 面向下旋转 90°,仍称为 OY_H 轴;另一条随 W 面向后旋转 90°,称为 OY_W 轴。为了作图简便,投影图中不必画出投影面的边框,如图 2 - 12(c)所示。

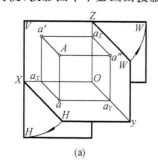 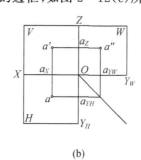 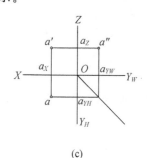

(a)　　　　　　　(b)　　　　　　　(c)

图 2 - 12　点的三面投影

2.2.2 点的三面投影

在图 2-12(a)中,过点 A 分别向 V、H、W 面作垂线(即投影线),得垂足 a、a'、a'',即点的三面投影。而投影线 Aa' 和 Aa'' 组成的平面与 Z 轴交于 a_z;投影线 Aa 和 Aa'' 组成的平面与 Y 轴交于 a_Y;投影线 Aa' 和 Aa 组成的平面与 X 轴交于 a_X。将三面投影展开后去掉投影面边框,即得点 A 的三面投影图,如图 2-12(c)所示。图中,有 $a'a \perp OX$,$a'a'' \perp OZ$。

图中 $aa_{YH} \perp OY_H$、$a''a_{YW} \perp OY_W$,且 $aa_X = Oa_{YH} = Oa_{YW} = a''a_Z = y$。作图时可用圆弧或 $45°$ 线反映该关系,如图 2-12(b)所示。

综上所述,可归纳点的三面投影规律:

(1)点的 V、H 投影连线垂直于 OX 轴,即 $a'a \perp OX$;点的 V、W 投影连线垂直于 OZ 轴,即 $a'a'' \perp OZ$。

(2)点的 V 投影到 OX 轴的距离等于点的 W 投影到 OY_W 轴的距离,都反映点到 H 面距离;点的 H 投影到 OX 轴的距离等于点的 W 投影到 OZ 轴的距离,都反映点到 V 面距离;点的 H 投影到 OY_H 轴的距离等于点的 V 投影到 OZ 轴的距离,都反映点到 W 面的距离。

(3)点的 H 投影到 OY_H 轴的距离等于点的 V 投影到 OZ 轴的距离,都反映其 x 坐标,即 $aa_{YH} = a'a_Z = x$;点的 H 投影到 OX 轴的距离等于点的 W 投影到 OZ 轴的距离,都反映其 y 坐标,即 $aa_X = a''a_Z = y$;点的 V 投影到 OX 轴的距离等于点的 W 投影到 OY_W 轴的距离,都反映其 z 坐标,即 $a'a_X = a''a_{YW} = z$。

【例 2-1】 如图 2-13 所示,已知点 A 的 V、W 投影 a'、a'',求点 A 的 H 面投影 a。

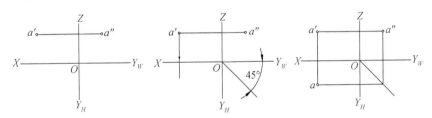

图 2-13 求点的第三投影

解:如图 2-13 所示,过已知投影 a' 作 OX 的垂线,所求的 a 必在这条连线上($\because aa' \perp OX$)。同时,a 到 OX 轴的距离等于 a'' 到 OZ 轴的距离(即 $aa_X = a''a_Z$)。因此,过 a'' 作 OY_W 轴的垂线,交 $45°$ 斜线于一点,再过此点作水平线,与过 a' 作的 OX 垂线的交点即为 a。

2.2.3 两点相对位置

两点的坐标差确定两点的相对位置。规定 x 值大者为左,反之为右;y 值大者为前,反之为后;z 值大者为上,反之为下。在投影图中,点的 V 投影反映点的 x、z 坐标,比较两点的 V 投影即可判断两点的上下、左右关系;点的 H 投影反映点的 y、x 坐标,比较两点的 H 投影可判断两点的前后、左右关系;点的 W 投影反映点的 y、z 坐标,比较两点的 W 投影即可判断两点的前后、上下关系。

【例 2-2】 如图 2-14 所示,给出三棱柱的投影图以及三棱柱上点 A 的 V 面投影 a' 和点 B 的 W 面投影 b'',试分析 A、B 两点的相对位置关系。

解: 先作出点 A、B 的其他投影。在三棱柱水平投影的三角形上,只有一个顶点与 a′ 在同一投影连线上,所以所求的 a 必定位于这个顶点上。由此可见,点 A 是在最左边的侧棱上。这条侧棱的 W 投影是三棱柱的 W 投影矩形的左边,在这边上与 a′ 在同一水平投影连线上的一点 a″ 即为所求。

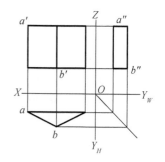

从 b′ 位置可知,点 B 位于三棱柱最前面的侧棱上,因此 b 必然落在三棱柱 H 投影的最前面一个顶点上。点 B 的 V 投影 b′ 落在最前面侧棱的 V 投影上,且与 b″ 同高。

图 2-14 比较两点的相对位置

比较 A、B 两点的相对位置。在 V 投影中,a′ 比 b′ 高,a″ 在 b″ 左方,说明点 A 在点 B 的左上方。在 H 投影中,a 在 b 的后方,说明点 A 是在点 B 之后。

归纳起来,点 A 是在点 B 的左后上方。

2.2.4 重影点

当空间两点位置恰好处在一条对某一投影面的投射线时,则它们在该投影面上的投影必重合在一起,这两点就叫做对该投影面的重影点。

如图 2-15 所示,点 A 与点 B 在同一条对 H 面的投射线上,它们的 H 投影重合为一点,A、B 两点称为对 H 面的重影点;点 C 与点 D 在同一条对 V 面的投射线上,它们的 V 投影重合为一点,C、D 两点称为对 V 面的重影点。

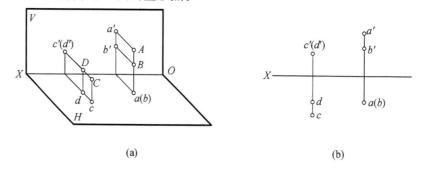

(a)   (b)

图 2-15 重影点的投影

两点重影存在可见性问题,规定离投影面距离远的点其投影为可见。

在图 2-15(a)中,点 A 在上,点 B 在下,点 A 的 H 面投影可见,其投影仍标记为 a;点 B 的 H 面投影不可见,其 H 投影标记为(b)。A、B 的相对高度,可从 V 投影看出。点 C 在前,点 D 在后,点 C 的 V 面投影可见,其投影仍标记为 c′;点 D 的 V 面投影不可见,其 V 投影标记为(d′)。点 C、点 D 相对 V 面的距离可从 H 投影看出。

2.3 直　线

2.3.1 直线的投影

直线的投影一般仍为直线,特殊情况投影成为一点,如图 2-16 所示。

空间的任意两点可确定一条直线,因此,只要作出直线上任意两点的投影,用直线段将两点的同面投影相连,即可得到直线的投影,如图 2-17 所示。直线与投影面的夹角规定如下:直线与 H 面的夹角用 α 表示,直线与 V 面的夹角用 β 表示,直线与 W 面的夹角用 γ 表示。

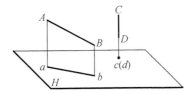

图 2-16　直线的投影

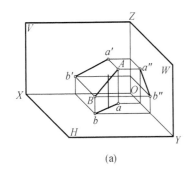

(a)　　　　　　　　　　(b)　　　　　　　　　　(c)

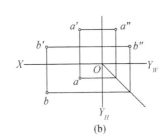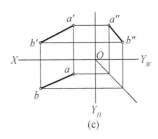

图 2-17　任意直线的投影

2.3.2　直线对投影面的相对位置

按与投影面的相对位置,直线可分为三类:对三个投影面都倾斜的直线叫做一般位置直线,如图 2-17 中所示的直线;平行于某一投影面的直线,称为投影面平行线;垂直于某一投影面的直线,称为投影面垂直线。投影面平行线和投影面垂直线统称为特殊位置直线。

2.3.3　特殊位置直线

投影面平行线分为三种:平行于 H 面的直线称为水平线;平行于 V 面的直线称为正平线;平行于 W 面的直线称为侧平线。

投影面垂直线分为三种:垂直于 H 面的直线称为铅垂线;垂直于 V 面的直线称为正垂线;垂直于 W 面的直线称为侧垂线。

特殊位置直线的投影性质如表 2-1 所列。

表 2-1　特殊位置直线的投影

直线位置		直观图	投影图	投影特性
投影面平行线	平行于 H 面（水平线）			(1)$a'b' /\!/ OX$,$a''b'' /\!/ OY_W$ (2)$ab = AB$ (3)反映角 β、γ

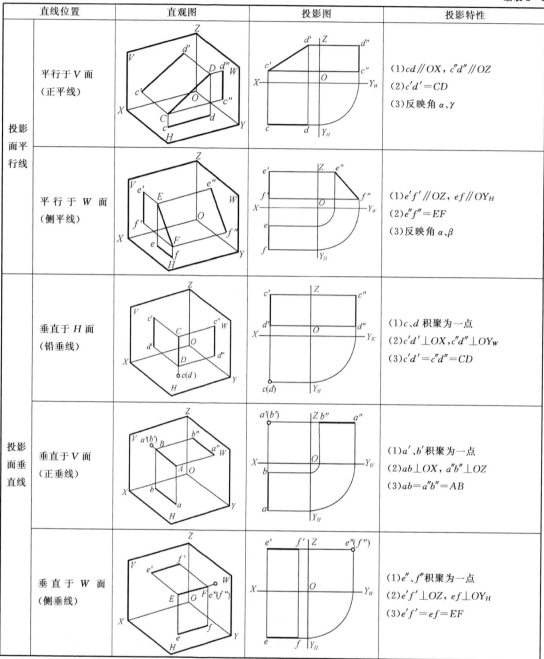

直线位置	直观图	投影图	投影特性
投影面平行线 平行于 V 面 （正平线）			(1) $cd /\!/ OX$, $c''d'' /\!/ OZ$ (2) $c'd' = CD$ (3) 反映角 α、γ
投影面平行线 平行于 W 面 （侧平线）			(1) $e'f' /\!/ OZ$, $ef /\!/ OY_H$ (2) $e''f'' = EF$ (3) 反映角 α、β
投影面垂直线 垂直于 H 面 （铅垂线）			(1) c、d 积聚为一点 (2) $c'd' \perp OX$, $c''d'' \perp OY_W$ (3) $c'd' = c''d'' = CD$
投影面垂直线 垂直于 V 面 （正垂线）			(1) a'、b' 积聚为一点 (2) $ab \perp OX$, $a''b'' \perp OZ$ (3) $ab = a''b'' = AB$
投影面垂直线 垂直于 W 面 （侧垂线）			(1) e''、f'' 积聚为一点 (2) $e'f' \perp OZ$, $ef \perp OY_H$ (3) $e'f' = ef = EF$

2.3.4 直线上点的投影

（1）点在直线上，则点的各投影必在该直线的同面投影上，且符合点的投影规律；反之，若点的各个投影都在该直线的同面投影上，且符合点的投影规律，则点必在该直线上。

（2）直线上的点分割线段之比等于该点的投影分割线段的同面投影之比。

如图 2-18 所示，点 C 在直线 AB 上，则 c' 在 $a'b'$ 上，c 必在 ab 上，c'' 必在 $a''b''$ 上，且 c'、c、c'' 符合点的投影规律，并有 $AC : CB = ac : cb = a'c' : c'b' = a''c'' : c''b''$。

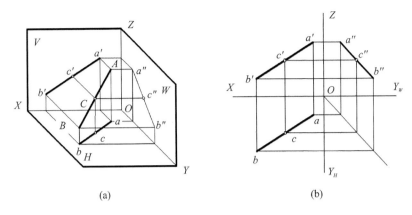

(a)   (b)

图 2 - 18   直线上的点

【**例 2 - 3**】 已知线段 AB 的投影,试在其上找一点 C,使 $AC:CB=1:3$,求点 C 的投影(见图 2 - 19(a))。

分析:根据直线上点的投影特性,可先将直线的任一投影分成 1:3,得到点 C 的一个投影,再利用从属性,求出点 C 的另一投影 。

作图步骤如图 2 - 19(b)所示。

解:(1) 过点 a(或点 b)任意作一直线,并在其上量取 4 个单位长度。

(2) 连接 $4b$,过 1 分点作 $4b$ 的平行线,交 ab 于 c。

(3) 过点 c 作 OX 轴的垂线,交 $a'b'$ 于点 c',c、c' 即为点 C 的投影。

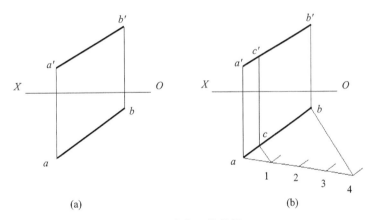

(a)   (b)

图 2 - 19   求点 C 的投影

2.3.5   两直线的相对位置

空间两直线的相对位置可分为三种情况:平行、相交、交叉。其中,平行、相交的两直线称为共面直线;交叉两直线既不平行又不相交,称为异面直线。另外,相交和交叉又可分为垂直和不垂直两类。

1. 平行两直线

若两直线在空间相互平行,则两直线的同面投影仍相互平行。反之,若两直线的三面投影都相互平行,则两直线在空间相互平行。

在投影图上若直线处于一般位置,则只需检查两直线的两个投影便可判断两直线是否平行。如图 2-20 所示,两直线 AB、CD 均为一般位置直线,且其两组同面投影平行,就可以断定这两条直线平行。

特别注意,当两直线同时平行某一投影面时,要通过检查两直线所平行的投影面上的投影是否平行来判断两直线在空间是否平行。如图 2-21 所示,AB、CD 是两条侧平线,虽然 ab∥cd,a'b'∥c'd',但因侧面投影 a″b″与 c″d″不平行,故 AB、CD 是两条交叉直线。

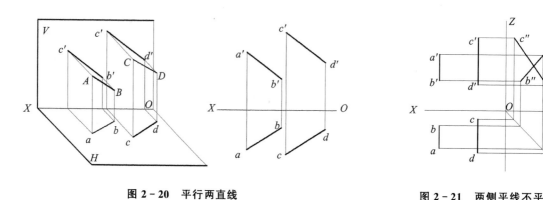

图 2-20 平行两直线　　　　图 2-21 两侧平线不平行

2. 相交两直线

如图 2-22 所示,若两直线在空间相交,则其各同面投影必相交,且交点符合点的投影规律。反之,若两直线的各同面投影相交,且交点符合点的投影规律,则其在空间一定相交。一般只要根据两条直线的两面投影就可判断两条直线是否相交。

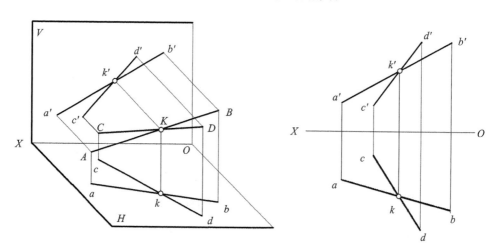

图 2-22 相交两直线

特别注意,若一直线为某一投影面的平行线,如图 2-23(a)所示,虽然 ab 与 cd、a'b' 与 c'd'均相交,但作出其侧面投影后发现其交点不符合点的投影规律,因此判定两直线不相交。也可根据直线上的点分割直线段的定比性作出判断,如图 2-23(b)所示。

3. 交叉两直线

如图 2-24(a)所示,若两直线的投影既不符合两平行直线的投影特性,又不符合两相交

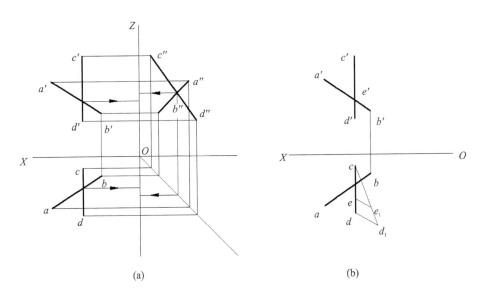

(a)   (b)

图 2 - 23　两直线不相交

直线的投影特性,则可判断这两条直线为空间交叉两直线。

如图 2 - 24(b)所示,$a'b'$ 与 $c'd'$ 相交,ab 与 cd 也相交,但是交点不符合点的投影规律,因此,直线 AB 与 CD 为交叉两直线,H 面投影的交点是 AB、CD 两直线上对 H 面的重影点的投影,该点可见性的判别依据是 V 面投影 AB 上的点 E 在上,CD 上的点 F 在下,因此水平投影点 e 可见,点 f 不可见,标记为 $e(f)$。

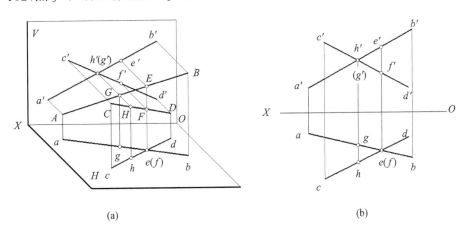

(a)   (b)

图 2 - 24　交叉两直线

2.4　平　面

2.4.1　平面的表示法

1. 平面的几何元素表示法

由初等几何知道,不属于同一直线的三点确定一个平面。根据几何原理也可转换为:一直线及直线外一点、相交两直线、平行两直线或任何一平面图形来确定平面。因此,可以用下列任一组几何元素的投影表示平面的投影。

(1)不属于同一直线的三点,如图 2-25(a)所示。

(2)直线和不属于该直线的一点,如图 2-25(b)所示。

(3)相交两直线,如图 2-25(c)所示。

(4)平行两直线,如图 2-25(d)所示。

(5)任一平面图形,例如三角形(见图 2-25(e))、圆等。

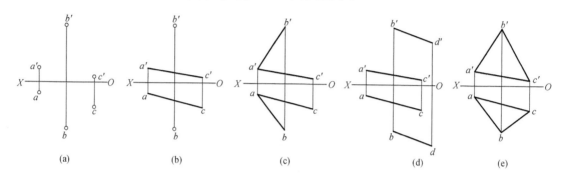

图 2-25　平面表示法

2. 平面的迹线表示法

空间的平面和投影面的交线称为平面的迹线。平面与 H 面的交线称为水平迹线;平面与 V 面的交线称为正面迹线;平面与 W 面的交线称为侧面迹线。如图 2-26(a)所示,如果平面用 P 标记,则其三条迹线分别用 P_H、P_V、P_W 标记。

由于平面的迹线是投影面上的直线,所以它的一个投影和其本身重合,另外两个投影与相应的投影轴重合,如 P_V,其 V 面投影 P_V 与它本身重合,H、W 面的投影分别与 OX、OZ 轴重合。如图 2-26(b)所示,为了简化起见,在投影图上,通常只画出与迹线自身重合的那个投影,并进行标记,而和投影轴重合的投影不加标记。

平面的迹线表示法与几何元素表示法本质是一样的。

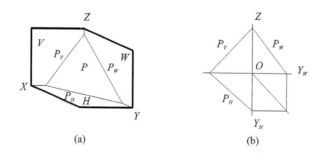

图 2-26　平面的迹线表示法

用迹线表示特殊位置的平面在作图中经常用到,如图 2-27 所示,正垂面 P 的正面迹线 P_V 与 OX 轴倾斜($P_H \perp OX$,$P_W \perp OZ$,一般 P_H 和 P_W 省略不画);正平面 Q 的水平迹线 Q_H 平行于 OX 轴,侧面迹线 Q_W 平行 OZ 轴,如图 2-28 所示。

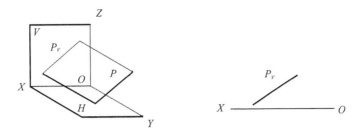

图 2 - 27　正垂面的迹线表面法

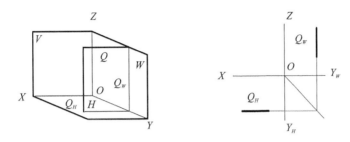

图 2 - 28　正平面的迹线表示法

2.4.2　平面对投影面的相对位置

按与投影面的相对位置平面可分为三类:对三个投影面都倾斜的平面叫做一般位置平面;垂直于某一投影面的平面称为投影面垂直面;平行于某一投影面的平面称为投影面平行面。投影面垂直面和投影面平行面统称为特殊位置平面。

平面与投影面的夹角规定如下:平面与 H 面的夹角用 α 表示,平面与 V 面的夹角用 β 表示,平面与 W 面的夹角用 γ 表示。

2.4.3　特殊位置平面

投影面垂直面分为三种:垂直于 H 面的平面称为铅垂面;垂直于 V 面的平面称为正垂面;垂直于 W 面的平面称为侧垂面。

投影面平行面分为三种:平行于 H 面的平面称为水平面;平行于 V 面的平面称为正平面;平行于 W 面的平面称为侧平面。

特殊位置平面的投影性质如表 2 - 2 所列。

表 2 - 2　特殊位置平面的投影

平面位置		直观图	投影图	投影特性
投影面垂直面	垂直于 H 面（铅垂面）			(1)水平投影积聚为一条直线 (2)反映角 β、γ

续表 2－2

平面位置		直观图	投影图	投影特性
投影面垂直面	垂直于 V 面（正垂面）	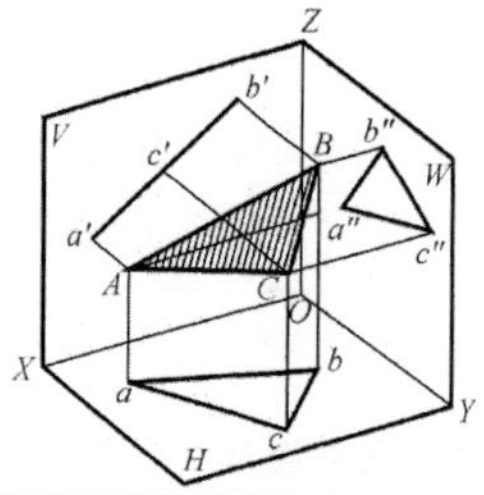	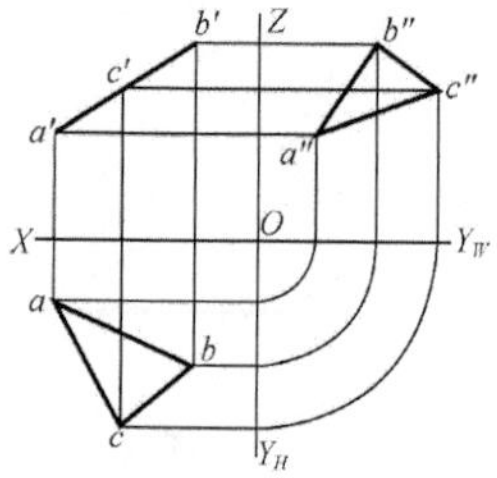	(1)正面投影积聚为一条直线 (2)反映角 α、γ
	垂直于 W 面（侧垂面）	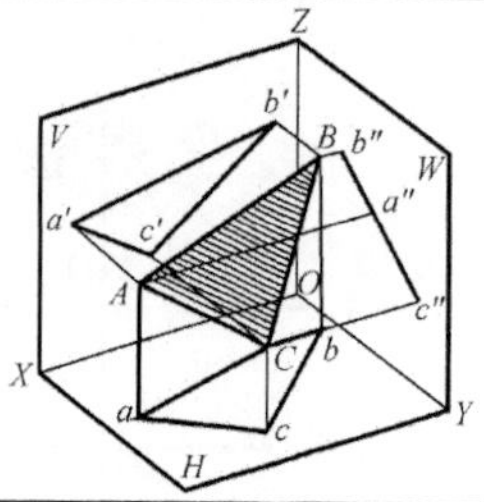	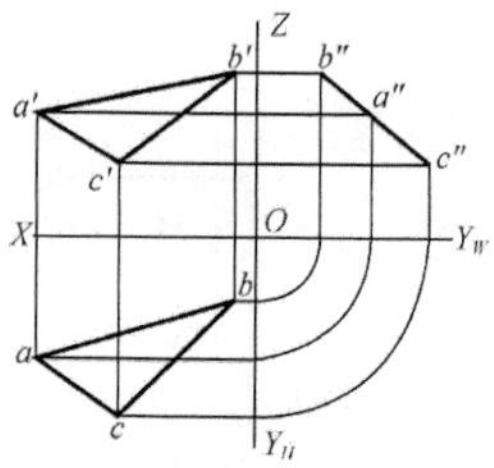	(1)侧面投影积聚为一条直线 (2)反映角 α、β
投影面平行面	平行于 H 面（水平面）	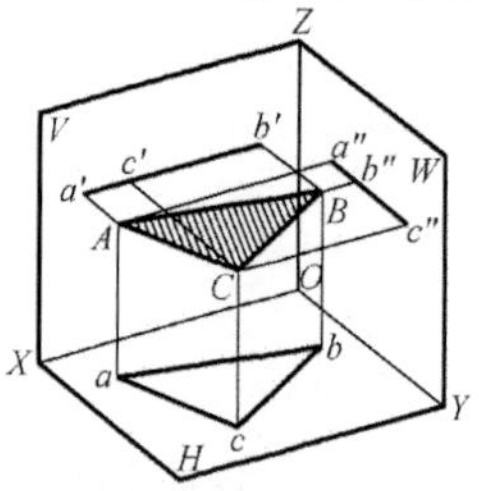	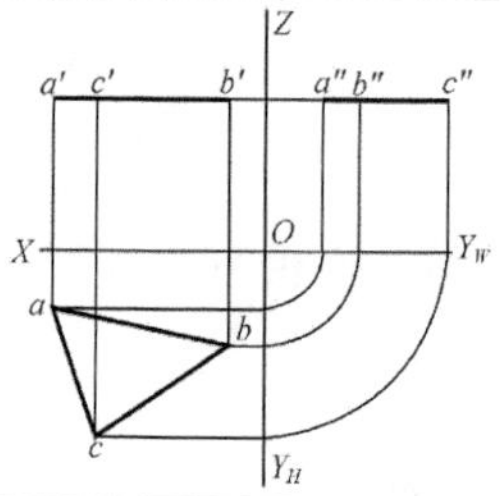	(1)正面投影与侧面投影积聚为一条直线 (2)正面投影 // OX，侧面投影 // OY_W
	平行于 V 面（正平面）	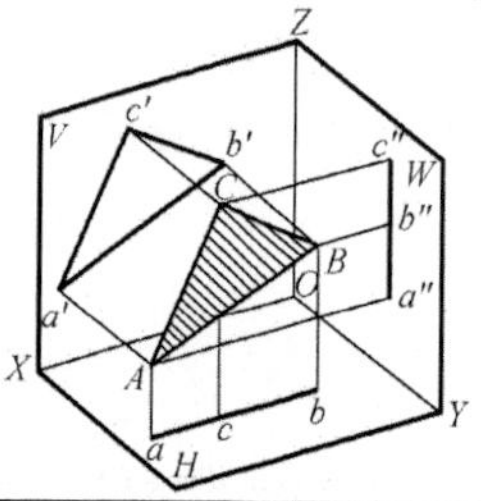	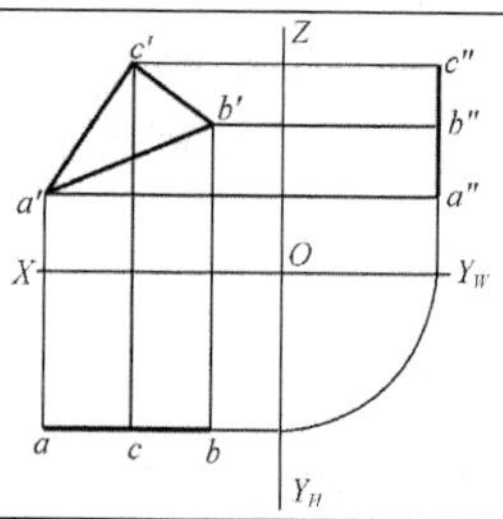	(1)水平投影与侧面投影积聚为一条直线 (2)水平投影 // OX，侧面投影 // OZ
	平行于 W 面（侧平面）	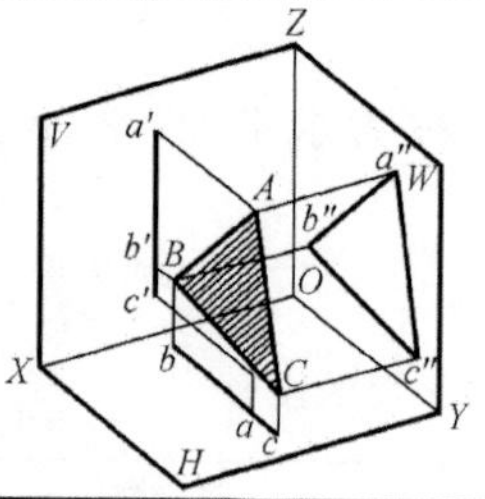	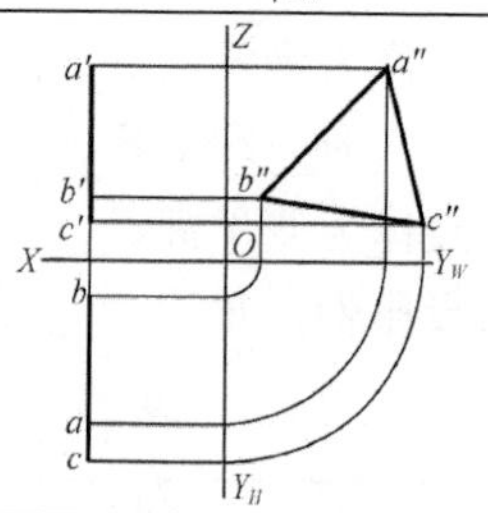	(1)正面投影与水平投影积聚为一条直线 (2)正面投影 // OZ，水平投影 // OY_H

思考题

1.证明：两面投影的连线必定垂直于投影轴。

2.试述点的投影规律。

3.试述各种位置的直线的投影规律。

4.试述各种位置的平面的投影规律。

第 3 章　立体的投影

立体可分为平面立体和曲面立体两类。如果立体表面全部由平面围成,则称为平面立体。平面立体有棱柱和棱锥,最基本的平面立体如图 3-1 所示。如果立体表面全部由曲面或曲面与平面所围成,则称为曲面立体,最基本的曲面立体有圆柱、圆锥、圆球和圆环,如图 3-2 所示。

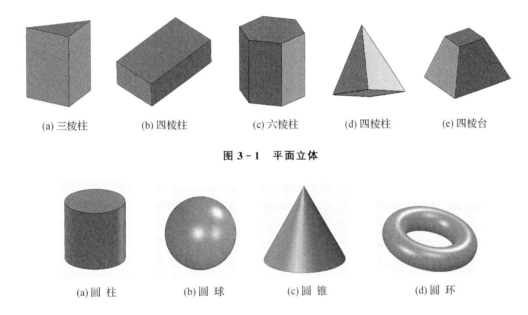

| (a) 三棱柱 | (b) 四棱柱 | (c) 六棱柱 | (d) 四棱柱 | (e) 四棱台 |

图 3-1　平面立体

(a)圆柱　　　　(b)圆球　　　　(c)圆锥　　　　(d)圆环

图 3-2　曲面立体

在工程制图中,通常把棱柱、棱锥、圆柱、圆锥、圆球、圆环等立体称为基本立体,各种工程形体都可看成由基本立体组成,工程形体的三面投影也被称为三视图,即 V 面投影称为主视图,H 面投影称为俯视图,W 面投影称为左视图。

3.1　基本立体的视图

3.1.1　平面立体

1. 棱　柱

棱柱由棱面和上、下底面围成,相邻棱面的交线称为棱线,各棱线互相平行。

图 3-3 所示六棱柱,由六个棱面和上、下底面围成;六个棱面是全等的长方形;上、下底面是全等的正六边形;六条棱线互相平行,且与上、下底面垂直。画三视图时,通常使棱线垂直于某一投影面,并使棱柱上尽可能多的表面处于特殊位置。图中所示六棱柱的棱线垂直于 H 面,上、下两底面平行于 H 面,前、后两棱面平行于 V 面。

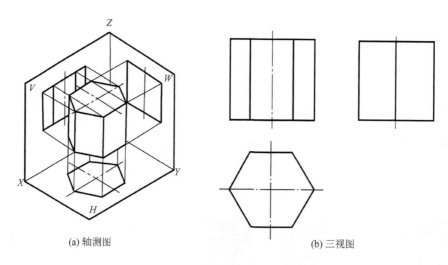

(a) 轴测图　　　　　　　　　　　(b) 三视图

图 3-3　正六棱柱的视图

在正六棱柱的三视图中,俯视图的正六边形线框是六棱柱顶面和底面投影的重合,反映实形。正六边形的边和顶点是立体上六个棱面和六条棱线的积聚性投影。主视图的三个矩形线框是六棱柱六个棱面的投影,中间的矩形线框为前、后棱面的重合投影,反映实形。左、右两矩形线框为其余四个棱面的重合投影,是类似形。主视图中上、下两条直线是顶面和底面的积聚性投影,另外四条直线是六条棱线的投影。

左视图的投影分析与主视图类似,在此不再赘述,请读者自行分析。

2. 棱　锥

棱锥是由棱面和底面围成,各棱面相交,各棱线交于一点(锥顶)。图 3-4 所示四棱锥底面平行于 H 面,四条棱线是一般位置直线。

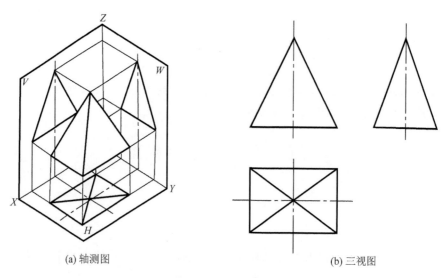

(a) 轴测图　　　　　　　　　　　(b) 三视图

图 3-4　四棱锥的视图

在四棱锥的三视图中,由于四棱锥的底为水平面,所以四棱锥底在俯视图中的投影反映底的实形,在主、左两视图中分别积聚成两条水平线。锥顶在三视图中的位置应符合投影关系,锥顶的投影与底上各顶点的同名投影的连线即为四条侧棱线的投影。

3.1.2 曲面立体

1. 圆 柱

直母线绕与其平行的另一条直线旋转 360°即形成圆柱面，如图 3-5 所示。画圆柱三视图时，通常使其轴线垂直于某一投影面，如图3-6所示。

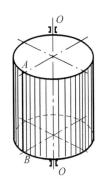

图 3-5 圆柱面的形成

因为圆柱的轴线为铅垂线，圆柱面上所有素线都是铅垂线，圆柱面的水平投影积聚为一个圆。圆柱的上、下底为水平面，其水平投影反映实形。所以，圆柱的俯视图为一个圆。

圆柱的主视图和左视图是两个矩形，两个矩形中的上、下直线分别是圆柱的上、下底面的投影，主视图中的左、右直线是圆柱面对 V 面转向轮廓线的投影，左视图中左、右直线是圆柱面对 W 面转向轮廓线的投影。不难看出，圆柱面对 V 面转向轮廓线是圆柱上的最左素线和最右素线，对 W 面的转向轮廓线是圆柱面上的最前素线和最后素线，这些素线又称为轮廓素线。分析回转体投影时还要弄清这些转向轮廓线的其他投影，如最左素线和最右素线的侧面投影在圆柱投影的中心线上。画回转体视图时要注意：在任何视图中，必须画出中心线或对称线。

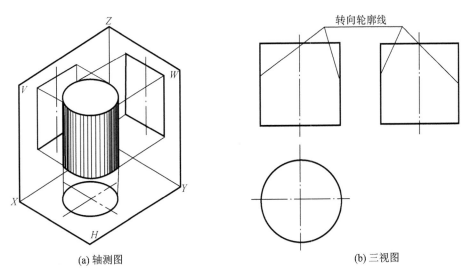

(a) 轴测图　　　　　　　　　　(b) 三视图

图 3-6 圆柱视图的形成

2. 圆 锥

直母线绕与其相交的另一直线旋转 360°即形成圆锥面，如图 3-7 所示。画圆锥三视图时，通常使其轴线垂直于某一投影面，如图 3-8 所示。

圆锥的底面是一个水平的圆，在俯视图中反映实形，所以圆锥的俯视图为一个圆，主、左两视图为两个相同的等腰三角形。

在主视图中，等腰三角形的两腰是圆锥面对 V 面转向轮廓线的投影，也就是圆锥面上最左和最右两条素线的投影，它们的侧面投影在圆锥体侧面投影的对称中心线上。在左视图中，等腰三角形的两腰是圆锥面对 W 面转向轮廓线的投影,也就是圆锥面上最前和最后两条素线的投影,它们的正面投影在圆锥体正面投影的对称中心线上。

图 3 - 7　圆锥面的形成

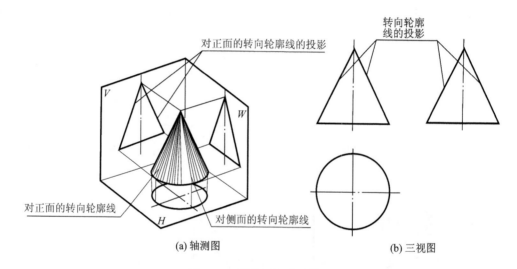

(a) 轴测图　　　　　　　　　　　　　(b) 三视图

图 3 - 8　圆锥面视图的形成

3. 圆　球

圆球可看做一个圆(母线)绕它的任一直径(回转轴线)回转 180° 而成,任一直径都可作为球的回转轴线。圆球的三视图是三个直径相等的圆。其画图步骤是先画相互垂直的中心线(基准线),再以圆球的直径画三个等直径的圆即可,如图 3 - 9 所示。

球面对三个投影面的转向轮廓线是球面上平行于相应投影面的最大的圆,它们的圆心就是球心,圆球三视图中的三个圆是这三个最大圆在与其平行的投影面上的投影。

4. 圆　环

圆(母线)绕其以外与其共面的一条直线(轴线)旋转 360° 即形成圆环,如图 3 - 10 所示。

由圆母线外半圆绕轴旋转形成的回转面称为外环面;内半圆绕轴旋转形成的回转面称为内环面。

在主视图中,左、右两实线半圆和与该两半圆相切的两段直线是圆环面对 V 面转向轮廓线的投影,其中两半圆是圆环面上最左、最右两素线圆各一半的投影,上、下两段直线是内、外环面上下两条分界圆的投影。在主视图中,外环面的前一半可见,后一半不可见,内环面均为不可见。左视图与主视图类似,在此不再赘述,请读者自行分析。

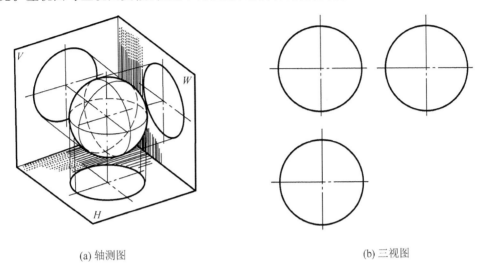

(a) 轴测图   (b) 三视图

图 3 - 9 圆球视图的形成

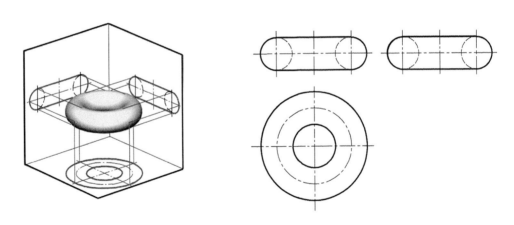

图 3 - 10 圆环视图的形成

在俯视图中,最大圆和最小圆为圆环对 H 面转向轮廓线的投影,该两圆将圆环面分为上下两半部分,上半部分在水平投影中可见,下半部分在水平投影中不可见。点画线圆为圆母线中心轨迹的水平投影,也是内、外环面分界线的水平投影。

3.2 切割体的视图

用平面将基本立体切去某些部分后而得到的形体称为切割体,如图 3-11 所示。该平面称为截平面,截平面与基本立体表面产生的交线称为截交线。掌握截交线的特点及画法将有助于正确地分析和画出切割体的三视图。

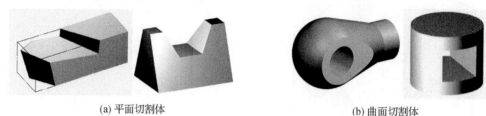

(a) 平面切割体   (b) 曲面切割体

图 3-11 切割体

3.2.1 平面切割体的视图

平面立体被平面切去某些部分后形成的立体称为平面切割体,如图 3-11(a)所示。平面立体完全是由平面围成的,所以截平面截切平面立体表面产生的截交线均为直线。由于截平面、立体形状以及它们与投影面的相对位置不同,截得的直线可以是投影面的平行线、投影面的垂直线或一般位置直线。正确掌握截交线的特点是画好平面切割体视图的关键。平面切割体三视图画图方法及步骤如下:

1. 进行空间分析

要明确所画切割体是何种平面立体,用什么位置的平面在立体的哪个位置切割立体,切割后的立体出现了哪些新的面和线等。

2. 画切割体视图

先画基本立体的三视图;再分别在其投影上确定截平面的位置(特别是截平面有积聚性的投影);逐个画出切割产生的新面和线的投影;修改描深完成切割体的三视图。

【例 3-1】 画出图 3-12(a)中平面切割体的三视图。

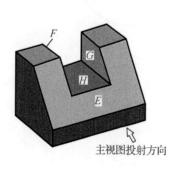

主视图投射方向

(a) 形体分析:长方体上切去前上角,得侧垂面 E,
中间开槽(槽由面 F、G、H 围成)

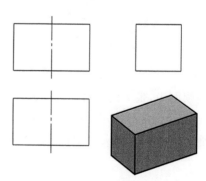

(b) 画基准线及长方体的三视图

图 3-12 平面切割体的画法

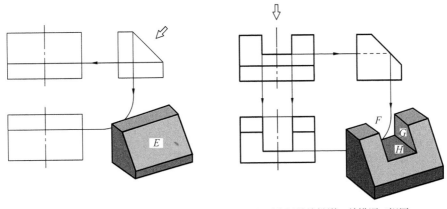

(c) 画侧垂面E的投影　　　　　(d) 画中间槽的投影，并描深三视图

图 3 - 12　平面切割体的画法(续)

3.2.2　曲面切割体的视图

曲面立体被截平面切去某些部分后形成的立体称为曲面切割体，如图 3 - 11(b)所示。平面截切曲面立体表面产生的交线具有如下特性：

(1)截交线是截平面和曲面立体表面的共有线，截交线上的任意一点都是两者的共有点；

(2)截交线的几何形状取决于曲面立体的几何形状和截平面与曲面立体的相对位置，通常为封闭的平面曲线，特殊情况积聚为一条直线。

截交线的求解作图方法：

(1)当截平面及曲面立体的某些投影有积聚性时(如正圆柱)，利用有积聚性的投影可直接求出截交线上点的其他投影；

(2)一般情况下采用辅助线法进行表面取点作图。

求截交线的关键是先求出截交线上若干点的投影，然后依次光滑连接所求点的同面投影即得截交线的投影，不可见部分用虚线连接。

截交线的求解作图步骤：

(1)用细线画出曲面立体的三视图和截平面(含截交线)的已知投影。

(2)求截交线上特殊点的投影。特殊点是指截交线上的最高、最低、最前、最后、最左、最右点及截交线投影可见部分与不可见部分的分界点(转向点)，这些点常在曲面立体的转向轮廓线上。

(3)求截交线上一般点的投影。为使截交线作图准确，通常在两个特殊点之间再求出几个一般位置点。

(4)依次连接点的同面投影，不可见部分画虚线。可见性的判别原则是：位于立体可见表面上的部分，其投影才可见，否则不可见。

(5)按图线要求描深。

1. 圆柱切割体

如表 3 - 1 所列，平面截切圆柱体所得截交线的形状取决于截平面相对于圆柱体轴线的位置，有矩形、圆、椭圆三种情况。

表 3 - 1　圆柱截交线的三种形式

截平面位置	截交线形状	直观图	三视图
与轴线平行	矩形	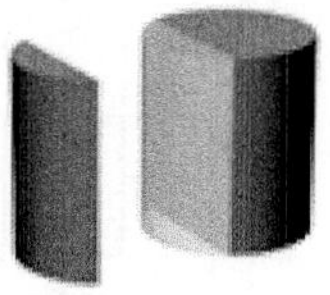	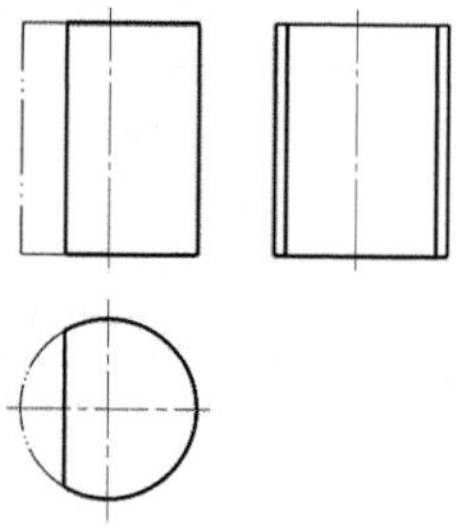
与轴线垂直	圆		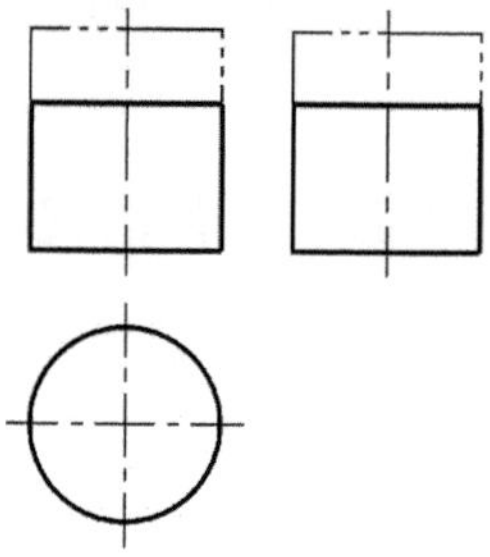
与轴线倾斜	椭圆	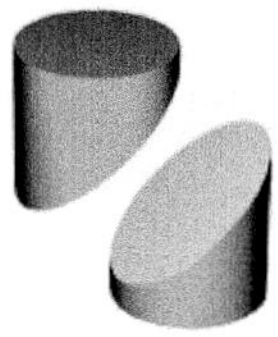	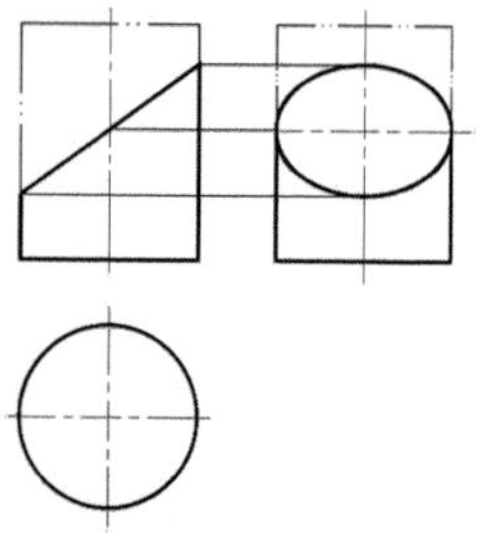

【例 3 - 2】　画出斜切圆柱三视图。如图 3 - 13(a)所示,其三视图的作图步骤如下:

(1)画出圆柱体的三视图,如图 3 - 13(b)所示。截交线是圆柱面上的线,因此,截交线的水平投影为圆。

(2)截平面在主视图上的投影为 P'(积聚投影),如图 3 - 13(c)所示。截交线是截平面上的线,截交线在主视图上的投影即为 P'。

(3)求特殊点:最高点 V、最低点 I、最前点 III 和最后点 VII 位于圆柱的 4 条转向轮廓线上,它们在俯视图上的投影 5、1、3、7 可先画出,然后向上作投影连线,得 $5'$、$1'$、$3'$、$7'$,最后根据点的投影规律求出 $5''$、$1''$、$3''$、$7''$,如图 3 - 13(d)所示。

(4)求一般点:在俯视图上取 2、4、6、8,然后向上作投影连线,得 $2'$、$(8')$、$4'$、$(6')$,最后根据点的投影规律求出 $2''$、$4''$、$6''$、$8''$,如图 3 - 13(e)所示。

(5)在左视图上光滑连接各点,即截交线在左视图上的投影,最后检查描深,如图 3 - 13(f)所示。

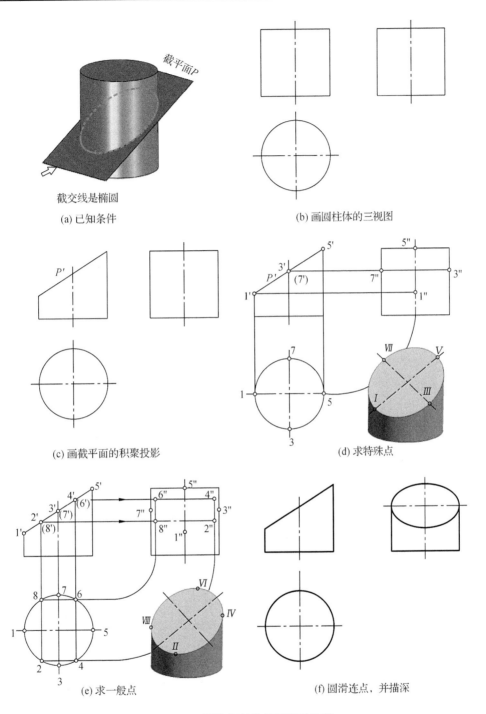

(a) 已知条件

截平面P

截交线是椭圆

(b) 画圆柱体的三视图

(c) 画截平面的积聚投影

(d) 求特殊点

(e) 求一般点

(f) 圆滑连点,并描深

图 3-13　圆柱切割体视图画图步骤

【例 3-3】　如图 3-14 所示,在圆柱体的左端上下对称切割,外部成缺口,在圆柱体的右端中间对称切割成开槽。该圆柱切割体的三视图画图步骤如图 3-14 所示。注意:圆柱切割后它对 V、H 面转向轮廓线产生的变化。

画图步骤如下:

（1）画圆柱三视图，如图 3-14（a）所示。

（2）画左侧上下切割后的视图，如图 3-14（b）所示。

（3）画右侧中间切割后的视图，如图 3-14（c）所示。

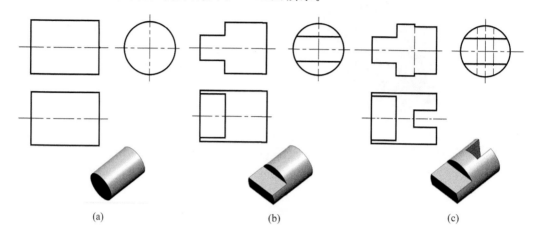

(a)　　　　　　　　　(b)　　　　　　　　　(c)

图 3-14　组合切割圆柱体视图画法

2. 圆锥切割体

圆锥的截交线根据截平面与圆锥相对位置的不同有 5 种情况，如表 3-2 所列。

表 3-2　圆锥截交线的五种形式

截平面位置	垂直于轴线	过锥顶	平行于素线	与素线均相交	平行于轴线
截交线形状	圆	三角形	抛物线	椭圆	双曲线
直观图					
视图					

【例 3-4】　如图 3-15 所示，已知正平截平面 P 截切圆锥体，完成其三视图。

因为正平面 P 平行于圆锥体的轴线，其截交线为双曲线，其在俯、左两个视图中的投影都在截平面有积聚性投影上，只需作出主视图中的投影。作图的顺序是：先求特殊点 I、III、V 的投影；再用平行底面的圆求一般点 II、IV 的投影，作图过程如图 3-15 所示。

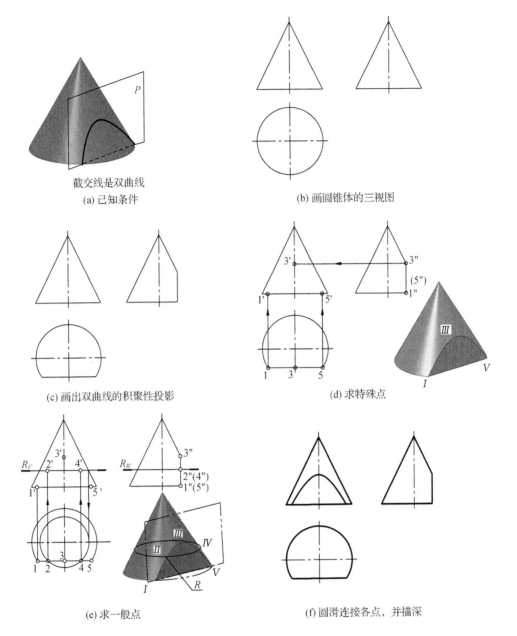

截交线是双曲线

(a) 已知条件　　　　　　　　(b) 画圆锥体的三视图

(c) 画出双曲线的积聚性投影　　　　　(d) 求特殊点

(e) 求一般点　　　　　　　　(f) 圆滑连接各点,并描深

图 3-15　圆锥切割体视图画图步骤

3. 圆球切割体

平面与圆球相交,其截交线一定为圆。当截平面平行于投影面时,截交线在该投影面内的投影为圆,其余两投影积聚为直线,如图 3-16 所示。

当截平面不与投影面平行但为投影面的垂直面时,截交线在所垂直的投影面上的投影为一直线,如图 3-17 所示。

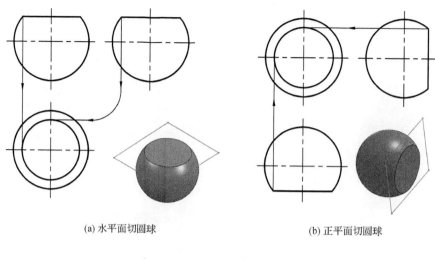

(a) 水平面切圆球   (b) 正平面切圆球

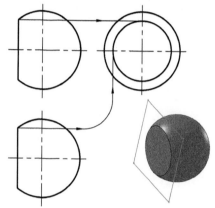

(c) 侧平面切圆球

图 3 - 16　投影面平行面截切圆球的截交线画法

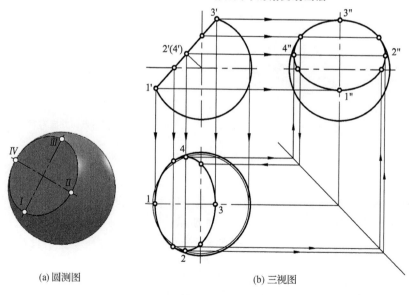

(a) 圆测图   (b) 三视图

图 3 - 17　截平面不与投影面平行但为投影面的垂直面时的截交线画法

3.3 相交立体的视图

3.3.1 概 述

两个立体相交,其表面产生的交线称为相贯线。立体与立体相交时,根据立体的几何性质可分为两平面立体相交、平面立体与曲面立体相交以及两曲面立体相交。

两平面立体表面相交产生的相贯线一般是封闭的空间折线。折线的每一段是其中一个立体的某一棱面与另一立体的某一棱面的交线;折线的顶点是一个立体的某一棱线对另一立体的交点(贯穿点)。因此,求两平面立体的相贯线可采用求两平面交线的方法,可以简化为求直线与平面的交点问题。

平面立体与曲面立体相交,所得的交线是由若干段平面曲线所组成的封闭曲线。每段平面曲线是平面立体上某一棱面与曲面立体相交所得的截交线。两段平面曲线的交点称为结合点,它是平面立体的棱线对曲面立体的交点。因此求平面立体与曲面立体的交线实际上是求平面与曲面的截交线。

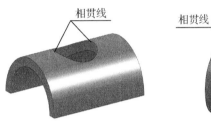

图 3 - 18　曲面立体相交

两个曲面立体的相贯线一般是封闭的空间曲线,特殊情况下可能是平面曲线或直线,如图 3 - 18所示。求两个曲面立体相贯线的投影与求截交线一样,应求出两立体表面上一系列共有点。常用方法如下:

(1)利用积聚性投影取点作图法:当相交的两曲面立体,其表面垂直于投影面时,可利用它们在投影面中的积聚性投影,采用立体表面上取点作图法求之。

(2)辅助平面法或辅助球面法:当相交的两曲面立体投影没有积聚性时,可采用辅助平面法,条件合适时,也可用辅助球面法作图。选择辅助面的原则是:要使辅助面与两曲面的交线的投影都是直线或平行投影面的圆。

求作相贯线的一般步骤:

(1)用细线画相交曲面立体主形体的三面投影。

(2)求相贯线上特殊点的投影。特殊点是指相贯线上的最高、最低、最前、最后、最左、最右点及相贯线投影可见部分与不可见部分的分界点(转向点),这些点常在曲面立体的转向轮廓线上。

(3)求一定数量一般点的投影。为使截交线作图准确,通常在两个特殊点之间再求出几个一般位置点。

(4)依次连接各点的同面投影,不可见部分画虚线。可见性的判别原则是:只有同时位于两立体可见表面上的部分,其投影才可见,否则不可见。

(5)按图线要求描深。

3.3.2 利用积聚性投影求相贯线

【例 3 - 5】 求两轴线垂直相交圆柱的相贯线。

由图 3-19(a)可知,由于两圆柱轴线分别垂直于 H 面和 W 面,两圆柱在 H 面和 W 面投影分别有积聚性,都积聚为圆。因此,相贯线的 H 面投影为小圆柱投影的圆;W 面投影为小圆柱两条转向轮廓线之间的圆弧。这样相贯线的两个投影已知,就可利用积聚性的特点直接求出相贯线的 V 面投影。作图步骤如下:

(1)画两圆柱的三面投影,如图 3-19(a)所示。

(2)作出相贯线上的特殊点,如图 3-19(b)所示。因两正交圆柱前后对称,故两圆柱正面转向线正面投影的交点 1′、5′就是相贯线正面投影可见与不可见的分界点,1、1″和 5、5″为其水平投影和侧面投影。定出小圆柱侧面转向线上点Ⅲ和点Ⅶ的侧面投影 3″、7″及水平投影 3、7,由此求出正面投影 3′、(7′)。

(3)作出相贯线上的一般位置点,如图 3-19(c)所示。在点Ⅰ与点Ⅲ、点Ⅲ与点Ⅴ之间,选两点Ⅱ(2,2″)、Ⅳ(4,4″),求出 2′、4′。根据需要,可再求出相贯线上更多数量的一般位置点。

(4)判别可见性,依次光滑相连各点并描深,如图 3-19(d)所示。由于相贯体前后对称,相贯线正面投影前一半曲线 1′2′3′4′5′与后一半曲线 1′(8′)(7′)(6′)5′重影,用粗实线画出;转向线上的点Ⅰ、Ⅴ的正面投影 1′、5′为该相贯线正面投影可见与不可见的分界点。

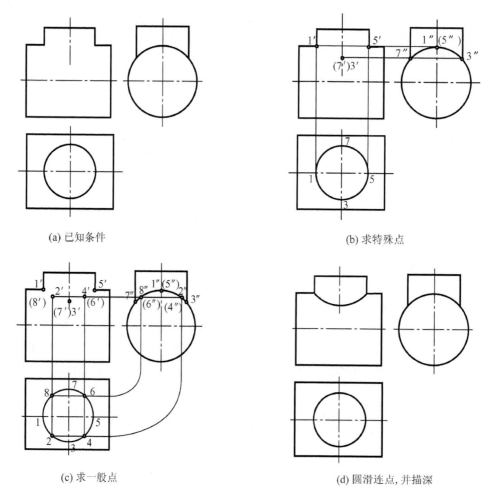

(a) 已知条件   (b) 求特殊点

(c) 求一般点   (d) 圆滑连点,并描深

图 3-19　两圆柱正交视图的画图步骤

【例 3 - 6】 图 3 - 20 所示为一简化后的轴上钻有一个圆柱孔,试求出其相贯线。

简化后的轴为一轴线为侧垂线的圆柱,其上的圆柱孔轴线为铅垂线,它们的相贯线仍为轴线正交两圆柱面的表面交线,求法与例 3 - 5 完全相同。由于圆柱孔在轴的内部,故其正面转向线的正面投影和侧面转向线的侧面投影为不可见,都画成虚线。正面投影上 $1'$ 和 $2'$ 之间无线,因为此处轴的材料已被钻去。钻孔下端画法与上端画法相同。

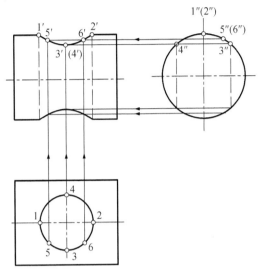

图 3 - 20 圆柱钻孔后的相贯线

3.3.3 利用辅助平面求相贯线

【例 3 - 7】 求轴线垂直相交的圆柱与圆锥的相贯线,如图 3 - 21 所示。

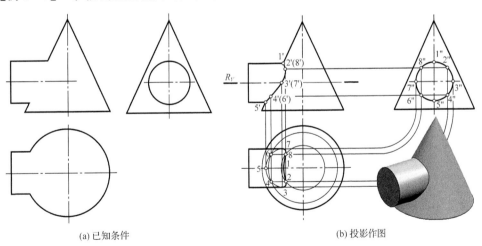

(a) 已知条件　　　　　　　　　　　(b) 投影作图

图 3 - 21 圆柱与圆锥正交相贯线的画法

圆柱面的轴线为侧垂线,其侧面投影有积聚性,相贯线的侧面投影积聚在圆柱面的投影圆上,仅需求相贯线的正面及水平投影。按照辅助面的选择原则,本题可选一系列水平面或一系列过锥顶的投影面垂直面为辅助平面解题。以下为以水平面为辅助平面的解题过程:

(1)作出相贯线上的特殊点。圆柱面的两条正面转向线与圆锥面正面转向线相交于 I、V

两点,即为所求正视转向点,也为相贯线上最高点及最低点,点V也为相贯线上最左点。

过圆柱轴线作辅助水平面R,它与圆柱面交于两条水平面转向线,并与圆锥面交于一水平圆,两者相交于III、VII两点,即为所求圆柱面水平面转向线上点,也应为相贯线上最前点及最后点。

(2)求相贯线上的一般点。在点I与点III、VII之间适当位置作一辅助水平面,它与圆锥面交于一水平圆,与圆柱面交于两素线,两者相交于II、VIII两点,即为所求。同理,在点V与III、VII之间适当位置,再作一辅助水平面,又可得两个一般位置点IV、VI。根据需要,可求出相贯线上更多数量的一般位置点。

(3)依次光滑地相连各点,并判别可见性。相贯线的正面投影前后重影,用粗实线画出。相贯线的侧面投影都积聚于圆柱的侧面投影上,不需判别。水平投影中,单一圆锥面的水平投影全可见,圆柱面上半部水平投影可见,按判别可见性原则可知,属于上半个圆柱面的相贯线可见,即 32187 可见,用粗实线画出;34567 不可见,画虚线。3、7 为相贯线水平投影上可见与不可见部分的分界点。圆锥底圆被圆柱面遮挡部分,也应画虚线。

(4)两曲面立体已构成一个整体,去掉或补上部分转向线的投影。

【例 3 - 8】 求圆柱与半圆球的相贯线,其立体图如图 3 - 22(a)所示。

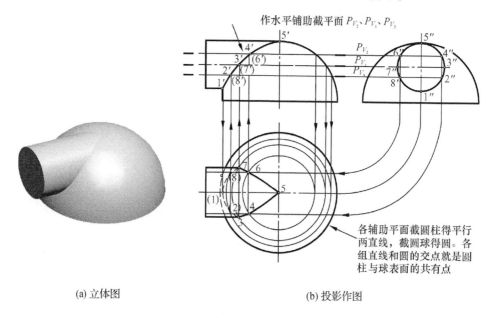

作水平铺助截平面 P_{V_2}、P_{V_1}、P_{V_3}

各辅助平面截圆柱得平行两直线,截圆球得圆。各组直线和圆的交点就是圆柱与球表面的共有点

(a)立体图　　　　　　　　　　　(b)投影作图

图 3 - 22　圆柱与圆球相贯线的画法

对于图 3 - 22(a)中的圆柱,水平面与其交线为两条素线(侧垂线),正平面与其交线为两条素线(侧垂线),侧平面与其交线为一侧平的圆。因此,水平面、正平面、侧平面均可做辅助平面。

对于图中的半圆球,水平面、正平面、侧平面与其交线均为平行于相应投影面的的圆或半圆,因此,水平面、正平面、侧平面均可做辅助平面。

综合上述分析,该题的辅助平面可选水平面、正平面、侧平面中任意一种,图 3 - 22(b)为以水平面做辅助平面的解题方法。

3.3.4　相贯线的特殊情况

相贯线一般为空间曲线,但在特殊情况下,可以是平面曲线或是直线。下面介绍常见部分特殊情况:

(1)当两圆柱轴线平行时,其相贯线为两条平行的直线（素线）,如图 3-23 所示。

(2)当两圆锥具有公共的顶点时,其相贯线为相交直线（素线）,如图 3-24 所示。

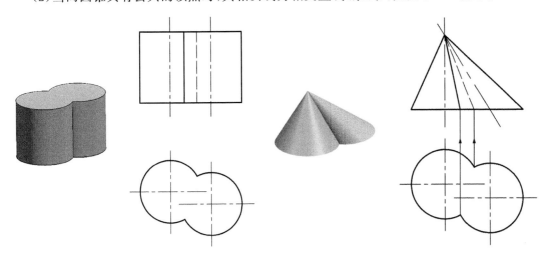

图 3-23　轴线平行两圆柱相交　　　　　　图 3-24　共锥顶两圆柱相交

(3)当两个回转体具有公共的轴线时,其相贯线为一平面圆。当轴线垂直于某一投影面时,则相贯线在该投影面上的投影反映圆的实形,其余两投影积聚成直线,并分别垂直于轴线的相应投影,如图 3-25 所示。

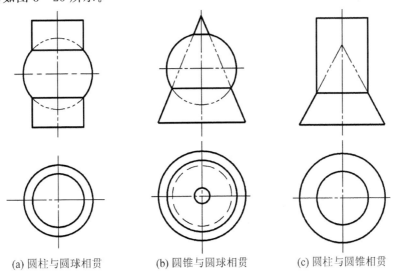

(a) 圆柱与圆球相贯　　　(b) 圆锥与圆球相贯　　　(c) 圆柱与圆锥相贯

图 3-25　共轴线两回转体相交

(4)当圆柱与圆柱、圆柱与圆锥相交（正交或斜交）,且具有公共的内切球时,相贯线为椭圆,该椭圆在轴线所平行的投影面中投影为一条直线,如图 3-26 所示。

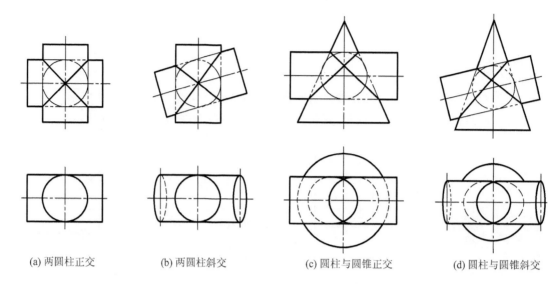

(a) 两圆柱正交　　(b) 两圆柱斜交　　(c) 圆柱与圆锥正交　　(d) 圆柱与圆锥斜交

图 3-26　具有公共内切球两回转体相交

3.3.5　相贯线的变化趋势

图 3-27 所示为当两圆柱轴线正交且垂直于投影面时，两圆柱的直径大小相对变化引起了它们表面的相贯线的形状和位置产生的变化。由图可看出：相贯线总是从小圆柱向大圆柱的轴线方向弯曲，当两圆柱等径时，相贯线由两条空间曲线变为两条平面曲线——椭圆，此时它们的 V 面投影为相交两直线，如图 3-27(b)所示。

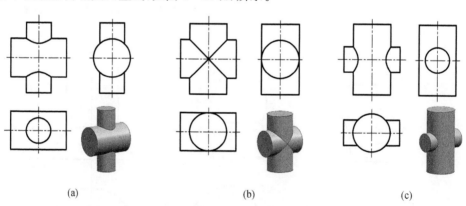

(a)　　　　　　(b)　　　　　　(c)

图 3-27　轴线正交的两圆柱相贯线变化趋势

图 3-28 所示为轴线正交且垂直于投影面的圆柱与圆锥，随着圆柱直径的大小不同，相贯线在两条轴线共同平行的投影面上投影的形状或弯曲趋势也会有所不同。图 3-28(a)所示圆柱全部贯入圆锥，主视图中两条相贯线(左、右各一条)由圆柱向圆锥轴线方向弯曲，并随圆柱直径的增大相贯线逐渐靠近圆锥轴线；图 3-28(b)所示圆锥全部贯入圆柱，主视图中两条线相贯线(上、下各一条)由圆锥向圆柱轴线方向弯曲，并随圆柱直径的增大，相贯线逐渐远离圆柱轴线；图 3-28(c)所示为圆柱与圆锥互贯，并呈圆柱面与圆锥面具有公共内切圆球面，此时相贯线成为两条平面曲线(椭圆)，其 V 面投影积聚成两条直线。

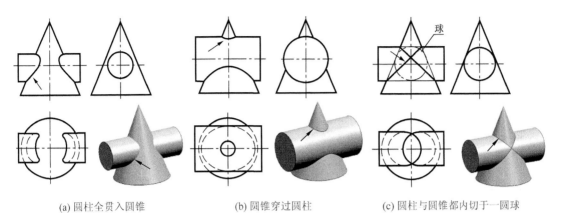

(a) 圆柱全贯入圆锥　　　　(b) 圆锥穿过圆柱　　　　(c) 圆柱与圆锥都内切于一圆球

图 3-28　轴线正交的圆柱与圆锥相贯线变化趋势

思考题

1. 截交线有哪些性质？
2. 试述平面立体截交线的求解方法。
3. 平面与圆柱的交线有哪些情况？
4. 平面与圆锥的交线有哪些情况？
5. 相贯线有哪些性质？
6. 两曲面立体表面交线有哪些特殊情况？
7. 相贯线有哪些求解方法？
8. 圆柱与圆柱、圆柱与圆锥相交时,其交线的变化趋势如何？

第 4 章　组合体的视图

组合体可以看做是由机器零件经过抽象和简化而得到的立体。组合体不同于机器零件：组合体不考虑材料、加工工艺和局部的细小工艺结构（如圆角和坑槽等），只考虑其主体几何形状和结构。本章将在基本立体投影的基础上进一步研究组合体画图、读图及尺寸标注的基本方法，以培养空间想象力，为后续零件图、装配图的学习打下坚实的基础。

4.1　组合体的三视图

由基本立体按一定形式组合而成的物体，称为组合体，如图 4-1 所示。

图 4-1　组合体

4.1.1　三视图的形成及其投影特性

1. 三视图的形成

在绘制机械图样时，将物体置于多面投影体系中，向投影面作正投影所得的图形称为视图。在三投影面体系中可得到物体的三个视图，其正面投影称为主视图，水平投影称为俯视图，侧面投影称为左视图，如图 4-2 所示。

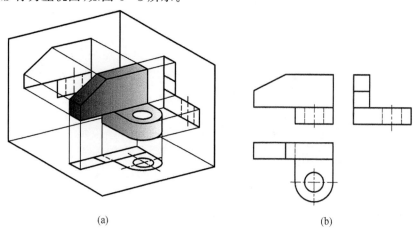

(a)　　　　　　　　　　　　　　　　　(b)

图 4-2　物体的三视图

在工程图上,由于视图主要用来表达物体的形状,而没有必要表达物体与投影面间的距离,因此在绘制视图时不必画出投影轴;为了使图形清晰,也不必画出投影间的连线,如图4-2(b)所示。通常视图间的距离可根据图纸幅面、尺寸标注等因素来确定。

2. 三视图的位置关系和投影规律

虽然在画三面视图时取消了投影轴和投影间的连线,但三面视图间仍应保持前面所述的各投影之间的位置关系和投影规律。如图4-3所示,三面视图的位置关系为:俯视图在主视图的正下方,左视图在主视图的正右方。按照这种位置配置视图时,国家标准规定一律不标注视图的名称。

对照图 4-2(a)和图 4-3,还可以看出:

主视图反映物体上下、左右的位置关系,即反映物体的高度和长度;

俯视图反映物体左右、前后的位置关系,即反映物体的长度和宽度;

左视图反映物体上下、前后的位置关系,即反映物体的高度和宽度。

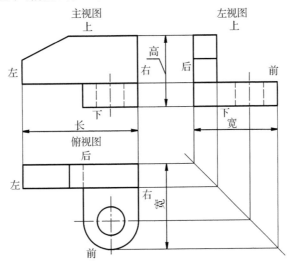

图 4-3　三视图位置关系和投影规律

由此可得出三面视图之间的投影规律为:

主、俯视图长对正;

主、左视图高平齐;

俯、左视图宽相等。

"长对正、高平齐、宽相等"是画图和看图必须遵循的最基本的投影规律。不仅整个物体的投影要符合这个规律,物体局部结构的投影亦必须符合这个规律。在应用这个投影规律作图时,要注意物体的上、下、左、右、前、后六个部位与视图的关系。如俯视图的下边和左视图的右边都反映物体的前面,俯视图的上边和左视图的左边都反映物体的后面。在俯、左视图上量取宽度时,不但要注意量取的起点,还要注意量取的方向。

4.1.2　组合体的组合方式、表面邻接关系

1. 组合体的组合形式

通常,组合体的组合形式可分为叠加和切割两种。一般在组合体中,常常两种形式并存。

如图 4-4(a)中的支架是由底板Ⅰ、竖板Ⅱ、凸台Ⅲ叠加,并在竖板上打圆孔 P,底板凸台上打长圆孔 R,底面上挖槽 Q 而成,如图 4-4(b)所示。

又如图 4-5 中的导块是由长方体Ⅰ切去Ⅱ、Ⅲ、Ⅳ块,并打了一个圆孔Ⅴ而组成。

2. 组合体相邻表面的连接关系及投影特性

两立体组合在一起,按其相邻表面相对位置不同,连接关系可分为不平齐、平齐、相切和相交四种情况,如图 4-6 所示。

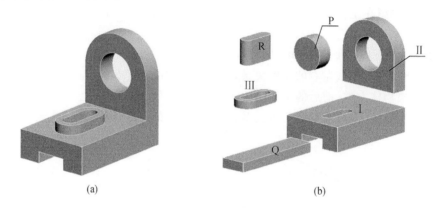

图 4-4 组合体的组合形式——叠加+截切

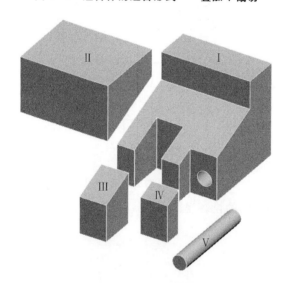

图 4-5 组合体的组合形式——截切

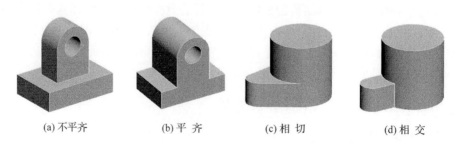

(a)不平齐　　　(b)平齐　　　(c)相切　　　(d)相交

图 4-6 形体间的连接关系

（1）当两形体表面不平齐时，如图 4－6(a)所示，在相应的视图中，两形体的分界处应有线隔开，如图 4－7(a)所示。

（2）当两形体表面平齐（即共面）时，如图 4－6(b)所示，不应画出两形体表面分界线，如图 4－7(b)所示。

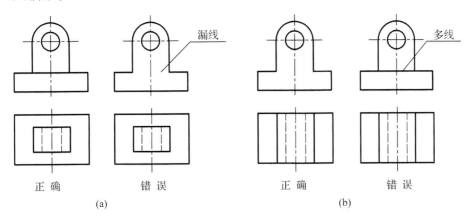

图 4－7　两形体表面不平齐和平齐的视图

（3）当两形体表面相切时，如图 4－6(c)所示，相切处光滑连接，没有交线，所以在相切处不应画线，如图 4－8(a)所示。

（4）当两形体表面相交时，如图 4－6(d)所示，相交处必须画出交线，如图 4－8(b)所示。

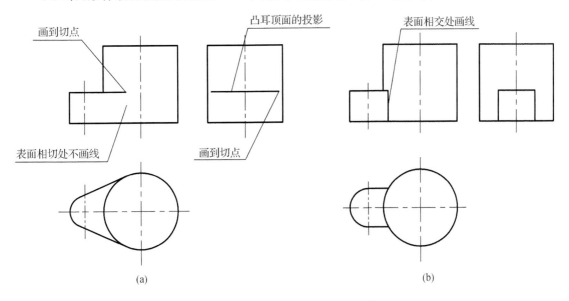

图 4－8　两形体表面相切和相交的视图

4.1.3　组合体的分析方法

1. 形体分析法

在对组合体进行绘制、读图和标注尺寸的过程中，将复杂的组合体假想分解为若干基本形体，弄清它们的形状、大小，确定它们的相对位置及其连接方式，以利于顺利地进行绘制和阅读组合体的视图,这种思考和分析的方法称为形体分析法。在画图和读图的过程中,一般首先采用形体分析法。

2. 线面分析法

立体的视图实质上就是各个立体表面的投影。线面分析法是在形体分析法的基础上,用线、面的投影特性和投影规律来分析视图中图线和线框的含义,进行画图和读图的一种方法。

在阅读比较复杂的组合体视图时,通常在运用形体分析法的基础上,对不容易看懂的局部还要结合线面投影进行分析,如分析立体的表面形状、表面交线、面与面之间的相对位置等,来帮助看懂和想象这些局部的形状。

4.2　组合体的画法

画组合体视图之前,首先应对组合体进行形体分析,了解组合体中各基本形体的状态、表面连接关系、相对位置以及是否在某个方向上对称,从而对该组合体形成一个整体的概念,这是阅读和绘制组合体视图的基础。下面以图 4-9 的轴承座为例,说明画组合体三视图的方法和步骤。

4.2.1　形体分析

轴承座是用来支承轴的,如图 4-9(a)所示。应用形体分析法,可以把它假想分解成五部分,与轴相配的圆筒Ⅰ,用来支承圆筒的支承板Ⅱ和肋Ⅲ,安装用的底板Ⅳ,注油用的凸台Ⅴ,如图 4-9(b)所示。

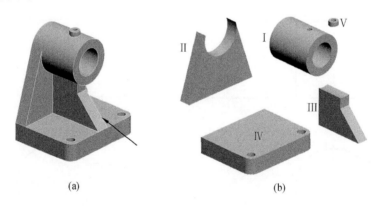

(a)　　　　　　　　　　　　(b)

图 4-9　轴承座

4.2.2　选择主视图

在三视图中,主视图是最主要的视图,因此画图时应首先选择主视图。选择时,通常将物体放正(主要平面或轴线平行或垂直于投影面),并选择最能反映物体形状结构特征的视图作为主视图。如图 4-9(a)所示的轴承座,将底板放在水平位置,圆筒放在轴线正垂位置作为主视图,而俯视图、左视图的投射方向随之确定。

4.2.3 选比例、定图幅

根据实物大小和复杂程度,选择作图比例和图幅。一般情况下,尽可能地选用 1:1 的比例。确定图幅大小时,除考虑绘图所需面积外,还要留够标注尺寸和画标题栏的位置。

4.2.4 布置视图

根据各视图的最大轮廓尺寸,在图纸上均匀地布置这些视图,为此在作图时应先画出各视图中的基准线,如图 4-10(a)所示。一般以对称平面、较大的平面(底面、断面)和回转体轴线作为基准线。

4.2.5 画底稿

为了正确而迅速地画出组合体的三视图,画底稿时应注意以下几点:

(1)画图时,不应画完整个组合体的一个完整视图后再画另一视图,应采用形体分析法,逐个进行形体绘制,按照先主后次、先叠加后切割、先大后小的顺序绘图。

(2)画每一形体时,应先画主视图,后画另两视图;先画可见部分,后画不可见部分;先画圆弧,后画直线。三个视图配合同时进行,以提高速度,少出差错。

(3)图线要细、轻、准。画底稿的过程如图 4-10(b)、(c)、(d)、(e)所示。

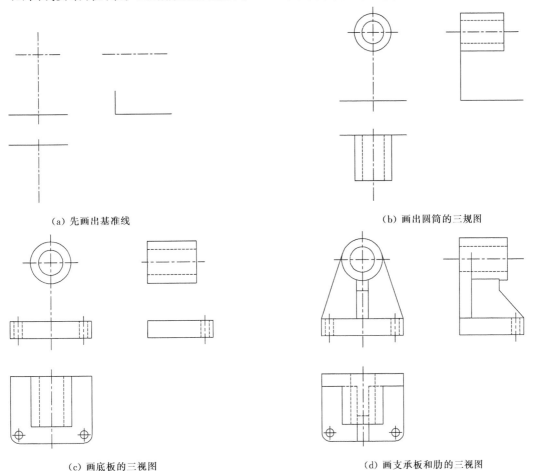

(a)先画出基准线　　　　　　　　　　(b)画出圆筒的三视图

(c)画底板的三视图　　　　　　　　　　(d)画支承板和肋的三视图

图 4-10 组合体的画图方法

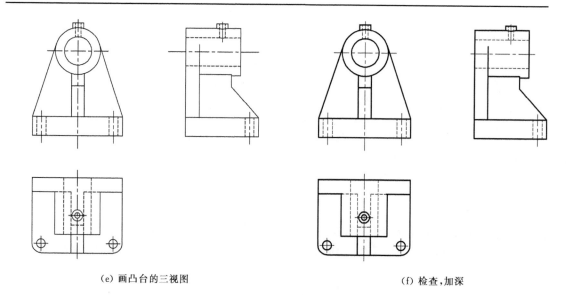

(e) 画凸台的三视图　　　　　　　　　　　　(f) 检查,加深

图 4 - 10　组合体的画图方法(续)

4.2.6　检查,加深

画完底稿后,应按形体逐个仔细检查,纠正错误和补充遗漏,按标准图线描深,可见轮廓线用粗实线画出,不可见轮廓线用细虚线画出。对称图形、半圆或大于半圆的圆弧要画出对称中心线,回转体必须画出轴线,对称中心线和轴线用细点画线画出。检查、加深结果如图4-10(f)所示。

4.3　组合体的尺寸标注

视图主要表达物体的形状,物体的真实大小则是根据图上所标注的尺寸来确定的,加工制造时也是按照图上的尺寸来进行的,因此,正确清晰地标注尺寸非常重要。

4.3.1　组合体尺寸标注的基本要求

组合体尺寸标注的基本要求是正确、完整、清晰、合理。

1. 正　确

所注尺寸应符合国家标准中有关尺寸注法的规定,尺寸数字要准确。

2. 完　整

所注尺寸必须把组成物体各形体的大小及相对位置完全确定下来,无遗漏和重复尺寸。

3. 清　晰

尺寸的布置应整齐、清晰,以便于读图。

4. 合　理

尺寸的标注应保证设计要求,同时还要尽量考虑到加工、装配测量等工艺上的要求。

在第1章中已介绍了国家标准有关尺寸注法的规定,本节主要介绍如何使尺寸标注完整和布置清晰。至于标注尺寸要合理的问题,将在后续章节进一步介绍。

4.3.2　常见薄板的尺寸标注

薄板是机件中的底板、竖板和法兰盘的常见形式。图 4-11 中列举了几种薄板的尺寸注法,必须熟练掌握其尺寸标注方法。

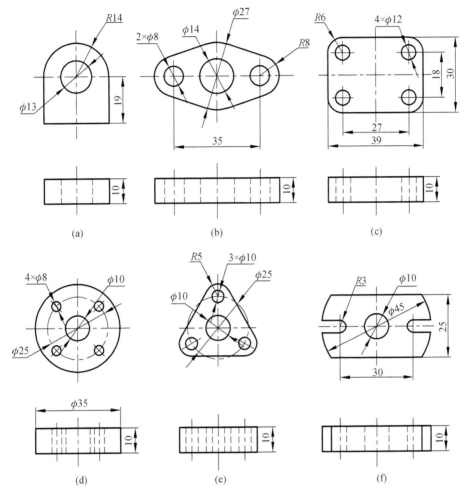

图 4-11　常见薄板尺寸标注

4.3.3　基本形体的尺寸标注

基本形体包括常见基本立体,如柱体、锥体、球体等。组合体的尺寸标注是按照形体分析方法进行的,基本形体的尺寸是组合体尺寸最基本、最重要的组成部分,因此要标注组合体的尺寸,必须首先掌握基本形体的尺寸注法。

图 4-12 所示为常见基本立体的尺寸注法。对于基本立体,一般情况下要标注长、宽、高的三个方向的尺寸,具体还要根据其形状特征进行取舍和调整。如图 4-12(b)中的六棱柱,除必须标注其高度尺寸外,底面尺寸可有两种标注形式:标注底面六边形的对边距尺寸或对角(外接圆直径)尺寸,但只需标注其一即可。若两个尺寸都要标注,则应将其中之一作为参考尺寸,加上括号。

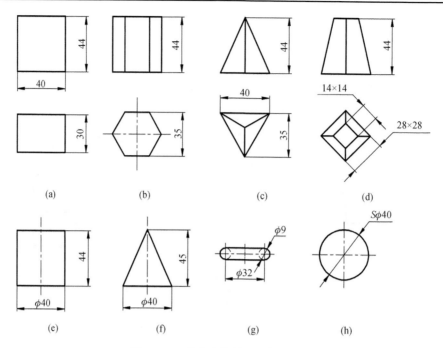

图 4-12　基本立体的尺寸标注实例

4.3.4　截切和相贯立体的尺寸标注

经截切或相贯后的基本立体尺寸标注方法如图 4-13 所示。截切和相贯立体的尺寸标注应注意以下两点：

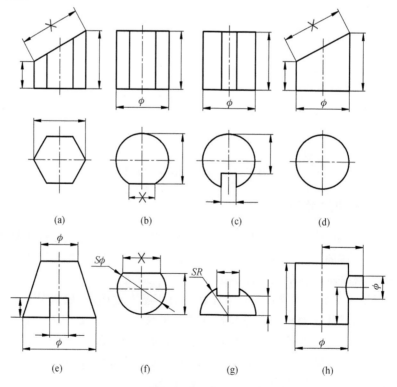

图 4-13　截切和相贯立体的尺寸标注实例

(1)带截交线的立体应标注立体的大小和形状尺寸以及截平面的相对位置尺寸,不能直接标注截交线本身的大小和形状尺寸。

(2)带相贯线的立体应标注两相贯立体各自的大小和形状尺寸以及两相贯体之间的相对位置尺寸,不能直接标注相贯线本身的大小和形状尺寸。因为两相贯体的几何形状、尺寸大小以及相对位置关系确定后,两者相贯所构成的立体以及相贯的形状大小就唯一确定了。图4-13中带"×"符号的尺寸均直接标注在截交线和相贯线上,是不合理的。

4.3.5 组合体的尺寸标注

1.尺寸基准

标注尺寸的起点称为尺寸基准。在标注尺寸前先要确定组合体的长、宽、高各方向的尺寸基准。可作为尺寸基准的几何要素一般是对称形体的对称面、形体的较大平面、主要回转结构的轴线等。

2.组合体的尺寸类型

组合体的尺寸分为定形尺寸、定位尺寸和总体尺寸三类。

(1)定形尺寸

确定组合体各组成部分(基本形体)形状大小的尺寸称为定形尺寸。

(2)定位尺寸

确定组合体各组成部分(基本形体)之间相对位置的尺寸称为定位尺寸。

(3)总体尺寸

确定组合体外形的总长、总宽和总高的尺寸称为总体尺寸。组合体一般应标注长、宽、高三个方向的总体尺寸,但对于外形轮廓具有回转结构的组合体,为了明确回转结构的轴线位置,一般可省略该方向的总体尺寸。

3.组合体尺寸标注的方法和步骤

下面同样以轴承座为例来说明尺寸标注的方法和步骤。

(1)形体分析,选择尺寸基准

首先按形体分析法将组合体分解为若干基本形体,如图4-9所示,选择好尺寸基准,如图4-14所示。

(2)逐个注出各基本形体的定形尺寸

将轴承座分解为5个基本形体(见图4-9(b))后,分别注出其定形尺寸,如

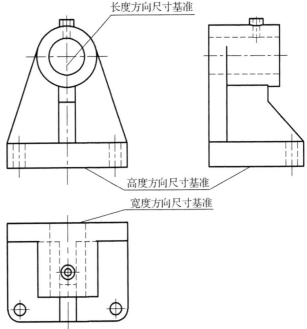

图4-14 选择组合体的尺寸基准

图4-15所示。每个基本形体的尺寸一般只有几个(如2~5个),因而比较容易考虑,轴承座底板的定形尺寸有100、80、20、φ10、R10,圆筒的定形尺寸有φ30、φ50、60。至于这些尺寸标注在哪一个视图上,则要根据具体情况而定。一般地,应将定形尺寸注在最能反映该形体结构特

征的视图上。如底板的尺寸 $R10$、$\phi10$ 注在俯视图上最为适宜,而厚度尺寸 20 应注在主视图上。凸台的定形尺寸为 $\phi6$、$\phi12$,支撑板和肋板的定形尺寸为 15、35、33、14。

(3)标注出各基本形体之间相对位置的定位尺寸

标注定位尺寸应先选择尺寸基准,然后分析找出定位尺寸 90、120、80、70、40。一般来说,两形体之间在左右、上下、前后方向均应考虑是否有定位尺寸。但当形体之间为简单结合(如肋与底板的上下结合)或具有公共对称面(如直立空心圆柱与水平空心圆柱在左右方向对称)的情况下,在这些方向就不再需要定位尺寸。

(4)标注总体尺寸,检查、调整

为了表示组合体外形的总长、总宽、总高,一般应标注出相应的总体尺寸。但考虑总体尺寸后,为了避免重复,还应认真检查并作适当调整。在该例中长、宽、高方向的总体尺寸正好是底板的定形尺寸 100、80 和凸台的定位尺寸 120,因此不需要进行调整。

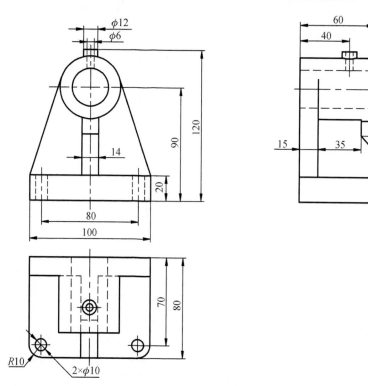

图 4-15 标注总体尺寸,检查、调整

4.3.6 组合体尺寸标注的注意事项

上面的分析仅达到了尺寸标注要完整的要求。但为了便于看图,使图面清晰,还应将某些尺寸的安排进行适当的调整。安排尺寸时应考虑以下几点:

(1)尺寸应尽量标注在表示形体特征最明显的视图上。

(2)同一形体的尺寸应尽量集中标注在一个视图上。

(3)尺寸应尽量标注在视图的外部,与两视图有关的尺寸,最好注在两视图之间,以保持图形清晰。为了避免尺寸标注零乱,同一方向连续的几个尺寸尽量放在一条线上,使尺寸标注显得较为整齐。

(4)同轴回转体的直径尺寸尽量注在非圆的视图上。

(5)尺寸应尽量避免注在虚线上。

(6)尺寸线与尺寸线、尺寸线与尺寸界线尽量避免相交,小尺寸应注在里边,大尺寸应注在外边。

(7)不允许形成封闭尺寸链。

在标注尺寸时,有时会出现不能兼顾以上各点的情况,必须在保证尺寸完整、清晰的前提下,根据具体情况,统筹安排,合理布置。

4.4　组合体的读图

组合体画图是运用正投影的方法在平面上表达空间的物体,是三维到二维的思维过程。而读图正好相反,它是运用正投影方法,分析平面图形,想象出物体空间的结构形状,是二维到三维的思维过程。可见,画图和读图是互逆的两个过程,但是两者又是紧密联系、相互促进的。画图和读图都是工程技术人员所具备的基本技能,前面已经介绍了组合体视图的画法,本节将进一步介绍组合体视图的读图方法。要想正确、快速地读懂组合体的视图,就必须掌握读图的基本要领和方法。

组合体的读图方法和画图一样,常用的方法仍是形体分析法,也可应用线面分析法。这些方法有其自己的特点,下面举例说明读图的基本要领。

4.4.1　读图时须注意的几个基本问题

1.多个视图综合分析,抓特征视图构思物体

特征视图就是对物体的形状特征反映最明显的视图。在没有标注的情况下,只看一个视图不能确定物体的形状。有时虽有两个视图,但没有特征视图,也不能确定。如图 4 – 16 所示,只看主、俯两个视图,物体的形状仍然不能确定。必须根据图 4 – 16(a)、(b)、(c)给出的左视图,才能构思出物体的准确形状。此组视图虽然主、俯两视图不能确定物体的形状,但主、左或左、俯两视图却可以确定物体形状,所以其特征视图是左视图。

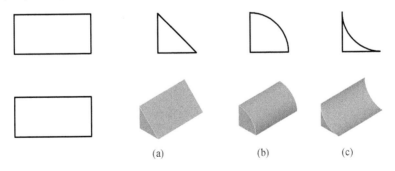

(a)　　　　　　　(b)　　　　　　　(c)

图 4 – 16　主、俯视图相同,左视图为特征视图

又如图 4 – 17 所示,只根据主、左两视图也不能确定物体的形状,必须联系俯视图分析,才能确定物体的形状。由于俯视图最明显反映物体的形状特征,根据主、俯或左、俯两视图却可以确定物体形状,此组视图的特征视图为俯视图。

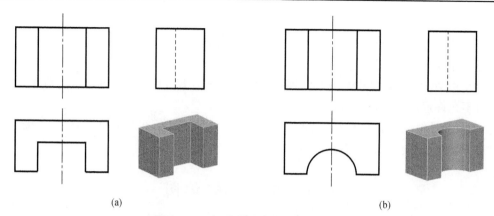

(a)   (b)

图 4 - 17　主、左视图相同,俯视图不同

2. 要注意视图中反映形体间联系的图线

形体之间表面连接关系的变化会使视图中的图线也产生相应的变化。图 4 - 18(a)中三角形肋与底板及侧板的连接线是实线,说明它们的前面不平齐,因此,三角形肋在中间。而图 4 - 18(b)中的连接线是虚线,说明它们的前面平齐。结合俯视图,可以肯定三角形肋有两块,一块在前,一块在后。

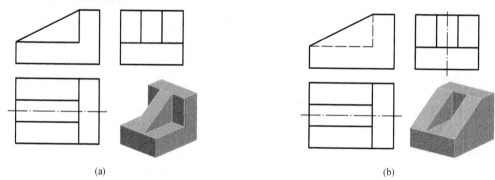

(a)   (b)

图 4 - 18　形体之间表面连接关系的变化(一)

图 4 - 19(a)所示主视图中,根据两形体的交线的投影是斜直线,可以肯定它们是直径相等的两圆柱。图 4 - 19(b)中,根据两形体在过渡处没有交线,可以肯定它们是粗细相同的方柱和圆柱。

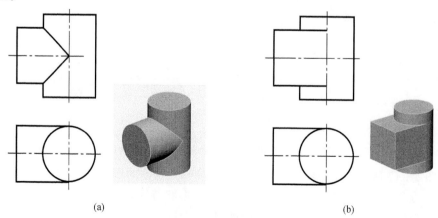

(a)   (b)

图 4 - 19　形体之间表面连接关系的变化(二)

3. 要注意分析视图上线框、线条的含义

视图最基本的图素是线条,由线条组成了许多封闭线框,为了能迅速、正确地构思出物体的形状,还须注意分析视图上线框、线条的含义。

如图 4 - 20 所示,给出一个圆形线框,根据这个线框,可以沿投射方向拉伸构思出圆柱、圆锥、圆球等物体。

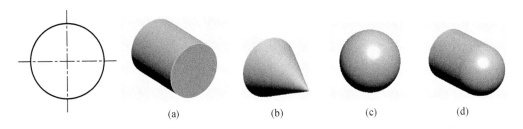

(a)   (b)   (c)   (d)

图 4 - 20   圆形线框可能的含义

如图 4 - 21 所示,给出一个长方形线框,根据这个线框,可以沿投射方向拉伸构思出三棱柱、圆角棱形块等形体。

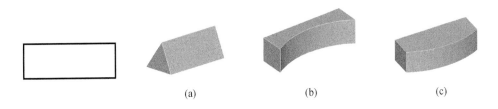

(a)   (b)   (c)

图 4 - 21   长方形线框可能的含义

(1)由图 4 - 20 和图 4 - 21 可知,视图上的一个线框可以代表一个形体,也可以代表物体上的一个连续表面,这个表面可以是平面、曲面或曲面和它的切平面。看图时还须注意形体有"空、实"之别,表面有"凹、凸"、"平、曲"之分。

(2)线条的含义。由图 4 - 20 和图 4 - 21 可知,构成视图上线框的线条可以代表有积聚性的表面(平面、曲面或曲面和它的切平面)或线(棱线、交线、转向素线等)。

(3)相邻两线框的含义。视图上相邻两个线框代表物体上两个不同的表面。如果是主视图上的相邻线框,则两线框代表的表面可能是有前后差别,也可能相交,如图 4 - 22(a)中的线框 *A* 和线框 *B*,分别代表物体上有前后差别的两个互相平行的表面;图 4 - 22(b)中的线框 *A* 和线框 *B* 所代表的是物体上有前后差别但不互相平行的两个表面;图 4 - 22(c)中的线框 *A* 和线框 *B* 代表的是物体上两个相交的平面。线框 *A* 和线框 *B* 的公共边在图 4 - 22(a)、(b)中表示物体的一个表面的投影,在图 4 - 22(c)中代表物体上两表面的交线。

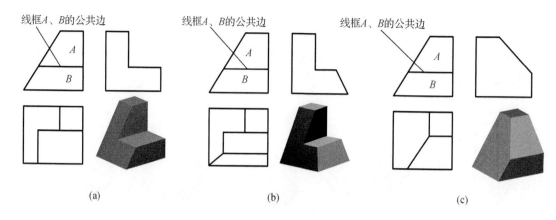

图 4 - 22　相邻两线框的含义

4.4.2　形体分析法读图

组合体画图和读图都采用形体分析法。画图时是将组合体进行形体分解,而读图则是在视图上进行线框分割。首先将一个视图按照轮廓线构成的封闭线框分割成几个平面图形,它们就是各简单立体(或其表面)的投影;然后按照投影规律找出它们在其他视图上对应的图形,从而想象出各简单立体的形状;同时根据图形特点分析出各简单立体的相对位置及组合方式,最后综合想象出整体形状。

下面以轴承座为例,说明如何看懂所给视图,如图 4 - 23 所示。

1. 分割线框对投影

图 4 - 23(a)中反映轴承座形体特征较多的是主视图。根据这个视图,可以把轴承座分成Ⅰ、Ⅱ、Ⅲ三部分。从形体Ⅰ的主视图出发,根据"三等"对应关系对投影,找到俯、左视图上的相应投影,如图 4 - 23(b)、(c)、(d)所示。

2. 分析投影想形状

从图 4 - 23(b)可以看出形体Ⅰ是一个长方块,上部挖了一个半圆槽,该形体的形状特征反映在主视图上。同样,可以找到形体Ⅱ的其余投影,如图 4 - 23(c)所示,可以看出它是一个三角形肋。最后看底板Ⅲ,左视图反映了它的总体形状特征,如图 4 - 23(d)所示。再配合俯视图可看出它是带弯边的四方板,上面钻了两个孔,Ⅰ、Ⅱ、Ⅲ各部分的形状如图 4 - 23(e)所示。

3. 综合起来想整体

在看懂每块形状的基础上,再根据整体的三视图,想象它们的相互位置关系,逐渐形成一个整体形状。图 4 - 23(a)中轴承座各形体的相对位置从主、俯视图上可以清楚地表示出来。方块Ⅰ在底板Ⅲ的上面,位置是中间靠后,后面平齐。肋Ⅱ在方块Ⅰ的两侧,也是后面平齐。底板Ⅲ的前面有一弯边,它的位置可以从左视图上清楚地看出。这样结合起来想象整体,就能形成如图 4 - 23(f)所示的空间形状。

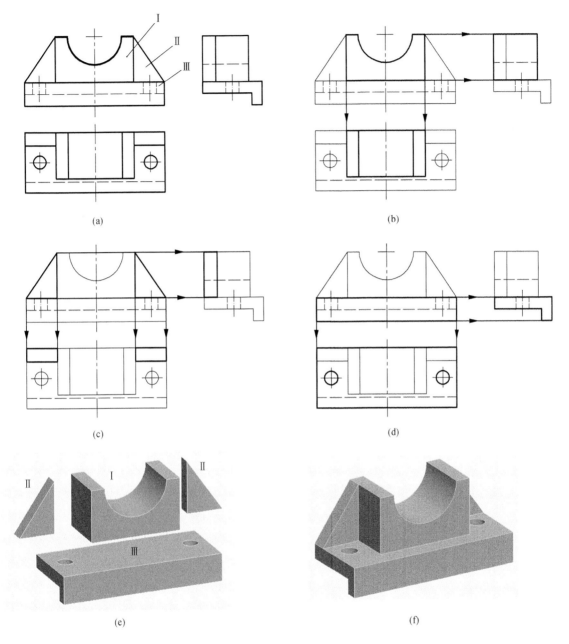

(a)　　　　　　　　　　　　　　　(b)

(c)　　　　　　　　　　　　　　　(d)

(e)　　　　　　　　　　　　　　　(f)

图 4 - 23　形体分析法读图

4.4.3　线面分析法读图

一般情况下,形体结构清晰的零件用上述形体分析法就解决了,然而有些零件较为复杂,完全用形体分析法还不够。因此,对于图上一些局部的复杂投影,为了能正确地构思物体的形状,还要利用不同位置面的投影特性来分析构思,如投影面平行面的一面投影反映实形,另两面投影积聚为直线;投影面垂直面一面投影积聚为直线,另两面投影为类似形;投影面倾斜面三面投影均为类似形。利用这些性质来分析视图上的线框所代表的物体上表面的形状、位置以及平曲关系,相邻线框所代表的表面的相对位置,相邻线框公共边代表的含义,来帮助构思物体的形状。这种分析方法称之为线面分析法。

下面以图 4-24 所示压块的三视图为例说明线面分析法。

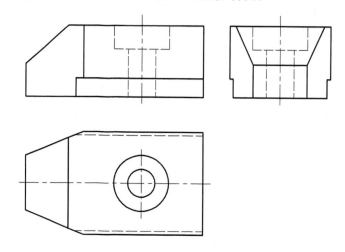

图 4-24　压块的三视图

1. 初步了解

先用形体分析法分析整体形状。由于压块的三个视图轮廓基本上都是长方形(只缺掉几个角),所以它的基本形体是长方体。进一步分析细节形状,从主视图看出,压块右方有个阶梯孔。主视图的长方形缺个角,说明在长方体的左上角切掉一角。俯视图的长方形左端缺两个角,说明在长方体的左端切掉前后两角。左视图下面前后也有缺口,说明下方前、后两边各切去一块。

2. 仔细分析

下面就利用图上的一个封闭线框在一般情况下反映物体上一个面的投影规律去进行分析,并按"三等"对应关系找出每一个表面的三个投影。

先看图 4-25(a),从俯视图的梯形线框 p 看起,在主视图中找到它的对应投影。由于在主视图上没有与它等长的梯形线框,所以它的正面投影只可能对应斜线 p'。因此,P 面是垂直于正面的梯形平面。长方体的左上角就是由这个正垂面切割而成的。平面 P 对侧面和水平面都处于倾斜位置,所以它的侧面投影 p'' 和水平投影 p 是类似形,不反映 P 面的实形。

然后看图 4-24(b),从主视图的七边形 q' 看起,在俯视图中找它的对应投影。由于俯视图上没有与它等长的七边形,所以它的水平投影只可能对应斜线 q。因此,Q 面是垂直于水平面的平面。长方体的左端就是由这样的两个铅垂面切割而成的。平面 Q 对正面和侧面都处于倾斜位置,因此侧面投影 q'' 也是一个类似的七边形。

再看图 4-25(c),从主视图的长方形 r' 看起,在俯视图中找它的对应投影。因为长方形 $a'b'f'e'$ 的水平投影是虚线 $a(b)e(f)$。因此 R 面平行于正投影面,它的侧面投影积聚成一条垂直线 $a''(e'')b''(f'')$,而线段 ab 是 R 面与 Q 面的交线的正面投影。

最后看图 4-25(d),从主视图的长方形 $c'd'h'g'$ 看起,在俯视图上找出与它对应的投影只能是积聚成一条直线 $c(d)g(h)$,因此,T 面也是正平面。它的侧面投影是铅垂线 $c''(g'')d''(h'')$。

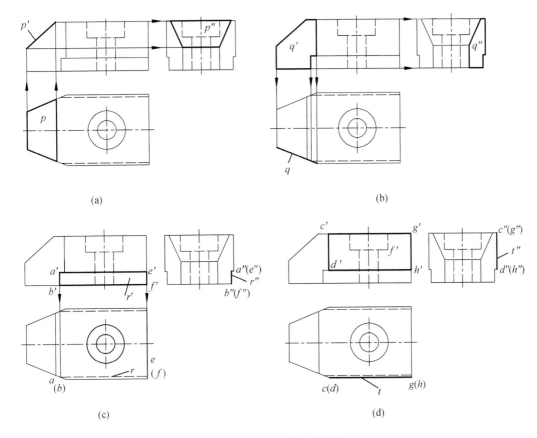

(a)　　　　　　　　　　(b)

(c)　　　　　　　　　　(d)

图 4 - 25　线面分析法读图

3. 综合分析

其余的表面比较简单易看,读者可自行分析。这样,既从形体上,又从面、线的投影上,彻底弄清了整个压块的三视图,就可以想象出如图 4 - 26 所示的压块的空间形状了。

这种方法主要用来分析视图中难于看懂的部分,对于切割式的零件用得较多。

在一般情况下,常常是两种方法并用,以形体分析法为主,线面分析法为辅。

图 4 - 26　压块的空间形状

思考题

1. 组合体的组合形式有哪几种? 各基本形体表面间的连接关系有哪些? 它们的画法各有何特点?

2. 画组合体视图时,如何选择主视图? 怎样才能提高绘图速度?

3. 试述运用形体分析法画图、读图的方法与步骤。

4. 什么叫做线面分析法? 试述运用线面分析法看图的方法与步骤。

5. 组合体尺寸标注的基本要求是什么? 怎样才能满足这些要求?

6. 自己设计一个组合体,并注上尺寸。

第5章 轴测投影图

采用多面正投影图绘制图样,可以较完整、确切地表达出零件各部分的形状,且作图方便。但一个视图只能反映立体上两个坐标轴方向的尺寸和形状,不能同时反映物体三个坐标轴方向的尺寸和形状。为了解决这个问题,工程上常用轴测图作为辅助图样,它虽然度量性差、作图复杂,但直观性好,比多面正投影图生动形象。本章主要介绍轴测图的基本知识和工程上常用的两种轴测图的画法。

5.1 轴测投影的基本知识

5.1.1 轴测投影的形成

图 5-1(a)表明了轴测图的形成。将物体按投射方向 S 用平行投影法将其投射在单一投影面上所得的具有立体感的图形称为轴测投影,又称轴测图,该投影面称为轴测投影面。

通常轴测投影有以下两种基本形成方法:

(1)投射方向 S 与轴测投影面 P 垂直,将物体放斜,使物体上的三个坐标面和 P 面都斜交,如图 5-1(a)所示,这样所得的投影图称为正轴测投影。

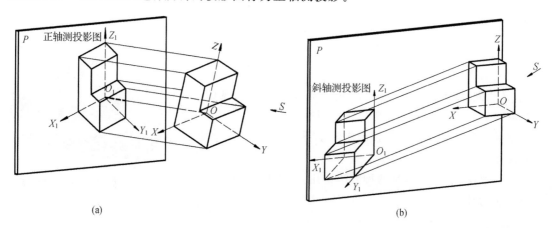

(a)　　　　　　　　　　　　　　　　(b)

图 5-1 轴测投影的形成

(2)投射方向 S 与轴测投影面 P 倾斜,为了便于作图,通常取 P 面平行于 XOZ 坐标面,如图 5-2(b)所示,这样所得的投影图称为斜轴测投影。

5.1.2 轴间角及轴向伸缩系数

如图 5-2 所示,空间直角坐标轴 OX、OY、OZ 在轴测投影面 P 上的投影 O_1X_1、O_1Y_1、O_1Z_1 称为轴测投影轴,简称轴测轴;轴测轴之间的夹角($\angle X_1O_1Y_1$、$\angle X_1O_1Z_1$、$\angle Y_1O_1Z_1$)称为轴间角。轴向伸缩系数为空间直角坐标轴的轴测投影的单位长度与相应空间直角坐标轴上的单位长度的比值。设在空间三坐标轴上各取相等的单位长度 u，投影到轴测投影面上，得到相应的轴测轴上的单位长度分别为 i、j、k。设 $p_1 = i/u$、$q_1 = j/u$、$r_1 = k/u$，则 p_1、q_1、r_1 分别称为 X、Y、Z 轴的轴向伸缩系数。

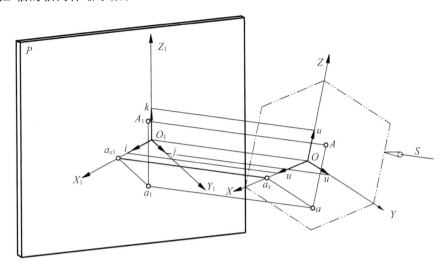

图 5 - 2　轴间角和轴向伸缩系数

5.1.3　轴测图的投影特征

轴测图的投影特征如下：

(1)两平行直线的轴测投影仍平行，且投影长度与原来的线段长度成定比。

(2)平行于原坐标轴的线段长度乘以相应的轴向伸缩系数，就是该线段的轴测投影长度。

依据轴测投影图的性质，当确定了空间几何形体在直角坐标系中的位置后，即可按选定的轴向伸缩系数和轴间角作出它的轴测图。绘制轴测图的基本方法就是按照"轴测"原理，进行沿轴测量和绘图。

5.1.4　轴测投影的分类

根据投射方向和轴测投影面的相对关系，轴测投影可分为正轴测图和斜轴测图两大类。

(1)正轴测图：投射方向垂直于轴测投影面。

(2)斜轴测图：投射方向倾斜于轴测投影面。

根据轴向伸缩系数的不同，轴测图又可分为三种：

(1)如 $p_1 = q_1 = r_1$，称为正(或斜)等轴测图。

(2)如 $p_1 = q_1 \neq r_1$ 或 $p_1 \neq q_1 = r_1$ 或 $p_1 = r_1 \neq q_1$，称为正(或斜)二轴测图。

(3)如 $p_1 \neq q_1 \neq r_1$，称为正(或斜)三轴测图。

在实际作图时，轴测图一般采用正等轴测图、正二等轴测图及斜二等轴测图三种。本章介绍工程中用得较多的正等轴测图(简称正等测)和斜二等轴测图(简称斜二测)的画法。

5.2 正等测

5.2.1 正等测的轴间角和轴向伸缩系数

根据理论分析,正等测的轴间角 $\angle X_1O_1Y_1 = \angle X_1O_1Z_1 = \angle Z_1O_1Y_1 = 120°$。作图时,一般使 O_1Z_1 轴处于垂直位置,则 O_1X_1 和 O_1Y_1 轴与水平线成 $30°$,如图 5-3 所示。正等测的轴向伸缩系数 $p_1 = q_1 = r_1 \approx 0.82$。图 5-4(a)所示长方块的长、宽和高分别为 a、b 和 h,按上述轴间角和轴向伸缩系数作出的正等测如图 5-4(b)所示。为了作图方便,常采用简化伸缩系数 p、q、r,即 $p = q = r = 1$,因此就可以将视图上的尺寸 a、b 和 h 直接度量到相应的 X_1、Y_1 和 Z_1 轴上,这样作出长方块的正等测如图 5-4(c)所示,与图 5-4(b)相比,其形状不变,仅图形按一定比例放大,图上线段的放大倍数为 $1/0.82 \approx 1.22$ 倍。

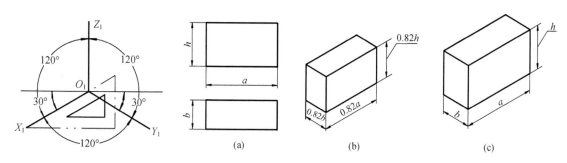

图 5-3　正等测的轴间角　　　　　　图 5-4　长方块的正等测

5.2.2 平面立体的正等测画法

画轴测图的基本方法是坐标法。但在实际作图时,还应根据物体的形状特点灵活采用各种不同的作图步骤。下面举例说明平面立体轴测图的几种具体做法。

【例 5-1】 画出正六棱柱(见图 5-5)的正等测图。

分析:由于作物体的轴测图时,习惯上是不画出其虚线的(见图 5-4),因此作正六棱柱的轴测图时,为了减少不必要的作图线,先从顶面开始作图比较方便。

作图步骤如下:

(1)画轴测轴,在 O_1Z_1 轴上取六棱柱高度 h,得顶面中心,并画顶面中心线,如图 5-6(a)所示。

(2)在与 O_1X_1 平行的顶面上利用坐标法,分别求的顶面的六个顶点 1、2、3、4、5、6,连线得到顶面的六边形,如图 5-6(b)所示。

(3)过顶面各顶点向下画平行于 O_1Z_1 的各条棱线,使其长度等于六棱柱的高,并连线,如图 5-6(c)所示。

(4)擦去多余的作图线,并描深,即完成正六棱柱的正等轴测图,如图 5-6(d)所示。

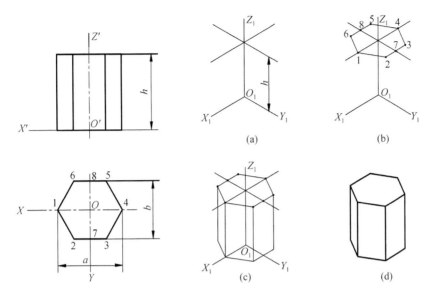

图 5 - 5　六棱柱的视图　　　图 5 - 6　六棱柱的正等测

【例 5 - 2】　画出图 5 - 7(a)所示垫块的正等轴测图。

分析:垫块是一个简单的组合体,画轴测图时,也可采用形体分析法,由基本形体叠加或切割而成。本例是切割体,采用恢复原形法逐一切割。作图步骤如图 5 - 8(b)、(c)、(d)、(e)所示。

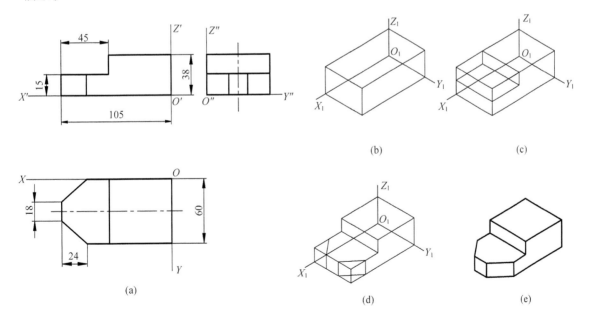

图 5 - 7　组合体的正等轴测图

5.2.3 圆的正等测

1.圆的正等测性质

在一般情况下,圆的轴测投影为椭圆。根据理论分析(证明从略),坐标面(或坐标面平行面)上圆的正等测投影(椭圆)的长轴方向垂直于不属于该坐标面的第三根轴测轴,短轴垂直长轴。对于正等测,水平面上椭圆的长轴处在水平位置,正平面上椭圆的长轴方向为向右上倾斜$60°$,侧平面上椭圆的长轴方向为向左上倾斜$60°$,如图5-8所示。

在正等测中,如采用实际理论轴向伸缩系数,则椭圆的长轴为圆的直径d,短轴为$0.58d$,如图5-8(a)所示。如按简化伸缩系数作图,其长、短轴长度均放大1.22倍,即长轴长度等于$1.22d$,短轴长度等于$1.22×0.58d≈0.7d$,如图5-8(b)所示。轴线平行于不同的坐标轴的圆柱正等测如图5-8(c)所示。

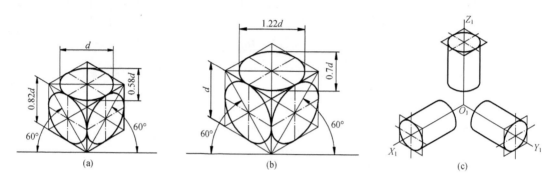

图5-8 坐标面上圆的正等测

2.圆的正等测(椭圆)的画法

(1)一般画法

对于处在一般位置平面或坐标面(或平行面)上的圆,都可以用坐标法作出圆上一系列点的轴测投影,然后光滑地连接起来,即得圆的轴测投影。图5-9(a)为一水平面上的圆,其正等测的作图步骤如下(见图5-9(b)):

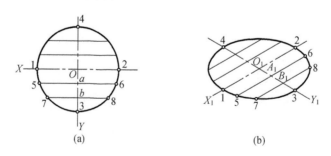

图5-9 圆的正等测的一般画法

①通过椭圆中心O_1,根据正等测的轴间角投影规律画出X_1、Y_1轴,并在其上按直径大小直接定出点1、2、3、4。

②过O_1Y_1上的点A_1、B_1等作一系列平行O_1X_1轴的平行弦,点A_1、点B_1与图5-9(a)中的点a、点b对应,尺寸直接从图5-9(a)中量取。然后按坐标相应地作出这些平行弦长的轴

测投影,即求得椭圆上的点 5、6、7、8 等。

③光滑地连接各点,即为该圆的轴测投影(椭圆)。

(2)近似画法

为了简化作图,轴测投影中的椭圆通常采用近似画法。图 5 - 10 表示直径为 d 的圆在正等测中 $X_1O_1Y_1$(水平)面上椭圆的画法,具体作图步骤如下:

①通过椭圆中心 O_1,根据正等测的轴间角投影规律作 X_1、Y_1 轴,并按直径 d 在轴上量取点 A_1、B_1、C_1、D_1,如图 5 - 10(a)所示。

②过点 A_1、B_1、C_1、D_1 分别作 Y_1 轴与 X_1 轴的平行线,所形成的菱形即为已知圆的外切正方形的轴测投影,而所作的椭圆则必然内切于该菱形。该菱形的对角线即为长、短轴的位置,如图 5 - 10(b)所示。

③分别以点 1、3 为圆心,以 $1B_1$ 或 $3A_1$ 为半径作两个大圆弧 B_1D_1 和 A_1C_1,连接 $1D_1$、$1B_1$,与长轴相交于两点 2、4,即为两个小圆弧的中心,如图 5 - 10(c)所示。

④以两点 2、4 为圆心,以 $2D_1$ 或 $4B_1$ 为半径作两个小圆弧与大圆弧相接,即完成该椭圆,如图 5 - 10(d)所示。显然,点 A_1、B_1、C_1、D_1 正好是大、小圆弧的切点。

$X_1O_1Z_1$ 和 $Y_1O_1Z_1$ 面上的椭圆,仅长、短轴的方向不同,其画法与在 $X_1O_1Y_1$ 面上的椭圆完全相同。

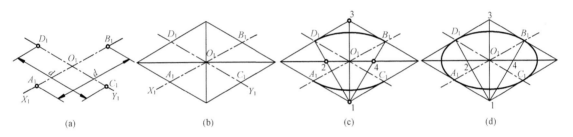

(a)   (b)   (c)   (d)

图 5 - 10　圆的正等测的近似画法

5.2.4　曲面立体的正等测画法

掌握了圆的正等测画法后,就不难画出回转曲面立体的正等测。图 5 - 11 所示为直立(轴线平行于 Z 轴)圆柱正等测画法。作图时,先分别作出其顶面和底面的椭圆,再作其公切线即成。

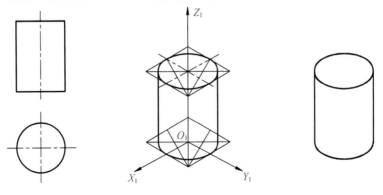

图 5 - 11　圆柱正等测的画法

下面举例说明不同形状特点的曲面立体轴测图的具体做法。

【例 5-3】 作支座(见图 5-12)的正等测图。

分析:支座由带圆角的矩形底板和上方为半圆形的竖板所组成,左右对称。先假定将竖板上的半圆形及圆孔均改为它们的外切正方形,然后再在方形部分的正等测——菱形内,根据图 5-10 所述方法,作出它的内切椭圆。

作图步骤如下:

(1)画轴测轴,采用简化伸缩系数作图,首先作出底板和竖板的外切长立方体,注意保持其相对位置,如图 5-13(a)所示。

(2)画底板上两个圆柱孔,作出上表面两椭圆中心,画出椭圆,再画出孔的下部椭圆(可见部分);画立板上部半圆柱,如图 5-13(b)所示。

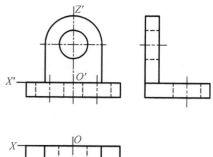

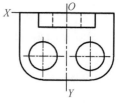

图 5-12 支座的视图

(3)画底板的圆角部分,由于只有 1/4 圆周,因此作图时可以简化,不必作出整个椭圆的外切菱形,在角上分别沿轴向取一段等于半径 R 的线段,得点 A_1、B_1 与 C_1、D_1;过以上各点分别作相应边的垂线,分别交于点 O_1 及 O_2,如图 5-13(c)所示;以 O_1 及 O_2 为圆心,以 O_1A_1 及 O_2C_1 为半径作弧,即为底板顶面上圆角的轴测图。

(4)画立板圆孔,如图 5-13(d)所示。

(5)擦去多余的作图线并描深,即完成支座的正等测,如图 5-13(e)所示。

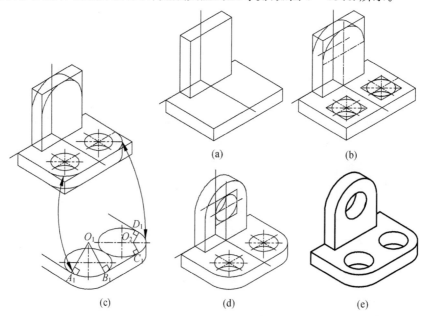

(a)　　　　(b)

(c)　　　　(d)　　　　(e)

图 5-13 支座的正等测作图步骤

5.3　斜二测

5.3.1　斜二测的轴间角和轴向伸缩系数

由图 5-2 可看出,在斜轴测投影中通常将物体的 XOZ 坐标平面平行于轴测投影面 P,因而 XOZ 坐标面或其平行面上的任何图形在 P 面上的投影都反映实形,称为正面斜轴测投影。最常用的一种为正面斜二测(简称斜二测),其轴间角 $\angle X_1O_1Z_1=90°$,$\angle X_1O_1Y_1=\angle Y_1O_1Z_1=135°$,轴向伸缩系数 $p_1=r_1=1$,$q_1=0.5$。作图时,一般使 O_1Z_1 轴处于垂直位置,则 O_1X_1 轴为水平线,O_1Y_1 轴与水平线成 45°,可利用 45°三角板方便地作出,如图 5-14 所示。

作平面立体的斜二测时,只要采用上述轴间角和轴向伸缩系数,其作图步骤和正等测完全相同,如图 5-15 所示。

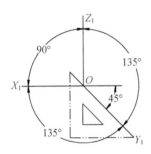

图 5-14　斜二测的轴间角

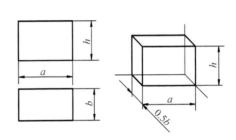

图 5-15　长方块的斜二测

5.3.2　曲面立体的斜二测画法

在斜二测中,由于 XOZ 面的轴测投影反映实形,圆的轴测投影仍为圆,因此当物体单个方向具有较多的圆或圆弧时,将该圆平面方向平行于 XOZ 面采用斜二测作图就比较方便。

【例 5-4】　作端盖(见图 5-16)的斜二测。

分析:端盖的正面有几个不同直径的圆,在斜二测中都能反映实形。

作图步骤如下:

(1)在正投影图上选定坐标轴,将具有大小不等的端面选为正面,即使其平行于 XOZ 坐标面。

(2)画斜二测的轴测轴,根据坐标分别定出每个端面的圆心位置,如图 5-17(a)所示。

(3)按圆心位置,依次画出圆柱、圆锥及各圆孔,如图 5-17(b)、(c)所示。

(4)擦去多余线条,加深后完成全图,如图 5-17(d)所示。

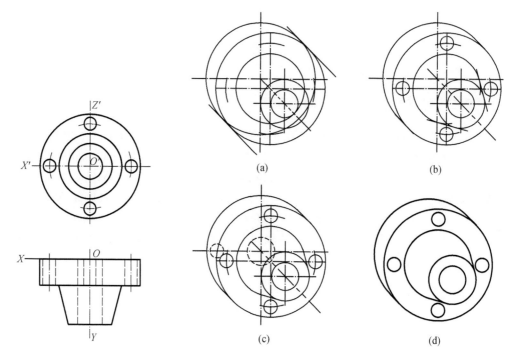

图 5-16 端盖的视图   图 5-17 端盖的斜二测作图步骤

思 考 题

1. 轴测图分为哪两大类？与多面正投影相比较,有哪些特点？

2. 正等测属于哪一类轴测图？它的轴间角、各轴向伸缩系数分别为何值？它们的简化伸缩系数为何值？

3. 试述平行于坐标面的圆的正等测近似椭圆的画法。这类椭圆的长、短轴的位置有什么特点？

4. 斜二测属于哪一类轴测图？它的轴间角和各轴向伸缩系数分别为何值？

5. 平行于哪一个坐标面的圆,在斜二测中仍为圆,且反映实形？

第6章 机件的图样画法

在生产实际中,当机件的形状和结构比较复杂时,如果仍用前面所讲的三视图,很难将其内外形状准确、完整、清晰地表达出来。为此,国家标准(GB/T 17451—1998、GB/T 17452—1998、GB/T 4458.6—2002)中规定了机件的图样画法,包括视图、剖视图、断面图和一些其他的规定画法和简化画法。本章将介绍上述图样画法,通过学习各种表示法的画法、特点,以便能灵活地运用。

6.1 视 图

视图主要用于表达机件外部结构形状,机件可见的轮廓线用粗实线表示,不可见的结构形状在必要时可用细虚线表示。

视图分为基本视图、向视图、局部视图和斜视图。

6.1.1 基本视图

将机件放在由六个基本投影面构成的投影体系中,分别向六个基本投影面投射得到的视图称为基本视图,这六个基本视图分别为:主视图、俯视图、左视图、右视图、仰视图、后视图。各基本投影面的展开方法如图 6-1 所示。六个基本视图之间仍保持"长对正、高平齐、宽相等"的投影规律,即主、俯、仰、后视图长度相等;主、左、右、后视图高度相等;左、右、俯、仰视图宽度相等。投影面展开后,六个基本视图的配置如图 6-2 所示。各视图画在同一张图纸上,当按图 6-2 所示的位置配置时,不需要标注视图名称。

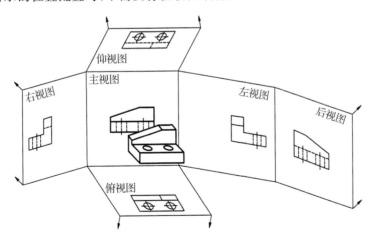

图 6-1 六个基本投影面的展开

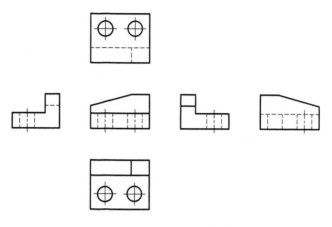

图 6-2　基本视图的配置

6.1.2　向视图

为了合理利用图纸幅面,允许基本视图之间自由配置,这种不按投影关系配置的视图称为向视图。此时应注意根据投射方向予以明确标注,如图 6-3 所示向视图 *A*、向视图 *B*。实际绘图过程中优先选用主视图、左视图和俯视图,为了清晰、准确地表达机件的形状和结构,根据机件的具体特点可配以相应的其他三个视图中的一个或多个。无论采用几个视图都必须有主视图。

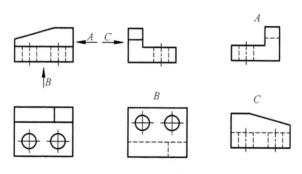

图 6-3　向视图

向视图需在图形上方标注视图名称"×"("×"为大写拉丁字母,并按 *A*、*B*、*C*…顺次使用),在相应的视图附近用箭头指明投射方向,并注出相同的字母。

6.1.3　局部视图

将机件的某一部分向基本投影面投射所得的视图称为局部视图。当机件上某一局部形状或结构需要详细表达而没有必要画出整个基本视图的时候采用局部视图。如图 6-4 所示,机件的大部分外形和结构通过主视图和俯视图都已经表达清楚,仅左右两侧的凸台没有准确的图形定义。采用 *A*、*B* 两个方向的局部视图,既补充了主视图和俯视图中尚未表达的要素,又省去了绘制左、右两个视图中的其他部分,准确而简洁。

绘制局部视图时应注意以下几点:

(1)绘制局部视图时,一般在局部视图的上方标注视图名称"×"("×"为大写拉丁字母),

在相应的视图附近用箭头指明投射方向,并注出相同的字母。

(2)局部视图的断裂边界用波浪线(或双折线)表示,如图 6-4 中局部视图 A;当所表示的局部结构形状完整,且外轮廓线成封闭时,波浪线省略不画,如图 6-4 中局部视图 B。

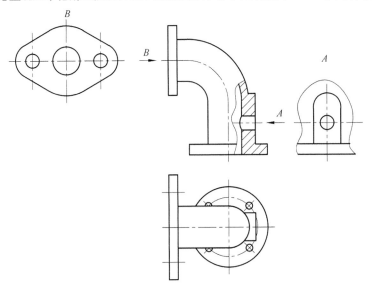

图 6-4　局部视图

(3)波浪线应画在机件的实体部分,不应超出机件或画在机件的中空处,不允许和其他图线或图线的延长线重合,如图 6-5 所示。

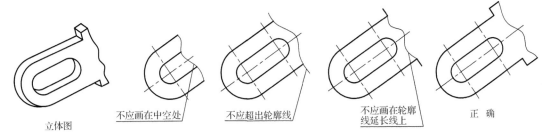

图 6-5　波浪线正误画法

(4)为了节省绘图时间和图幅,在不至于引起误解时,对称机件的视图可以只画一半或者四分之一,并在对称中心线的两端画出两条与其垂直的平行细实线,该画法也是一种局部视图,如图 6-6 所示。

6.1.4　斜视图

将机件向不平行于基本投影面的平面(投影面垂直面)投射所得的视图称为斜视图,如图 6-7(a)所示。由于该机件上部分结构的形状是倾斜的(不平行于任何基本投影面),无法在基本投影面上表达该部分的实形,因此增设一个与机件倾斜部分平行且垂直于一个基本投影面的辅助投影面,将机件该部分向此辅助投影面投射,得到一个反映此倾斜部分实形的斜视图。

斜视图通常只需要画出倾斜部分的实形,其余部分无须画出,采用波浪线断开,如图 6-7(b)所示。

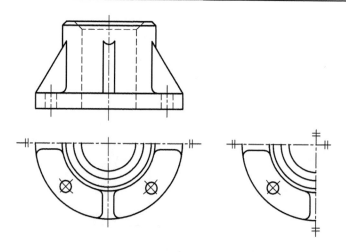

图 6-6　画成一半和四分之一的局部视图

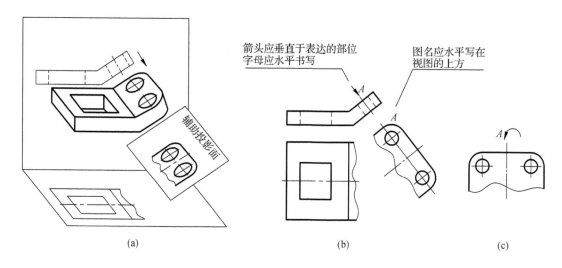

图 6-7　斜视图

斜视图一般按投影关系配置,也可按向视图的形式配置。斜视图不论如何配置,都要在图形上方水平标注视图名称"×"("×"为大写拉丁字母),并在相应视图附近用箭头指明投射方向,注出相同的字母,见图 6-7(b)所示。

有时为使画图方便,可将图形旋转某一角度后再画出,但在标注视图名称时,需加注旋转符号"⌒"或"⌒",旋转符号是以字高为半径的半圆弧,箭头指向要与实际图形旋转方向一致,且将箭头靠近字母,如图 6-7(c)所示。

6.2　剖视图

在视图中,机件内部的不可见轮廓线用虚线来表示。当机件内部结构比较复杂时,视图上就会出现较多虚线,影响图形的清晰,从而给读图和标注尺寸带来困难。采用剖视图就可以把机件的内部结构直接表达出来。

6.2.1　剖视图的概念

剖视图主要用于表达机件内部的结构形状。它是假想用一剖切面(平面或柱面)剖开机件,将处在观察者和剖切面之间的部分移去,而将其余部分向投影面投射所得的图形,剖视图简称剖视。图 6-8 所示为剖视图的形成。

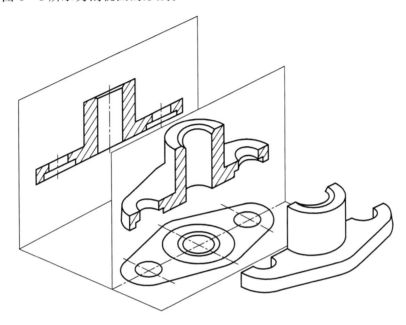

图 6-8　剖视图的形成

在绘制剖视图时,应注意以下几个问题:

1. 剖面区域

在剖视图中,假想剖切面与机件接触的部分称为剖面区域。国家标准规定,在剖面区域内必须画出剖面符号,以区别机件上实体与空心部分。不同的材料用不同的剖面符号表示,若不需要表示材料类别时可采用通用剖面线表示,如表 6-1 所列。

金属材料的剖面符号画成与水平成 45°,且间隔相等的细实线,这些细实线称为剖面线。特别注意,在同一机件的不同视图上,剖面线的方向、间隔均应相同。当图形中的主要轮廓线与水平成 45°时,可将剖面线画成与水平成 30°或 60°的平行线,其倾斜方向和间隔仍应与其他图形的剖面线一致。

2. 剖切的假想性

由于剖切是假想的,虽然机件的某个视图画成剖视图,但机件仍是完整的,机件的其他图形在绘制时不受影响。

3. 剖切面位置

为了清楚地表达机件内部结构形状,应使剖切面尽量通过较多的内部结构(孔、槽等)的轴线、对称面等。

4. 剖视图的标注

为了准确地表达同一机件的几个剖视图、视图之间的投影对应关系,应对剖视图进行标注。标注要素包括剖切符号、剖视图名称和剖切线。剖切符号由粗短画和箭头组成,剖切符号尽可能不要与图形的轮廓线相交。粗短画(长约5～10 mm的粗实线)表示剖切面的起、迄和转折位置,箭头(画在起、迄处粗短画的外端,且与粗短画垂直)表示投射方向。在剖切符号附近注写字母"×"("×"为大写拉丁字母,并按 A、B、C…顺次使用),并在剖视图上方使用相同的字母注写剖视图的名称"×—×",字母一律水平书写,如图 6-9(d)所示。

表 6-1 剖面符号

材 料		表示符号	材 料	表示符号
金属材料 (已有规定剖面符号者除外)		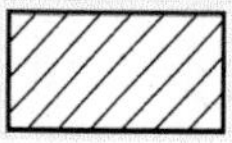	木质胶合板(不分层数)	
非金属材料 (已有规定剖面符号者除外)		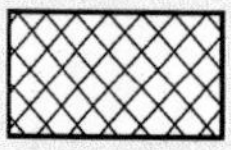	钢筋混凝土	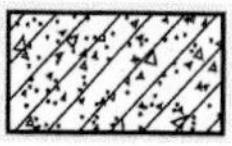
玻璃及供观察用的其他透明材料		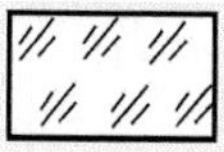	砖	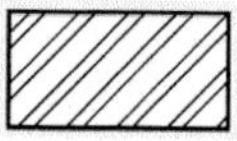
型砂、填砂、粉末冶金、砂轮、陶瓷刀片、硬质合金刀片等		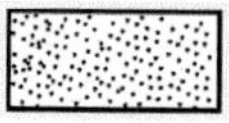	液体	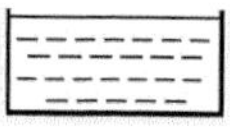
木材	纵剖面	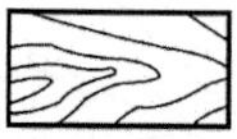	基础周围的泥土	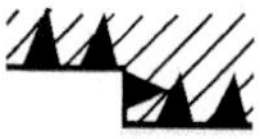
	横剖面		混凝土	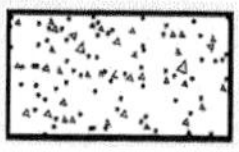

6.2.2 剖视图的画法

以图 6-9 所示的机件为例,说明画剖视图的步骤:

(1)画出机件的视图底稿,如图 6-9(a)所示。

(2)确定剖切平面的位置,画出剖面区域的图形。选取通过两孔轴线且平行于正立投影面的剖切平面进行剖切,画出剖切平面与机件的交线,得到剖面区域,并在剖面区域内画出剖面符号,如图 6-9(b)所示。

(3)画出剖切平面后的可见部分的投影,如图 6-9(c)所示。对于剖切平面后的不可见部分,如果在其他视图上已表达清楚,细虚线应省略,对于需要在此表达的不可见部分,仍可用细虚线画出。

(4)标注出剖切平面的位置、投射方向和剖视图的名称,按规定将图线描深,如图 6-9(d)所示。

6.2.3 剖切面种类

剖视图的剖切面有三种:单一剖切面、几个平行的剖切面和几个相交的剖切面。

1. 单一剖切面

(1)平行于基本投影面

平行于基本投影面的剖切平面优先使用,如图 6-9 所示。

(2)垂直于基本投影面

当机件上倾斜的内部结构形状需要表达时,可使用垂直于基本投影面的剖切平面来剖切

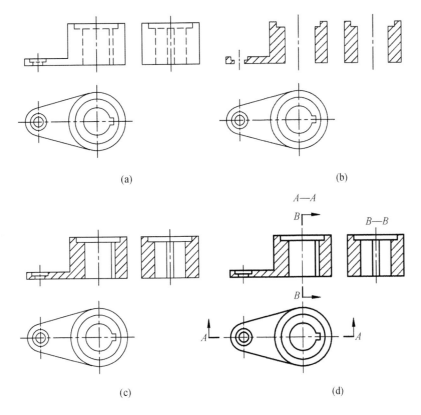

(a)　　　　　　　　　　　　　　(b)

(c)　　　　　　　　　　　　　　(d)

图 6 - 9　剖视图的画法和步骤

机件,如图 6 - 10 所示。用这种剖切方法所得的剖视图是斜置的,但在图形上方标注的图名必须水平书写。为看图方便,尽量按投影关系配置,必要时也可平移到其他适当的位置,在不致引起误解时,允许将图形旋转,但须加注旋转符号"⌒"或"⌒",箭头指向要与实际图形旋转方向一致,且将箭头靠近字母。

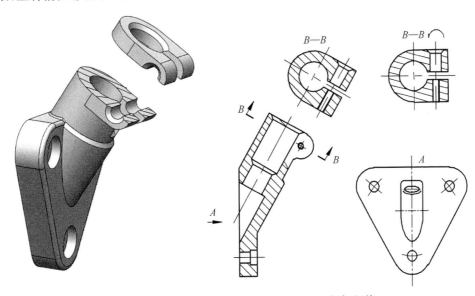

图 6 - 10　用垂直于基本投影面的剖切平面剖切机件

2. 几个平行的剖切平面

几个互相平行的剖切平面剖切主要用于机件上有较多处于不同平行平面上的孔、槽等内部结构形状的情况,如图 6-11 所示。采用几个平行的剖切平面剖切时应注意以下几点:

(1)剖切位置符号、字母、剖视图名称必须标注,所标注的字母与整个剖切平面的起始和终止处相同。当转折处位置有限,又不致引起误解时,允许省略字母;当剖视图按投影关系配置,中间又没有其他图形隔开时,可以省略箭头。

(2)在剖视图中,不应画出剖切平面转折处的界线,如图 6-11(b)所示。

(3)两个剖切平面的转折处不应与图形中的轮廓线重合,如图 6-11(c)所示。

(4)在图形内不应出现不完整的要素,如图 6-11(d)所示。

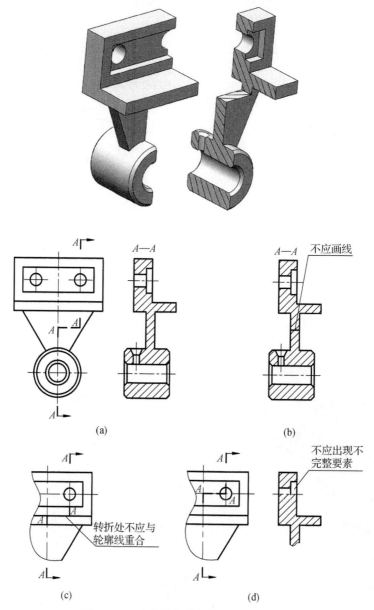

(a)　　　　　　　　　　　　　　　(b)

(c)　　　　　　　　　　　　　　　(d)

图 6-11　几个平行的剖切平面剖切机件

3. 几个相交的剖切平面(交线垂直于某一基本投影面)

几个相交的剖切面剖切主要用于机件上具有公共回转轴线的内部形状和结构时,如图 6-12 所示,该机件的左右两部分具有公共的回转轴线,采用一个水平面和一个正垂面进行剖切,得到 $A—A$ 剖视图。

采用几个相交的剖切平面剖切时应注意以下几点:

(1)相交剖切面的交线应与机件上的旋转轴线重合。

(2)剖开的倾斜结构应旋转到与选定的基本投影面平行后再投射,使剖切结构反映实形,便于读图和绘图。

(3)对位于剖切平面后的其他结构一般应按原来的位置投射,如图 6-12 所示的小油孔。

(4)用几个相交的剖切面剖开机件可采用展开画法。展开图中,各轴线间的距离不变。

(5)用几个相交的剖切面剖切得到的视图必须标注,其标注与几个平行的剖切平面剖得的剖视图类同。

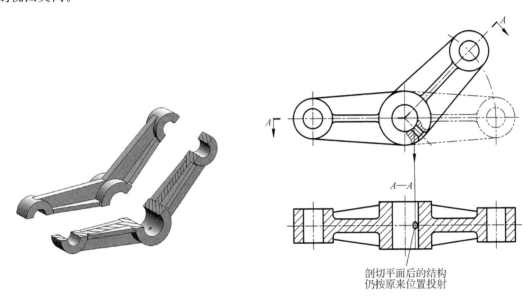

图 6-12　两个相交的平面剖切机件

6.2.4　剖视图的种类

剖视图分为三类:全剖视图、半剖视图和局部剖视图。适当选用上述各种剖切面均可剖得这三类剖视图。

1. 全剖视图

用剖切平面把机件完全剖开可得到全剖视图,如图 6-9 中的主视图、图 6-11 中的左视图、图 6-12 中的俯视图。全剖视图一般在机件的外形简单、内部结构复杂且不对称的情况下使用。

全剖视图的标注在下列情况下可以省略:

(1)当剖视图按投影关系配置,中间又没有其他图形隔开时,可省略箭头。

(2)当单一剖切平面(平行于基本投影面)通过机件的对称平面或基本对称平面,且剖视图按投影关系配置,中间又没有其他图形隔开时,不必标注。

2. 半剖视图

用剖切平面把机件沿对称中心线剖开一半,同时表达机件内部结构和外部结构的视图称为半剖视图,如图 6-13 所示。半剖视图在机件形状对称或接近对称,且内外形状和结构都需要表达的情况下使用。半剖视图的配置和标注与全剖视图相同。

绘制半剖视图时应注意:剖开的一半和不剖的另一半之间的分界线用点画线,在剖开的一半视图中已经表达清楚的结构,在不剖的一半中相应的对称图形虚线省略。

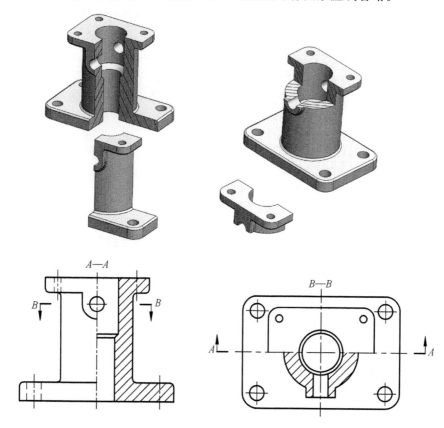

图 6-13 半剖视图

3. 局部剖视图

用剖切平面局部地剖开机件所得的视图称为局部剖视图,如图 6-14 中的主视图和俯视图均为局部剖视图。局部剖视图一般用于表达机件局部内形,或用于不宜采用全、半剖视图表示的地方(如轴、连杆、螺钉等实心零件上的某些孔、槽等)。

绘制局部剖视图时应注意以下几点:

(1)局部剖视图中的机件,剖与不剖的分界线一般用波浪线(或双折线)表示,而且波浪线不允许超出轮廓线,不允许和其他图线或图线的延长线重合,如图 6-15 所示;也不允许穿过机件的中空处,如图 6-16 所示。当被剖切结构为回转体时,允许将该结构的轴线作为局部剖视图与视图的分界线,如图 6-14 中主视图。

(2)在同一视图上,局部剖视的数量不宜过多,否则会显得零乱,以至影响图形清晰。

(3)当单一剖切平面(平行于基本投影面)的剖切位置明确时,局部剖视图不必标注。

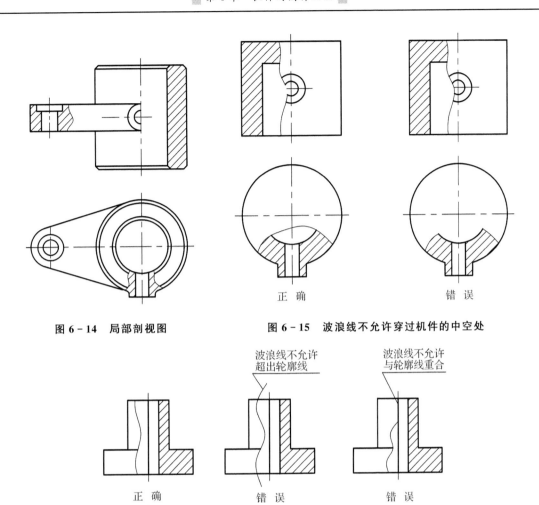

图 6-14　局部剖视图　　　　图 6-15　波浪线不允许穿过机件的中空处

正确　　　　　错误　　　　　错误

图 6-16　波浪线画法

6.3　断面图

　　断面图主要用来表达机件某部分截断面的形状,它是假想用剖切面把机件的某处切断,仅画出截断面的图形,这样的图形称为断面图(简称断面),如图 6-17 所示。断面图和剖视图不同之处在于:剖视图要求画出剖切平面上的图形和剖切平面后所有能看到的机件图形,而断面图仅仅要求画出断面上的图形。断面图常用于表达机件上的键槽、销孔、肋板等处的形状和结构。

　　在断面图中,机件和剖切面接触的部分称为剖面区域。国家标准规定,在剖面区域内要画出剖面符号。断面图分为移出断面图和重合断面图。

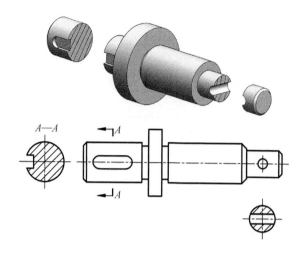

图 6 - 17　断面图

6.3.1　移出断面图

画在视图之外的断面图称为移出断面图。绘制移出断面图时应注意以下几点：

(1)移出断面图轮廓线用粗实线绘制。

(2)布置图形时,尽量将移出断面图配置在剖切线延长线上或剖切符号粗短画的延长线上,如图 6 - 17 所示。当断面图的图形对称时,可将断面图画在原有图形的中断处,如图 6 - 18 所示。

(3)为了能够表示出截断面的真实形状,剖切平面一般应垂直于机件的轮廓线。若用一个剖切面不能满足垂直时,可用几个相交的剖切平面分别垂直于机件的轮廓线剖切,其断面图中间应用波浪线断开画出,如图 6 - 19 所示。

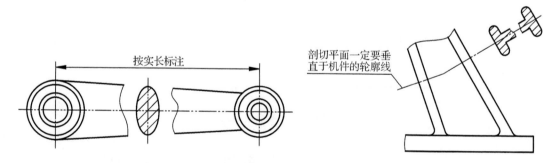

图 6 - 18　配置在视图中断处的移出断面图　　　图 6 - 19　相交剖切面剖得的移出断面图

(4)断面图仅画出被截断面的形状,但当剖切平面通过回转面形成的孔或凹坑的轴线时,这些结构应按剖视图画出,如图 6 - 20 所示。当剖切平面通过非圆孔会导致出现完全分离的剖面区域时,这些结构也应按剖视图画出,如图 6 - 21(a)所示。

(5)移出断面图一般应标注剖切符号,用粗短画表示剖切面起、迄和转折位置,用箭头表示投射方向,还应在粗短画附近标注字母"×",并在相应断面图上方用相同的字母注出断面图名称"×—×",如图 6 - 21 所示。断面图的标注在以下情况可以省略：

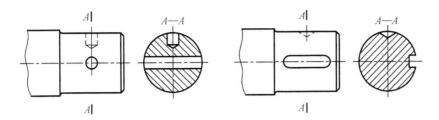

图 6 - 20　回转孔按剖视图画

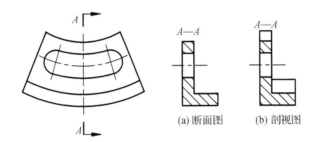

图 6 - 21　某些结构按剖视图画

①省略字母和断面名称。配置在粗短画延长线或剖切线延长线上的移出断面图,可以省略断面图的名称和粗短画附近的字母,如图 6 - 22 所示。

②省略箭头。当不对称的移出断面图按投影关系配置,或移出断面图对称时,可以省略表示投射方向的箭头,如图 6 - 23 所示。

③省略所有标注。对称的移出断面图配置在粗短画延长线或剖切线延长线上(见图 6 - 17),或配置在视图中断处(见图 6 - 18)时,不必标注。

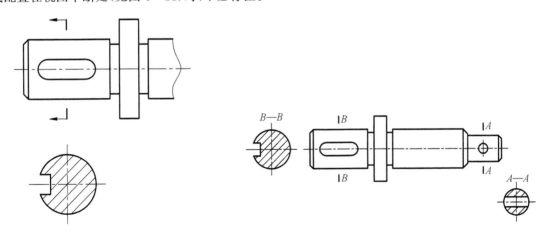

图 6 - 22　省略字母和断面图名称　　　　　图 6 - 23　省略箭头

6.3.2　重合断面

在视图(或剖视图)之内画出的断面图称为重合断面图,如图 6 - 24 所示。这种表示截断面的方法只在截面形状简单、且不影响图形清晰的情况下才采用。

重合断面图的轮廓线用细实线绘制。当原图形中的轮廓线与重合断面图的图形重叠时，原图形中的轮廓线仍需完整地画出，不可间断，如图6-24所示。对称的重合断面不必标注；不对称的重合断面图在不致引起误解时可省略标注，否则应注明投射方向。

图6-25给出机件上肋板的移出断面图和重合断面图的不同画法。

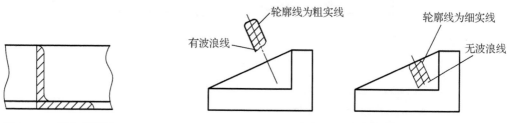

图6-24 重合断面图   图6-25 移出断面图与重合断面图的画法

6.4 其他表达方法

除了前面介绍的方法之外，国家标准规定的其他图样画法有很多，本节仅介绍机件的局部放大图和几种简化画法。

6.4.1 局部放大图

将机件的部分结构用大于原图形所采用的比例画出的图形称为局部放大图。当机件某些细小结构的图形不清晰，或不便于标注尺寸时，可采用局部放大图表示。局部放大图可画成视图、剖视图或断面图，它与原图形中被放大部分的表达方法无关。

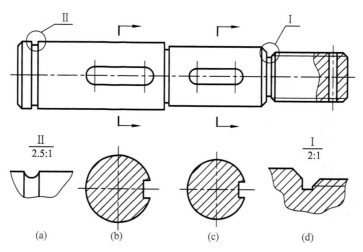

图6-26 局部放大图

画局部放大图时，应在原图形上用细实线圈出被放大的部位，并在相应的局部放大图上方注出采用的比例（放大图与实际机件的线性尺寸之比）。如果机件上有多处结构需局部放大，则应将各处用罗马数字顺序地编号，并在局部放大图的上方标注出相应的罗马数字和所采用的比例。在罗马数字和比例数字之间画一水平的细实线。

6.4.2　几种简化画法

图样的简化画法提高了绘图效率,在不致引起误解的情况下,应优先采用。下面介绍几种常用的简化画法。

(1)当机件上具有若干按规律分布的等直径孔(圆孔、沉孔等)时,可以仅画出一个或几个孔,其余只需用圆中心线或"◆"表示出孔的中心位置,并注明孔的总数,如图 6 - 27 所示。

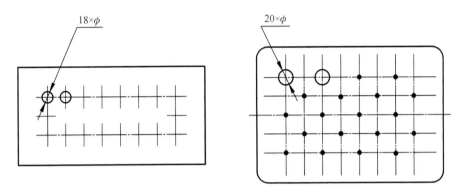

图 6 - 27　按规律分布的等直径孔

(2)当回转体机件上均匀分布的肋板、轮辐、孔等结构不处于剖切平面上时,可将这些结构绕回转体轴线旋转到剖切平面上按对称画出,且不加任何标注,相同的另一侧的孔可仅画出轴线,如图 6 - 28 所示。

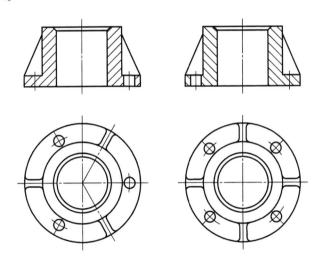

图 6 - 28　均布的肋板、孔自动旋转

(3)对于零件上的肋、轮辐及薄壁等结构,当剖切平面沿纵向剖切(剖切平面平行于肋板厚度方向的对称面)时,规定该肋板被剖到的部分不画剖面符号,而用粗实线将它与其相邻结构分开;按其他方向剖切时,仍应画出剖面符号,如图 6 - 29 所示。

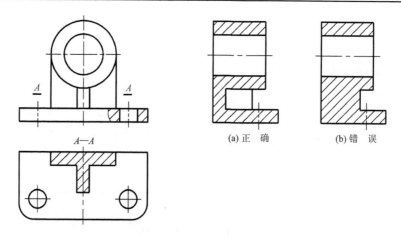

图 6-29　肋板在剖视图中的画法

（4）圆柱形法兰和类似零件上均匀分布的孔,可按图 6-30 所示的方法表示(由机件外向该法兰端面方向投射,仅画出端面上孔的形式及分布情况)。

（5）较长的零件,如轴、连杆等,沿长度方向形状一致或按一定规律变化时,可断开后缩短绘制,断开后的结构应按实际长度标注尺寸,如图 6-31 所示。

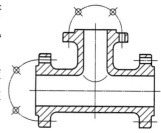

图 6-30　法兰上均布孔的画法

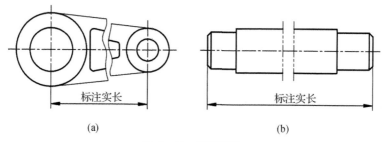

图 6-31　断裂画法

（6）当回转体零件上的平面在图形中不能充分表达时,可用平面符号(相交的两条细实线)来表示,如图 6-32 所示。

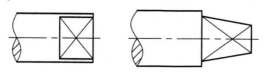

图 6-32　平面符号

6.5　机件各种表示法运用举例

掌握了机件的各种表示法,就能根据机件的结构特点,选用适当的表示法。同一机件往往可以采用几种不同的方案,原则是用较少的视图正确、完整、清晰地表达机件的内、外部形状以及结构和尺寸。每一个视图有一个表达重点,各视图之间互相补充,结构的表达避免重复。下面以图 6 - 33 所示的阀体为例,说明表达方案的选择。

【例 6 - 1】　试选择图 6 - 33 所示阀体的表达方案。

首先对机件进行分析,从阀体的立体图可以看出,它主要由上底板、下底板、垂直和水平两相交空心圆柱体及一个圆和一个椭圆连接板等基本几何体组成。在选择机件的表达方案时要考虑怎样才能把这些主要基本体的内外部结构和形状完整、准确地表达出来并便于标注。因此,主视图采用两相交平面剖切的全剖视图来表达阀体垂直、水平两相交空心圆柱体的主要形状及贯通情况。俯视图采用两平行平面剖切的全剖视图来表达阀体垂直、水平两相交空心圆柱体的主要形状、位置和贯通情况。与此同时,下底板的形状和结构也在俯视图中表达清楚了。如图 6 - 34 所示。为了进一步把主视图和俯视图中尚未表达清楚

图 6 - 33　阀　体

的部分显示出来,再采用局部视图 D 表达上底板的形状及其上面孔的分布情况,局部视图 E 表达椭圆连接板的形状和结构。

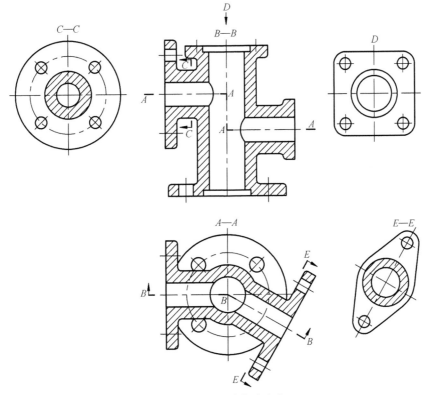

图 6 - 34　阀体的表达方案

6.6　第三角画法简介

世界各国的技术图样有两种画法:第一角画法和第三角画法。我国国家标准规定优先采用第一角画法;日本、英国、美国等国家采用第三角画法。为了更好地进行国际工程技术交流,在此简单介绍第三角画法。

6.6.1 基本概念

第一角画法是把机件置于第一分角（H 面之上，V 面之前，W 面之左）内，并使其处于观察者和投影面之间而得到多面正投影的方法；而第三角画法是把机件置于第三分角（H 面之下，V 面之后，W 面之左）内，并使投影面处于观察者与机件之间而得到多面正投影的方法（投影面是透明的），如图 6-35 所示。

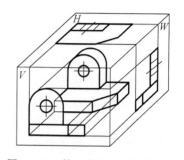

图 6-35　第三角画法视图的形成

6.6.2 视图的配置

第三角画法所得的机件主、俯、右三个视图见图 6-36 (b)所示。用第三角画法画出的三个视图与第一角画法画出的三个视图（见图 6-36(a)）相比较，它们的主要区别在于视图配置的位置不同。第一角画法是将俯视图放置在主视图的正下方，左视图放置在主视图的正右方；第三角画法是将俯视图放置在主视图的正上方，而将右视图放置在主视图的正右方。

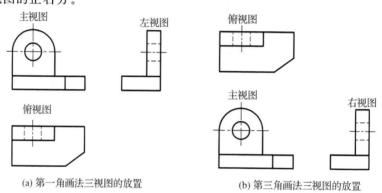

(a) 第一角画法三视图的放置　　　　(b) 第三角画法三视图的放置

图 6-36　第一角画法与第三角画法的对比

当采用第三角画法时，要将 ISO 国际标准中规定的第三角画法标志符号画在标题栏附近。图 6-37 给出第一角画法和第三角画法的标志符号。

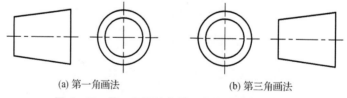

(a) 第一角画法　　　　　　　　(b) 第三角画法

图 6-37　第一角画法和第三角画法的标志符号

思考题

1.视图主要表达什么？视图分哪几种？每种视图有什么特点，如何进行配置与标注？

2.说明为什么要做剖视图，剖视图分哪几种？

3.在同一张图纸上，同一零件的不同剖视图中剖面线的方向有哪些特点？

4.断面图分哪几种？各自如何标注？

5.试述局部放大图的画法、配置与标注方法。

6.试总结机件有哪几种主要的表达方法？各在什么情况下使用？

第7章 标准件与常用件

在工程领域中,螺纹紧固件以及键、销、轴承等应用极为广泛。为了便于专业化生产,提高生产效率,减少设计和绘图工作量,国家标准将它们的结构形状、尺寸、画法等均标准化,因此称它们为标准件,一般在机器设计时不需要画其零件图。另外,除一般零件和标准件外,还有如齿轮、弹簧等零件,也被广泛使用。这些零件部分结构要素已标准化,其结构参数及画法由国标规定,习惯上称它们为常用件。本章主要介绍标准件和常用件的基本知识、规定画法和标记方法。

7.1 螺纹的规定画法和标注方法

7.1.1 螺纹的基本知识

1. 螺纹的形成

螺纹是机件上的一种常见结构,它是在圆柱(或圆锥)表面上,沿螺旋线加工而成的具有规定牙型的连续凸起和沟槽。在圆柱(或圆锥)外表面上的螺纹称为外螺纹(见图 7-1(a)),在圆柱(或圆锥)内表面上的螺纹称为内螺纹(见图 7-1(b))。

形成螺纹的加工方法很多,图 7-1(a)、(b)分别为车床上加工外螺纹和内螺纹。若加工直径较小的螺孔,可先用钻头钻孔,再用丝锥手工加工内螺纹,如图 7-1(c)所示。

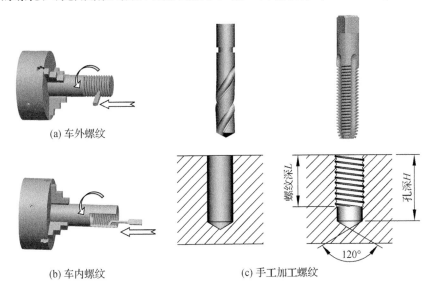

(a) 车外螺纹

(b) 车内螺纹　　　　(c) 手工加工螺纹

图 7-1　螺纹的加工方法

2. 螺纹要素

螺纹由牙型、公称直径、螺距和导程、线数、旋向五个要素组成。若要使内外螺纹正确旋合在一起构成螺纹副,那么内外螺纹的牙型、直径、旋向、线数和螺距五个要素必须一致。

（1）牙　型

在通过螺纹轴线的剖面区域上,螺纹的轮廓形状称为牙型。常见的螺纹牙型有三角形（55°、60°）、梯形、锯齿形和矩形,如图 7 - 2 所示。其中,矩形螺纹尚未标准化,其余牙型的螺纹均为标准螺纹。

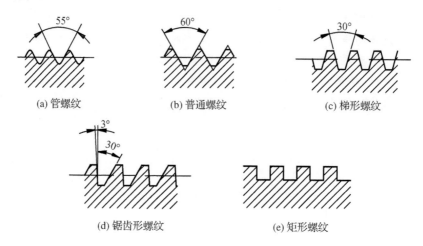

(a) 管螺纹　　(b) 普通螺纹　　(c) 梯形螺纹

(d) 锯齿形螺纹　　(e) 矩形螺纹

图 7 - 2　螺纹牙型

（2）直　径

螺纹直径有大径、中径、小径,如图 7 - 3 所示。

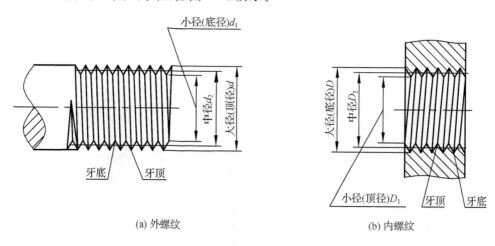

(a) 外螺纹　　　　　　(b) 内螺纹

图 7 - 3　螺纹的直径

大径:是指与外螺纹牙顶或内螺纹牙底相切的假想圆柱的直径(即螺纹的最大直径),内、外螺纹的大径分别用 D、d 表示。

小径:是指与外螺纹牙底或内螺纹牙顶相切的假想圆柱的直径。内、外螺纹的小径分别用 D_1、d_1 表示。

中径:是一个假想圆柱的直径,即在大径和小径之间,其母线通过牙型上沟槽和凸起宽度相等的地方的假想圆柱的直径。内、外螺纹的中径分别用 D_2、d_2 表示。

表示螺纹时采用的是公称直径,公称直径是代表螺纹尺寸的直径。普通螺纹的公称直径就是大径；管螺纹公称直径的大小是管子的通径大小(英寸)，用尺寸代号表示。

(3)线　数

螺纹有单线和多线之分。沿一条螺旋线形成的螺纹称为单线螺纹，沿两条或两条以上的螺旋线形成的螺纹称为多线螺纹，如图 7-4 所示。

(4)螺距和导程

螺距(P)是相邻两牙在中径线上对应两点间的轴向距离，导程(P_h)是同一条螺旋线上的相邻两牙在中径线上对应两点间的轴向距离。当螺纹为单线螺纹时，导程＝螺距，当螺纹为多线螺纹时，导程＝螺距×线数，如图 7-4 所示。

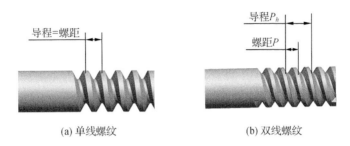

(a) 单线螺纹　　　　　(b) 双线螺纹

图 7-4　螺纹的线数、导程和螺距

(5)旋　向

螺纹分为左旋(LH)螺纹和右旋(RH)螺纹两种。顺时针旋转时旋入的螺纹称为右旋螺纹，逆时针旋转时旋入的螺纹称为左旋螺纹。判别方法如图 7-5 所示。

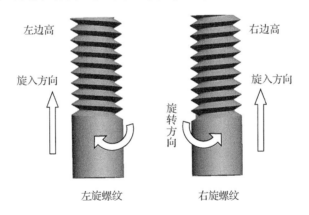

左旋螺纹　　　　右旋螺纹

图 7-5　螺纹的旋向

在螺纹的要素中，牙型、直径和螺距是决定螺纹的最基本的要素，通常称为螺纹三要素。凡螺纹三要素符合标准的，称为标准螺纹。标准螺纹的公差带和螺纹标记均已标准化。

3.螺纹分类

螺纹按用途可分为两大类；

(1)连接螺纹

连接螺纹是用来连接或紧固的螺纹，如普通螺纹和各类管螺纹。

普通螺纹分粗牙普通螺纹和细牙普通螺纹，细牙普通螺纹多用于细小的精密零件和薄壁零件。

管螺纹一般用于管路的连接，又分 55°非密封管螺纹和 55°密封管螺纹。非密封管螺纹一般用于低压管路连接的旋塞等管件附件中。密封管螺纹一般用于密封性要求较高的管路中。

(2)传动螺纹

传动螺纹是用来传递动力和运动的螺纹，如梯形螺纹、锯齿形螺纹和矩形螺纹。

7.1.2　螺纹的规定画法

1.外螺纹的画法

(1)如图 7-6(a)所示，螺纹的牙顶(大径)及螺纹终止线用粗实线绘制；牙底(小径)用细实线绘制。通常，小径按大径的 0.85 倍画出，即 $d_1 \approx 0.85d$，在平行于螺纹轴线的视图中，表示牙底的细实线应画到倒角内。在投影为圆的视图中，表示牙底的细实线圆只画约 3/4 圈，倒角圆省略不画。

(2)当外螺纹加工在管子外壁上需要剖切时，表示方法如图 7-6(b)所示。

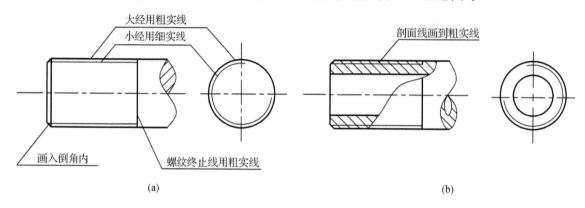

图 7-6　外螺纹的画法

2.内螺纹的画法

内螺纹一般剖开表示，如图 7-7(a)所示，螺纹的牙顶(小径)及螺纹终止线用粗实线绘制，牙底(大径)用细实线绘制，剖面线画到粗实线处。在投影为圆的视图中，表示牙底的细实线圆只画约 3/4 圈，倒角圆省略不画。

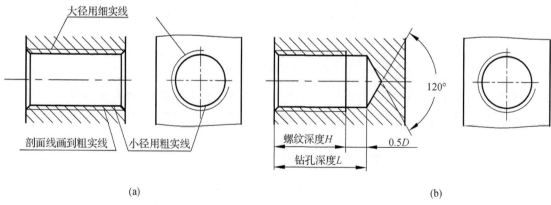

图 7-7　内螺纹的画法

对于不穿通的螺孔(俗称盲孔),应分别画出钻孔深度 H 和螺纹深度 L(见图 7 - 7(b))。两个深度相差 $0.5D$(其中 D 为螺纹孔公称直径),钻孔尖端锥角应按 $120°$ 画出。

3. 螺纹连接的画法

当内外螺纹连接构成螺纹副时,其旋合部分应按外螺纹的画法绘制,其余部分仍按各自的画法表示。必须注意,大、小径的粗实线和细实线应分别对齐,如图 7 - 8 所示。

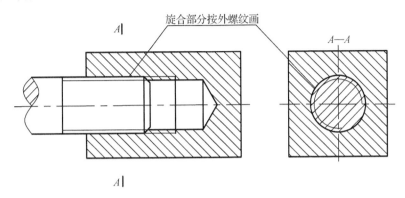

图 7 - 8　螺纹连接的画法

4. 螺纹的其他画法规定

当需要表示螺纹收尾时,该部分用与轴线成 $30°$ 的细实线画出,如图 7 - 9(a)所示;不可见螺纹的所有图线,用虚线绘制,如图 7 - 9(b)所示;螺纹孔相贯的画法如图 7 - 9(c)所示;非标准螺纹的画法,如矩形螺纹,需画出螺纹牙型,并标注出所需的尺寸,如图 7 - 9(d)所示。

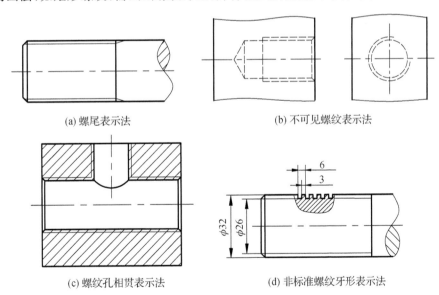

(a) 螺尾表示法　　　　　　　　　　　(b) 不可见螺纹表示法

(c) 螺纹孔相贯表示法　　　　　　　　(d) 非标准螺纹牙形表示法

图 7 - 9　螺纹的其他画法规定

7.1.3　螺纹的规定标记与图样注法

螺纹按规定画法简化画出后,在图上不能反映它的牙型、螺距、线数和旋向等结构要素,因此,必须按规定的标记在图样中进行标注。

1. 螺纹的规定标记

(1)普通螺纹的标记格式为(GB/T 197—2003):

$$\boxed{螺纹特征代号}\ \boxed{尺寸代号}-\boxed{公差带代号}-\boxed{旋合长度代号}-\boxed{旋向代号}$$

单线螺纹尺寸代号为公称直径×螺距,如 M10×1;多线螺纹尺寸代号为公称直径×P_h 导程 P 螺距,如 M16×P_h3P1.5。普通螺纹的标记示例如下:

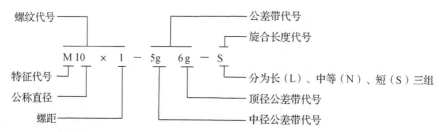

普通螺纹标记说明:

①粗牙普通螺纹的螺距不标注,而细牙普通螺纹的螺距必须注出。

②左旋螺纹要注写 LH,右旋螺纹不标注。

③当螺纹中径公差带与顶径公差带代号不同时,需分别注出;当中径公差带与顶径公差带代号相同时,只注一个代号。且公称直径大于等于 1.6 mm 时,中等公差精度的公差带代号 6g、6H 省略不标注(关于公差代号含义将在第 8 章详细介绍)。

④普通螺纹的旋合长度有长、中、短三种,分别用代号 L、N、S 表示。中等旋合长度时,代号 N 不标注。

(2)管螺纹的标记格式为:

$$\boxed{特征代号}\ \boxed{尺寸代号}\ \boxed{公差等级代号}\ \boxed{旋向}$$

例如:

管螺纹标记说明:

①标记中的尺寸代号不是螺纹大径,而是管子的通径(英制)大小。

②管螺纹的标记用指引线指到螺纹大径上。

③标记中的 A 或 B 是螺纹中径的公差等级。

(3)梯形螺纹和锯齿形螺纹的螺纹标记格式与普通螺纹稍有不同,主要是:

①旋合方向标注的位置在螺距之后,如 Tr40×14(P7)LH—7e。

②标记中只标注中径公差带代号。

③旋合长度只有两种(代号 N 和 L),N 省略不注。

2. 常用螺纹的图样标注示例

常用螺纹的图标标注示例如表 7-1 所列。

表 7-1　常用螺纹的标注示例

螺纹类别		特征代号	标注示例	说　明
连接螺纹	普通螺纹	M	粗牙　M10-7g　M10-7H	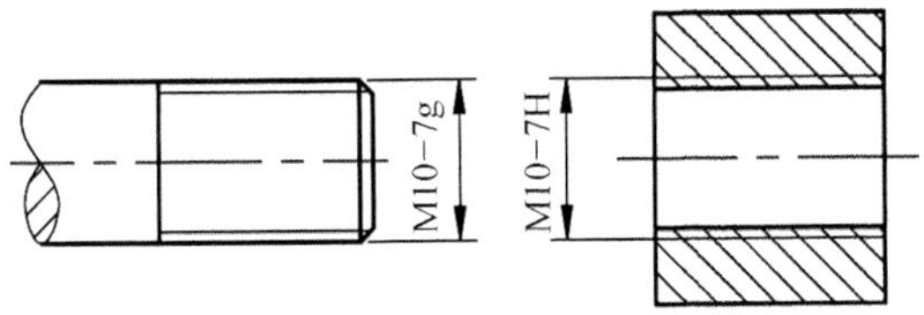 粗牙普通螺纹,公称直径 $\phi10$,螺距 1.5(查表获得);外螺纹中径和顶径公差带代号都是 7g;内螺纹中径和顶径公差带代号是 7H;中等旋合长度;右旋
			细牙　M8×1-7g-LH　M8×1-7H-LH	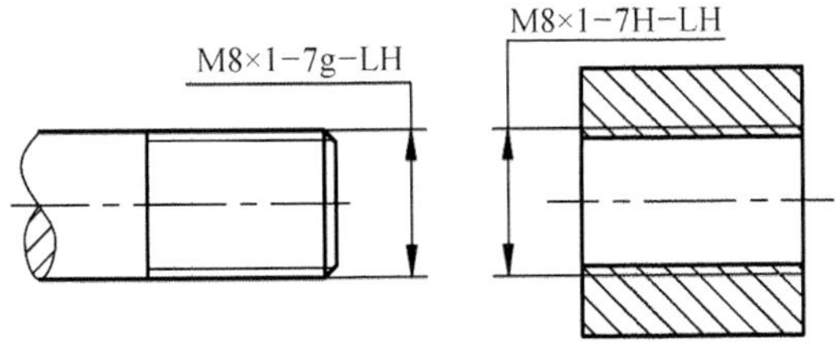 细牙普通螺纹,公称直径 $\phi8$,螺距 1,左旋;外螺纹中径和顶径公差带代号都是 7g;内螺纹中径和顶径公差带代号都是 7H;中等旋合长度
	管螺纹	G	55°非密封管螺纹　G1A　G3/4	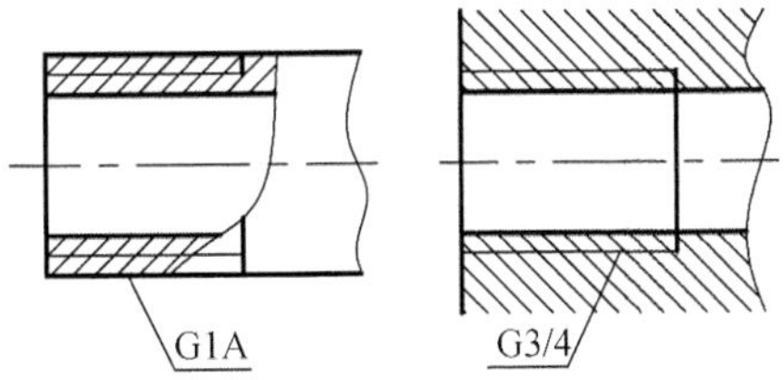 55°非密封管螺纹,外管螺纹的尺寸代号为 1,公差等级为 A 级;内管螺纹的尺寸代号为 3/4,内螺纹公差等级只有一种,省略不标注
		R_c R_p R_1 R_2	55°密封管螺纹　R_2 1/2　R_c3/4 LH	55°密封圆锥管螺纹,与圆锥内螺纹配合的圆锥外螺纹的尺寸代号为 1/2,右旋;圆锥内螺纹的尺寸代号为 3/4,左旋。R_p 是圆柱内螺纹的特征代号,R_1 是与圆柱内螺纹相配合的圆锥外螺纹的特征代号,此处不再举例
传动螺纹	梯形螺纹	Tr	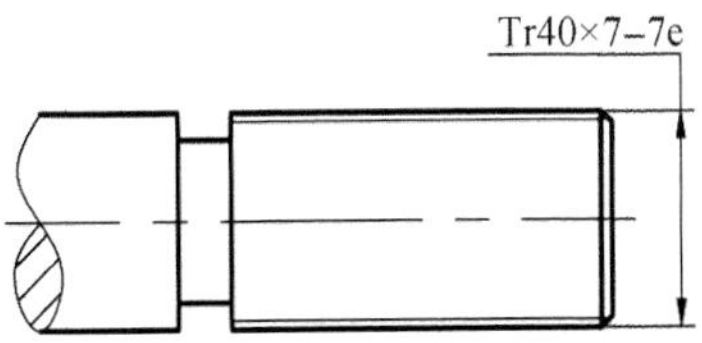 Tr40×7-7e	梯形外螺纹,公称直径 $\phi40$,单线,螺距 7,右旋,中径公差带代号 7e;中等旋合长度
	锯齿形螺纹	B	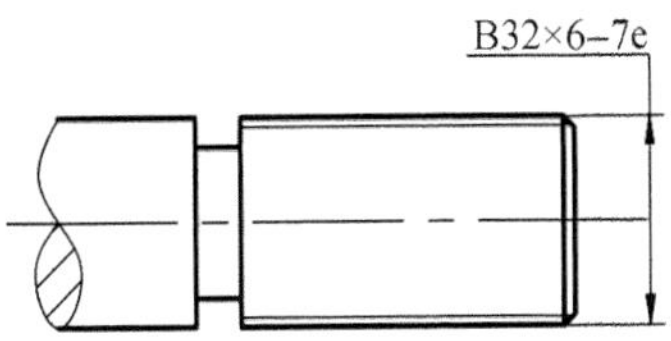 B32×6-7e	锯齿形外螺纹,公称直径 $\phi32$,单线,螺距 6,右旋,中径公差带代号 7e;中等旋合长度

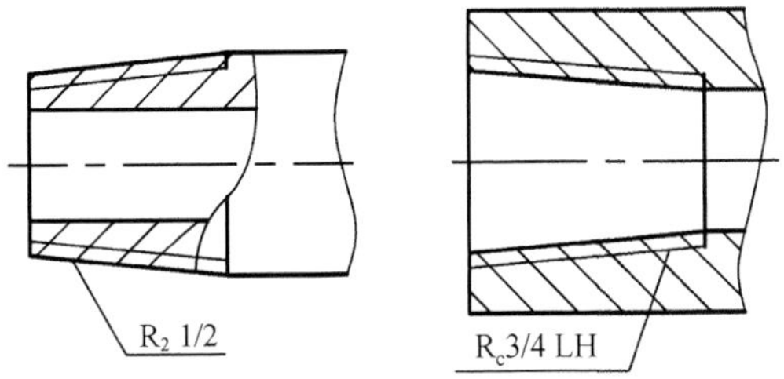

续表 7－1

螺纹类别		特征代号	标注示例	说　明
传动螺纹	矩形螺纹		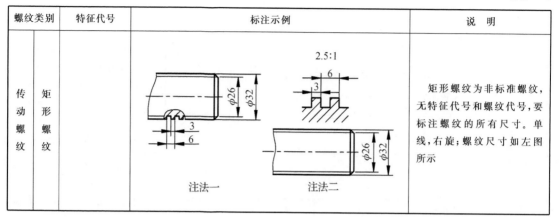 注法一　　　　注法二	矩形螺纹为非标准螺纹，无特征代号和螺纹代号，要标注螺纹的所有尺寸。单线，右旋；螺纹尺寸如左图所示

7.2　常用螺纹紧固件

7.2.1　常用螺纹紧固件的种类和标记

常用的螺纹紧固件有螺栓、双头螺柱、螺钉、螺母、垫圈等，如图 7－10 所示。

| 六角头螺栓 | 内六角圆柱头螺钉 | 开槽圆柱头螺钉 | 紧定螺钉 | 十字槽沉头螺钉 |

| 双头螺柱 | 六角开槽螺母 | 六角螺母 | 平垫圈 | 弹簧垫圈 |

图 7－10　常用的螺纹紧固件

螺纹紧固件的结构、尺寸均已标准化（见附录），因此在应用它们时，只需注明其规定标记。常用螺纹紧固件的标记示例如表 7－2 所列。

表 7 - 2 常用螺纹紧固件的标记示例

名称及标准编号	图 例	规定标记及说明
开槽圆柱头螺钉 GB/T 65—2000	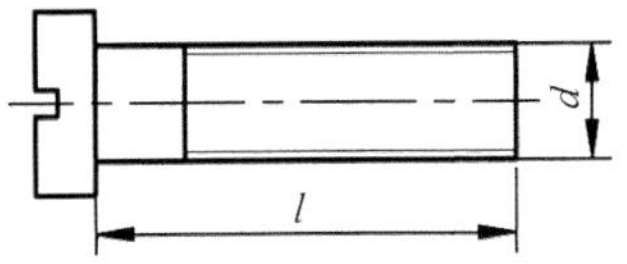	螺钉 GB/T 65 M10×60 开槽圆柱头螺钉,螺纹规格 d=M10,公称长度 l=60,精度等级 A,性能等级为 4.8 级,不经表面处理
开槽沉头螺钉 GB/T 68—2000	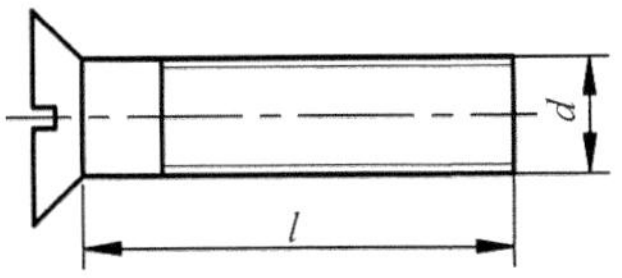	螺钉 GB/T 68 BM5×25 开槽沉头螺钉,螺纹规格 d=M5,公称长度 l=25,精度等级 B,性能等级为 4.8 级,不经表面处理
六角头螺栓 GB/T 5782—2000	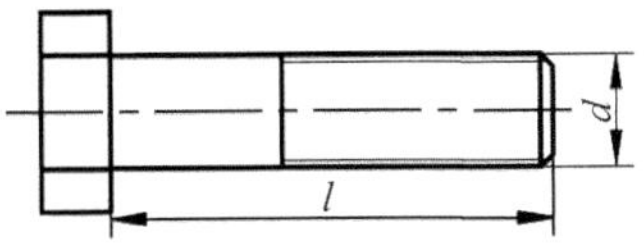	螺栓 GB/T 5782 M16×70 A 级六角头螺栓,螺纹规格 d=M16,公称长度 l=70,性能等级为 8.8 级,表面氧化处理
双头螺柱 (b_m=1.25d) GB/T 898—1988	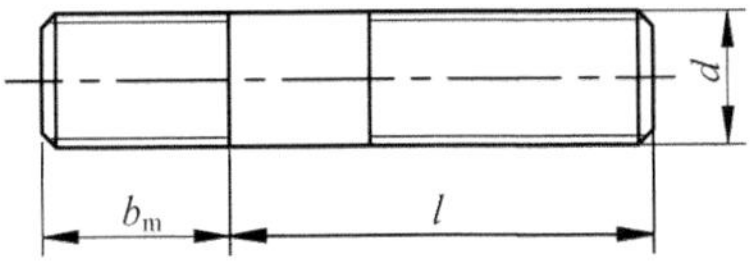	螺柱 GB/T 898 M12×50 双头螺柱,两端均为粗牙普通螺纹,螺纹规格 d=M12,公称长度 l=50,B 型,旋入端 b_m=1.25d,性能等级为 4.8 级,不经表面处理
1 型六角螺母 GB/T 6170—2000	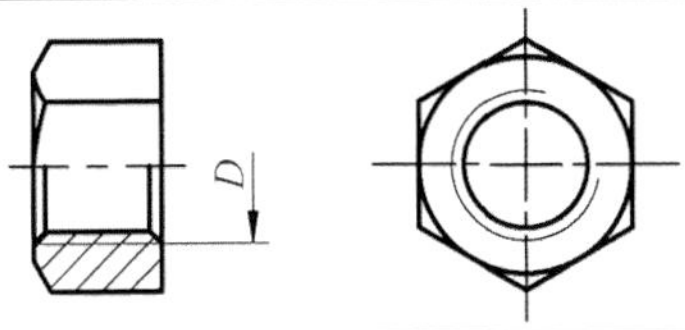	螺母 GB/T 6170 M16 A 级 1 型六角螺母,螺纹规格 D=M16,性能等级为 8 级,不经表面处理
平垫圈 A 级 GB/T 97.1—2002	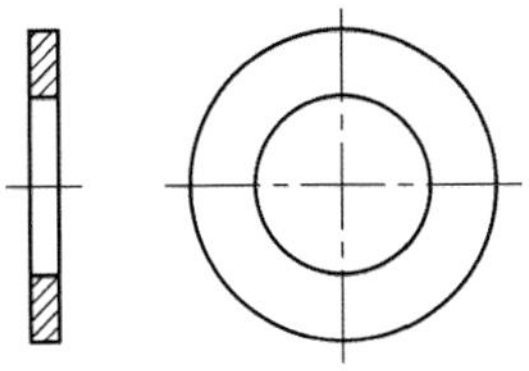	垫圈 GB/T 97.1 16 A 级平垫圈,公称尺寸 d=16 mm,性能等级为 140 HV 级,不经表面处理
标准型弹簧垫圈 GB/T 93—1987	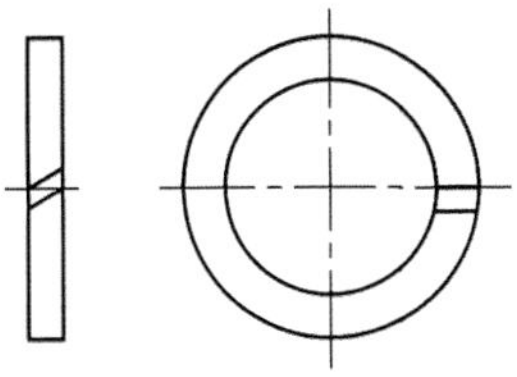	垫圈 GB/T 93 16 标准型弹簧垫圈,规格 16 mm,材料为 65Mn,表面氧化处理

7.2.2 常用螺纹紧固件的比例画法

为提高画图速度,螺纹紧固件各部分的尺寸都可按公称直径 d 的一定比例画出,称为比例画法(简化画法),常用螺纹紧固件的比例画法如图 7 - 11 所示。

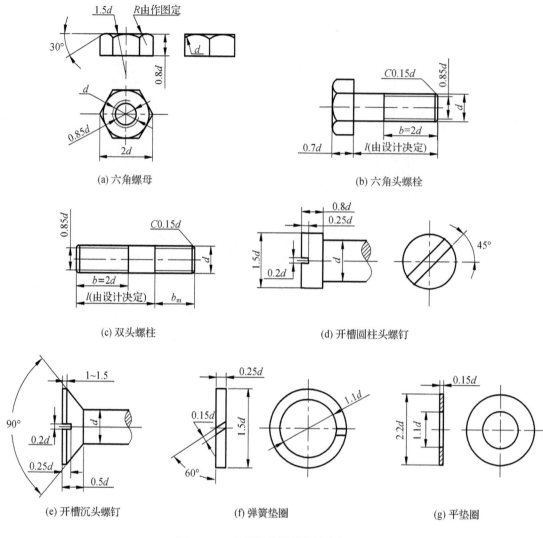

图 7-11 常用螺纹紧固件的比例画法

7.2.3 常用螺纹紧固件连接的画法

1. 装配图的规定画法

由于螺纹紧固件是标准件,只需在装配图中画出连接图即可。画连接图时必须符合装配图的规定画法:

(1)两零件接触面处应画一条粗实线,非接触面处应画两条粗实线。

(2)剖视图中,相邻两零件的剖面线方向应相反,或方向相同但间隔不一。而同一个零件在各剖视图中剖面线方向和间隔必须相同。

(3)剖切平面沿实心零件或标准件轴线(或对称中心线)剖切时,这些零件按不剖画,即画其外形。

2. 螺纹紧固件连接的画法

（1）螺栓连接

螺栓连接用于被连接件不太厚,允许钻成通孔的情况,如图 7-12 所示。从图中可以看出,螺栓的公称长度为

$$l=\delta_1+\delta_2+m+h+0.3d$$

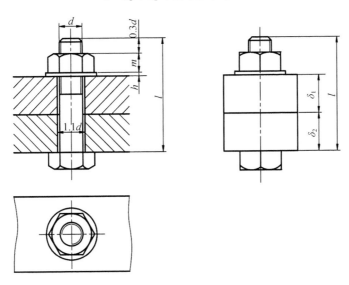

图 7-12　螺栓连接的画法

根据计算结果,从螺栓公称长度 l 系列值中查找(见附录),最终选取一个最接近计算结果的标准长度值。

画螺栓连接图时应注意以下几点:

①被连接件上的通孔直径约为螺纹大径的 1.1 倍,孔内壁与螺栓杆部不接触,应分别画出各自的轮廓线。

②螺栓上的螺纹终止线应低于被连接件顶面轮廓,以便拧紧螺母时有足够的螺纹长度。

（2）螺柱连接

螺柱连接用于被连接件之一较厚或不允许钻成通孔的情况,如图 7-13 所示。较厚的零件上加工有螺纹孔,另一个零件加工有光孔,孔直径约为螺纹大径的 1.1 倍。从图中可以看出,螺柱的公称长度为

$$l=\delta+h+m+0.3d$$

根据计算结果,从附录中选取与其最接近的 l 标准值。

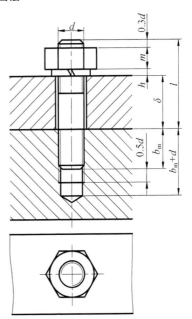

图 7-13　螺柱连接的画法

画螺柱连接图时应注意以下几点：

①双头螺柱的旋入端长度 b_m 应全部旋入螺孔内，画图时螺纹终止线要与两个被连接件的接触面平齐。上半部分画法与螺栓情况相同。

②双头螺柱旋入端长度 b_m 与被旋入零件材料有关，按国家标准规定，b_m 如表7-3所列。

表7-3 旋入长度

被旋入零件的材料	旋入长度 b_m
钢、青铜	d
铸铁	$1.25d$ 或 $1.5d$
铝	$2d$

（3）螺钉连接

螺钉连接用于不常拆卸和受力较小的连接中，分连接螺钉和紧定螺钉，图7-14(a)、(b)分别为开槽圆柱头螺钉与开槽沉头螺钉连接的画法。

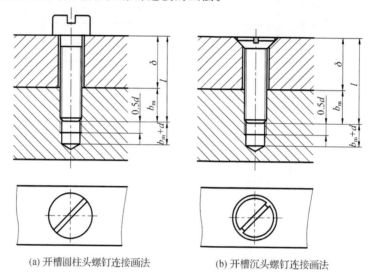

(a) 开槽圆柱头螺钉连接画法　　　(b) 开槽沉头螺钉连接画法

图7-14 螺钉连接画法

画螺钉连接图时应注意以下几个问题：

①较厚零件上加工有螺纹孔，为了使螺纹头部能压紧被连接件，螺钉的螺纹终止线应高于螺孔件端面的轮廓线。

②螺钉头部的一字槽，在投影为圆的视图上，按与水平成45°画出。

③紧定螺钉连接画法如图7-15所示。

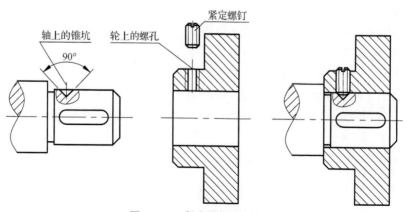

图7-15 紧定螺钉连接画法

7.3　键和销

键和销是机器或部件中应用广泛的标准件,也属于连接件。

7.3.1　键

键用于连接轴和轴上的传动件(齿轮、皮带轮等),使轴和传动件一起转动,起传递扭矩的作用。图 7-16 所示为键连接的情况,在轴和轮毂上分别加工出键槽,装配时先将键嵌入轴的键槽内,再将轮毂上的键槽对准轴上的键,把轮子装在轴上。传动时,轴和轮子一起转动。常用的键有普通平键、半圆键和钩头楔键,如图 7-17 所示。

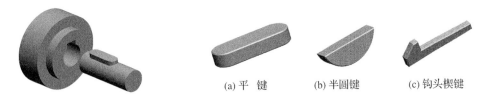

(a) 平　键　　　　(b) 半圆键　　　　(c)钩头楔键

图 7-16　键连接　　　　　　　图 7-17　常用键的种类

普通平键有 A 型(圆头)、B 型(方头)和 C 型(单圆头)三种结构,如图 7-18 所示。

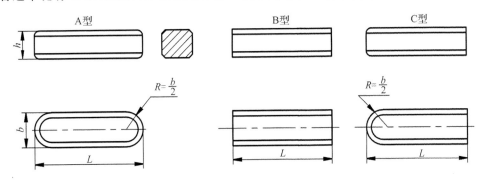

图 7-18　普通平键的结构和尺寸

1. 键的规定标记

键是标准件,键的标记由标准编号、名称、型式与尺寸三部分组成。常用键的标记方法如表 7-4 所列(GB/T 1096—2003、GB/T 1099.1—2003、GB/T 1565—2003)。

键的大小由被连接的轴、孔直径和所传递的扭矩大小所决定。

表 7-4　常用键的标记方法

标记示例	名称及图例	标记说明
GB/T 1096 键 16×100		普通平键,A 型,$b=16$ mm,$l=100$ mm,$h=10$ mm 注:标记中 A 型键的"A"省略不注

续表 7 – 4

标记示例	名称及图例	标记说明
GB/T 1099.1 键 6×10×25		半圆键，$b=6$ mm，$D=25$ mm，$h=10$ mm
GB/T 1565 键 18×100		钩头楔键，$b=18$ mm，$l=100$ mm，$h=11$ mm

2. 键连接的画法

普通平键和半圆键的连接原理相似，两侧面为工作面，装配时键的两侧面与轴上的键槽、轮毂上的键槽两侧均接触，靠键的两侧面传递扭矩。绘制装配图时，键的顶面与轮毂中的键槽底面有间隙，应画两条线；键的两侧面与轴上的键槽、轮毂上的键槽两侧均接触，应画一条线；键的底面与轴上键槽的底面也接触，应画一条线，如图 7 – 19(a)、(b)所示。

钩头楔键的顶面有 1:100 的斜度，安装时将键打入键槽，顶面是钩头楔键的工作面。绘制装配图时，键与键槽顶面之间没有间隙，也画一条线，如图 7 – 19(c)所示。

轴和轮毂上的键槽尺寸可从附表中查取。键槽尺寸的标注如图 7 – 20 所示。

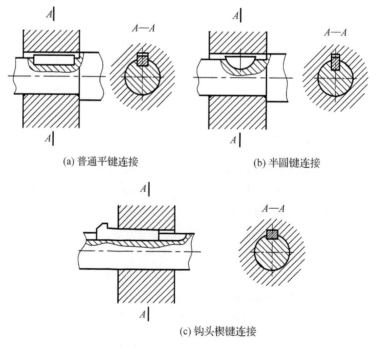

(a) 普通平键连接　　　(b) 半圆键连接

(c) 钩头楔键连接

图 7 – 19　键连接的画法

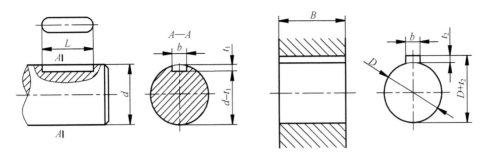

图 7 - 20　键槽的尺寸注法

7.3.2　销

销也是标准件,常用于零件间的连接或定位,常用的销有圆柱销、圆锥销和开口销等,如图 7 - 21所示。常用的销的主要尺寸、简化标记及连接画法如表 7 - 5 所列。

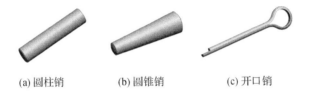

(a) 圆柱销　　　　　(b) 圆锥销　　　　　(c) 开口销

图 7 - 21　常用的销

表 7 - 5　常用销的主要尺寸、简化标记和连接画法

名称及标准	主要尺寸	标　记	连接画法
圆柱销 GB/T 119.1—2000		销 GB/T 119.1$d \times l$	
圆锥销 GB/T 117—2000		销 GB/T 117$d \times l$	

7.4　滚动轴承

滚动轴承是用来支撑旋转轴并承受轴上载荷的组件,具有结构紧凑、摩擦阻力小的特点,因此在机器中得到广泛使用。

滚动轴承的类型很多,但其结构大体相同,一般由外圈(座圈)、内圈(轴圈)、滚动体和保持架等组成,如图 7 - 22 所示。内圈装在轴上,形成过盈配合,随轴转动;外圈装在机体或轴承座内,一般固定不动。

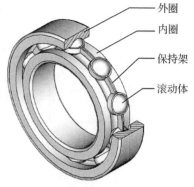

图 7 - 22　滚动轴承的基本结构

滚动轴承按其受力方向可分为三大类:

(1)向心轴承:主要承受径向力,如深沟球轴承。

(2)向心推力轴承:同时承受径向力和轴向力,如圆锥滚子轴承。

(3)推力轴承:主要承受轴向力,如推力球轴承。

下面简要介绍常见的深沟球轴承、圆锥滚子轴承和推力球轴承的画法和标记。

7.4.1　滚动轴承的画法

1. 规定画法或特征画法 (GB/T 4459.7—1998)

滚动轴承是标准部件,不必画出它的零件图。在装配图中,只需根据给定的轴承代号,从轴承标准中查出外径 D、内径 d、宽度 $B(T)$ 等几个主要尺寸,按规定画法或特征画法画出,其具体画法如表 7 - 6 所列。

表 7 - 6　常用滚动轴承的表示法

轴承名称及代号	结构形式	规定画法	特征画法
深沟球轴承 GB/T 276—1994 类型代号 6 主要参数 D、d、B			
圆锥滚子轴承 GB/T 297—1994 类型代号 3 主要参数 D、d、T			

续表 7 - 6

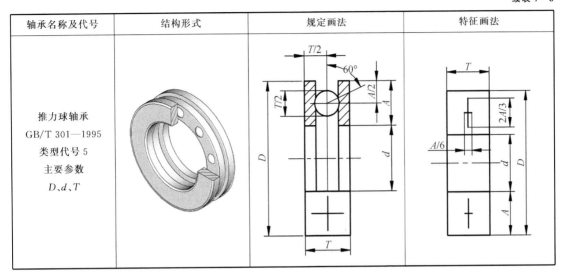

轴承名称及代号	结构形式	规定画法	特征画法
推力球轴承 GB/T 301—1995 类型代号 5 主要参数 D、d、T			

2. 通用画法

当不需要确切表示轴承的外形轮廓、载荷特性、结构特征时,可将轴承按通用画法画出,如图 7 - 23 所示。

在装配图中,滚动轴承通常按规定画法绘制。如图 7 - 24 中的圆锥滚子轴承上一半按规定画法画出,轴承的内圈和外圈的剖面线方向和间隔均要相同,而另一半按通用画法画出,即用粗实线画出正十字。

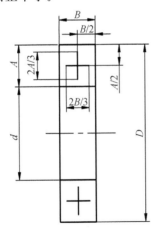

图 7 - 23　滚动轴承的通用画法

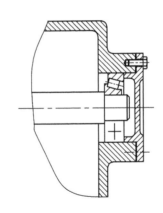

图 7 - 24　装配图中滚动轴承的画法

7.4.2　滚动轴承的标记

滚动轴承的标记由名称、代号和标准编号三部分组成。轴承的代号有基本代号和补充代号。

1. 基本代号

基本代号表示轴承的基本结构、尺寸、公差等级、技术性能等特征。滚动轴承的基本代号(滚针轴承除外)由轴承类型代号、尺寸系列代号、内径代号三部分组成。滚动轴承的标记示例如下:

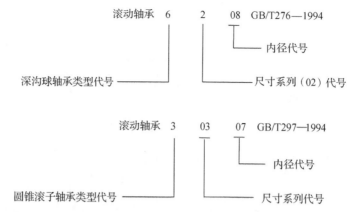

(1)轴承类型代号：用数字或字母表示，部分轴承的类型代号如表 7-7 所列。

表 7-7   常用滚动轴承类型代号

代　号	轴承类型	代　号	轴承类型
0	双列角接触球轴承	4	双列深沟球轴承
1	调心球轴承	5	推力球轴承
2	调心滚子轴承和推力调心滚子轴承	6	深沟球轴承
3	圆锥滚子轴承	N	圆柱滚子轴承

(2)尺寸系列代号：为适应不同的工作(受力)情况，在内径一定的情况下，轴承有不同的宽(高)度和不同的外径大小，它们构成一定的系列，称为轴承的尺寸系列，用数字表示。如"(0)2"表示轻窄系列，"(0)3"表示中窄系列。括号内数字在轴承代号中可省略。

(3)内径代号：表示滚动轴承的内圈孔径，是轴承的公称直径，用两位数字表示。常用轴承内径代号说明如下：

①当代号数字为 00、01、02、03 时，分别代表内径 $d=10$、12、15、17 mm。

②当代号数字为 04～99 时，代号数字乘以"5"，即为轴承内径。

2. 补充代号

当轴承在形状结构、尺寸、公差、技术要求等有改变时，可使用补充代号。在基本代号前面添加的补充代号(字母)称为前置代号，在基本代号后面添加的补充代号(字母或字母加数字)称为后置代号。前置代号和后置代号的有关规定可查阅有关手册。

7.5　齿　轮

齿轮是机械传动中常用的零件，齿轮传动不仅可以传递动力和运动，还能完成减速、增速、改变运动回转方向等功能。齿轮的轮齿部分已标准化，具有标准齿的齿轮称为标准齿轮。

图 7-25 是齿轮传动常见的三种类型：

圆柱齿轮：用于两平行轴之间的传动，如图 7-25(a)所示。

圆锥齿轮：用于两相交轴之间的传动，如图 7-25(b)所示。

蜗轮蜗杆：用于两交叉轴之间的传动，如图 7-25(c)所示。

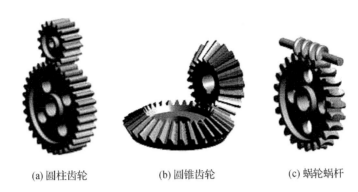

(a) 圆柱齿轮　　　(b) 圆锥齿轮　　　(c) 蜗轮蜗杆

图 7 - 25　齿轮传动的常见类型

在传动中,为了运动平稳、啮合正确,齿轮轮齿的齿廓曲线可以制成渐开线、摆线或圆弧,其中渐开线齿轮应用最为广泛。本节仅介绍齿廓曲线为渐开线的标准圆柱齿轮的基本知识和规定画法。圆柱齿轮按轮齿方向的不同分为直齿、斜齿、人字齿和弧形齿。

7.5.1　直齿圆柱齿轮的基本参数和基本尺寸间的关系

1.直齿圆柱齿轮的名词术语

图 7 - 26(a)所示为互相啮合的两个直齿圆柱齿轮的一部分。

①节圆直径 d':连心线 O_1O_2 上两相切的圆称为节圆,直径用 d' 表示,也是啮合点轨迹圆的直径。

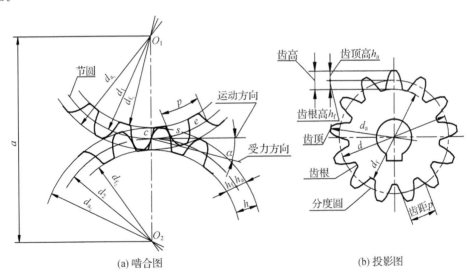

(a) 啮合图　　　　　　　　(b) 投影图

图 7 - 26　直齿圆柱齿轮各部分名称及代号

②分度圆直径 d:加工齿轮时,作为齿轮轮齿分度的圆称为分度圆,其直径用 d 表示。在标准齿轮中,$d'=d$。

③节点 C:在一对啮合齿轮上两节圆的切点。

④齿顶圆直径 d_a:轮齿顶部的圆称为齿顶圆,其直径用 d_a 表示。

⑤齿根圆直径 d_f:齿槽根部的圆称为齿根圆,其直径用 d_f 表示。

⑥齿距 p：在节圆或分度圆上，两个相邻的同侧齿面间的弧长称齿距，用 p 表示。

齿厚 s：一个轮齿齿廓间的弧长称齿厚，用 s 表示。

槽宽 e：一个齿槽齿廓间的弧长称槽宽，用 e 表示。

在标准齿轮中，$s=e$，$p=e+s$。

⑦齿高 h：齿顶圆与齿根圆的径向距离称为齿高，用 h 表示。

齿顶高 h_a：齿顶圆与分度圆的径向距离称为齿顶高，用 h_a 表示。

齿根高 h_f：分度圆与齿根圆的径向距离称为齿根高，用 h_f 表示。

$$h=h_a+h_f$$

2. 直齿圆柱齿轮的基本参数

（1）齿数 z

齿轮上轮齿的个数。

（2）模数 m

齿轮的尺寸参数关系由图 7-26 可知，若以 z 表示齿数，则齿轮分度圆周长为

$$\pi d = zp$$

因此，分度圆直径为

$$d=\frac{p}{\pi}z$$

式中，$\frac{p}{\pi}$ 称为齿轮的模数，以 m 表示，则 $d=mz$，即

$$m=\frac{p}{\pi}$$

单位为 mm。

模数是齿轮设计、加工中十分重要的参数，模数愈大，轮齿就愈大；模数愈小，轮齿就愈小。互相啮合的两齿轮，其齿距 p 应相等，因此它们的模数 m 亦应相等。为了减少加工齿轮刀具的数量，国家标准对齿轮的模数做了统一的规定，表 7-8 所列为标准模数值。

表 7-8　渐开线圆柱齿轮模数（GB/T 1357—1987）

第一系列	1　1.25　1.5　2　2.5　3　4　5　6　8　10　12　16　20　25　32　40　50
第二系列	1.75　2.25　2.75　(3.25)　3.5　(3.75)　4.5　5.5　(6.5)　7　9　(11)　14　18　22　28　36　45

注：在选用模数时，尽量选用第一系列，括号内的模数尽量不选用。

（3）压力角 α

两相啮合轮齿齿廓在 c 点的公法线与两节圆的公切线所夹的锐角称压力角，也称啮合角或齿型角，如图 7-26(a)所示。

一对相互啮合的齿轮，其模数、压力角必须相等。

3. 直齿圆柱齿轮各部分尺寸计算公式

齿轮的基本参数——模数 m、齿数 z 确定后，按照与 m、z 的关系可算出轮齿的各基本尺寸。标准直齿圆柱齿轮各基本尺寸的计算公式如表 7-9 所列。

表 7 - 9　标准直齿圆柱齿轮各基本尺寸的计算公式

名　称	计算公式	名　称	计算公式
分度圆直径	$d=mz$	齿根高	$h_f=1.25m$
齿顶圆直径	$d_a=m(z+2)$	齿高	$h=2.25m$
齿根圆直径	$d_f=m(z-2.5)$	齿距	$p=\pi m$
齿顶高	$h_a=m$	中心距	$a=(d_1+d_2)/2=m(z_1+z_2)/2$

7.5.2　圆柱齿轮的规定画法

1.单个圆柱齿轮的画法

齿轮上的轮齿是多次重复出现的,为简化作图,国家标准 GB/T 4459.2—2003 规定了齿轮画法,如图 7 - 27 所示。

(1)齿顶圆(线)用粗实线表示,分度圆(线)用细点画线表示,齿根圆(线)用细实线表示,其中齿根圆和齿根线可省略。如图 7 - 27(a)所示。

(2)在剖视图中,当剖切平面通过齿轮的轴线时,轮齿一律按不剖处理,并将齿根线用粗实线绘制,如图 7 - 27(b)所示。

(3)若齿轮为斜齿或人字齿,则平行于齿轮轴线的投影面视图可画成半剖视图或局部剖视图,并用三条细实线表示轮齿的方向,如图 7 - 27(c)、(d)所示。

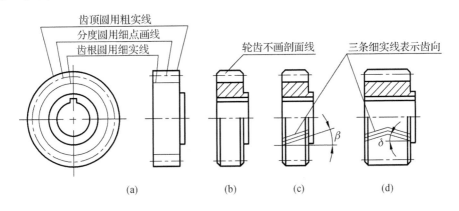

图 7 - 27　圆柱齿轮的画法

图 7 - 28 所示为直齿轮零件图。

在齿轮零件图中,除具有一般零件图的内容外,齿顶圆直径、分度圆直径及有关齿轮的基本尺寸必须直接在图形中注出(有特殊规定者除外),齿根圆直径规定不注;在图样右上角的参数表中注写模数、齿数、压力角等基本参数。

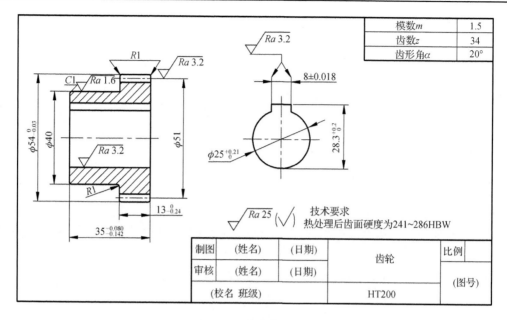

模数 m	1.5
齿数 z	34
齿形角 α	20°

制图	(姓名)	(日期)	齿轮	比例	
审核	(姓名)	(日期)		(图号)	
(校名 班级)			HT200		

技术要求
热处理后齿面硬度为241~286HBW

图 7 - 28 直齿轮零件图

2. 圆柱齿轮啮合的画法

两齿轮啮合的画法关键是啮合区的画法,其他部分仍按单个齿轮的画法规定绘制。两个相互啮合的圆柱齿轮,啮合区的画法如图 7 - 29 所示。

(1)在垂直于齿轮轴线的投影面视图中(投影为圆的视图),啮合区内的齿顶圆均用粗实线绘制,如图 7 - 29(a)所示,有时也可省略,如图 7 - 29(b)所示。用细点画线画出相切的两节圆。

(2)在平行于齿轮轴线的投影面视图中(非圆投影图),若取剖视图,则节圆重合,画细点画线,齿根线画粗实线。齿顶线的画法是将一个轮的轮齿用粗实线绘制,另一个齿轮的轮齿用虚线绘制,如图 7 - 29(a)所示。

若画外形图,如图 7 - 29(c)、(d)所示,啮合区的齿顶线省略不画,节线用粗实线绘制,其他处的节线仍用细点画线绘制。

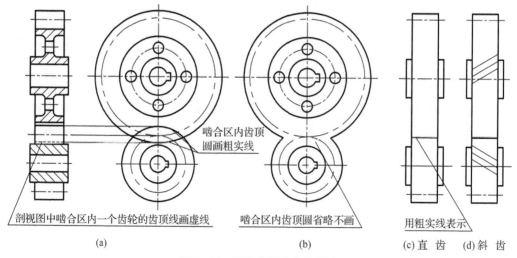

啮合区内齿顶圆画粗实线

剖视图中啮合区内一个齿轮的齿顶线画虚线

(a)

啮合区内齿顶圆省略不画

(b)

用粗实线表示

(c)直 齿   (d)斜 齿

图 7 - 29 圆柱齿轮啮合的画法

7.6 弹 簧

弹簧是利用材料的弹性和结构特点,通过变形储存能量而工作的一种常用零件,其作用主要是减震、夹紧、测力等。

弹簧的种类很多,可分为螺旋弹簧、板弹簧、平面涡卷弹簧和碟形弹簧等。根据受力方向不同,圆柱螺旋弹簧又分为压缩弹簧、拉伸弹簧和扭转弹簧三种,如图 7-30 所示。

下面以圆柱螺旋压缩弹簧为例,介绍弹簧的基本知识及规定画法。

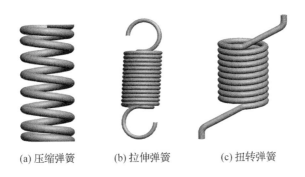

(a) 压缩弹簧　　(b) 拉伸弹簧　　(c) 扭转弹簧

图 7-30　圆柱螺旋弹簧

7.6.1　圆柱螺旋压缩弹簧的参数

圆柱螺旋弹簧各部分的名称及代号如图 7-31 所示。

(1)线径 d:用于缠绕弹簧的钢丝直径。

(2)弹簧内径 D_1:弹簧的最小直径。

(3)弹簧外径 D_2:弹簧的最大直径。

(4)弹簧中径 D:弹簧的平均直径,$D=(D_1+D_2)/2$。

(5)弹簧的节距 t:除两端的支承圈外,相邻两圈截面中心线的轴向距离。

(6)支承圈数 n_0、有效圈数 n 和总圈数 n_1:为使压缩弹簧工作平稳、受力均匀,将其两端并紧且磨平。并紧磨平的各圈仅起支承和定位作用,称为支承圈。弹簧支承圈有 1.5 圈、2 圈及 2.5 圈三种,2.5 圈最为常见。除支承圈外,其余各圈均参加受力变形,并保持相等的节距,这些圈数称为有效圈数,它是计算弹簧受力的主要依据,有效圈数 $n=$ 总圈数 n_1- 支承圈数 n_0。

(7)自由高度 H_0:弹簧无负荷作用时的高度。

$$H_0=nt+(n_0-0.5)d$$

(8)弹簧丝展开长度 L:用于缠绕弹簧的钢丝长度。

$$L\approx n_1\sqrt{(\pi D)^2+t^2}$$

(9)旋向:圆柱螺旋压缩弹簧分左旋(LH)和右旋(RH)两种,旋向判别方法与螺纹相同。

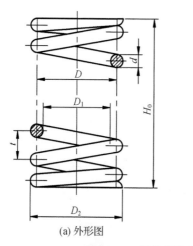 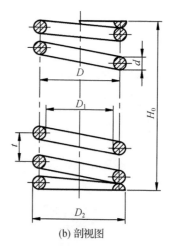

| (a) 外形图 | (b) 剖视图 |

图 7-31　圆柱螺旋弹簧各部分的名称及代号

7.6.2　圆柱螺旋压缩弹簧的画法

（1）在平行于螺旋弹簧轴线的投影面上的视图中,各圈的轮廓应画成直线(不必按螺旋线的真实投影画出),如图 7-31 所示。

（2）右旋弹簧在图上一定画成右旋,左旋可画成左旋也可画成右旋,但必须注明"LH"字。

（3）有效圈数在 4 圈以上的螺旋弹簧,只画出两端的 1~2 圈(支承圈不算在内),中间只需用通过弹簧簧丝断面中心的点画线连接起来,如图 7-32 所示。

（4）在装配图中,当螺旋弹簧在剖视图中出现时,允许只画出簧丝剖面,这时弹簧后面被挡住的零件轮廓不必画出,未被弹簧遮挡的部分画到弹簧的外轮廓线处,当其在弹簧的省略部分时,画到弹簧的中径处,如图 7-32(a)所示。

（5）在装配图中,当簧丝直径 $d \leqslant 2$ mm 时,剖面全部涂黑或采用示意画法,如图 7-32(b)、(c)所示。

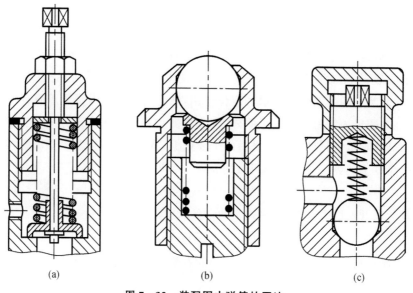

| (a) | (b) | (c) |

图 7-32　装配图中弹簧的画法

7.6.3　圆柱螺旋压缩弹簧的画图步骤

对于两端并紧磨平的压缩弹簧,无论支承圈数为多少,均可按 2.5 圈画出,必要时可按支承圈的实际数画出。画图步骤如图 7-33 所示。

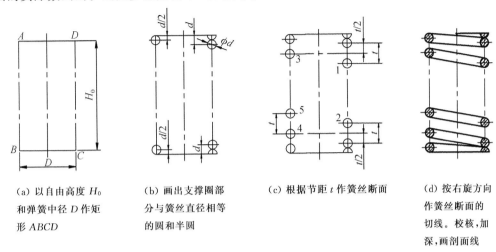

(a) 以自由高度 H_0 和弹簧中径 D 作矩形 $ABCD$

(b) 画出支撑圈部分与簧丝直径相等的圆和半圆

(c) 根据节距 t 作簧丝断面

(d) 按右旋方向作簧丝断面的切线。校核,加深,画剖面线

图 7-33　圆柱螺旋压缩弹簧的画图步骤

7.6.4　圆柱螺旋压缩弹簧的标记

圆柱螺旋压缩弹簧的标记型式如下:

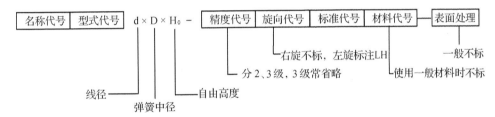

国标规定:圆柱螺旋压缩弹簧的名称代号为 Y,型式:两端并紧磨平为 A 型,两端并紧锻平为 B 型。

例如:标记为"YB 30×150×300GB/T2089—1994"的圆柱螺旋压缩弹簧各部分的含义如下:

弹簧型式:两端并紧锻平的圆柱螺旋压缩弹簧;

弹簧线径:$\phi30$ mm,中径:$\phi150$ mm,自由高度:300 mm

制造精度:3 级

材料为:60Si2MnA(线径>10 时常用材料)

表面处理:涂漆

旋向:右旋

再如,标记如下的圆柱螺旋压缩弹簧各部分的含义为:

其他项目含义同上例。

思考题

1.螺纹的五要素是什么？
2.简述螺纹的种类、内外螺纹的规定画法以及内外螺纹旋合的画法。
3.螺纹紧固件有哪些？它们的规定标记包括哪些内容？
4.直齿圆柱齿轮的基本参数有哪些？
5.简述圆柱齿轮啮合的规定画法。
6.滚动轴承的基本代号由哪几部分组成？

第8章　零件图

用来表达零件的结构形状、大小和技术要求的图样称为零件图。零件图是设计部门提交给生产部门的重要技术文件,反映出设计者的意图,是制造和检验零件的依据。零件图涉及机器(或部件)对零件的要求,同时还涉及结构和制造的可能性与合理性。因此,要有一定的设计和工艺知识才能更好地掌握零件图。本章主要讨论零件图的内容、零件表达方案的选择、零件图中尺寸标注的合理性、零件图的技术要求和读零件图的方法和步骤。

8.1　零件图的作用与内容

零件图是制造和检验零件用的图样。因此,图样中应包括必要的图形、尺寸和技术要求。图 8-1 所示是柱塞套的零件图,其具体内容如下:

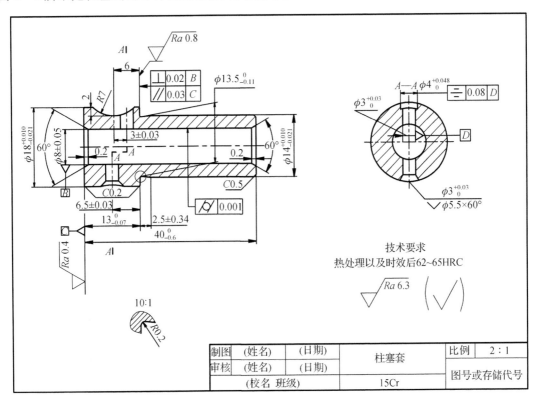

图 8-1　柱塞套零件图

(1)图　形

用一组视图(包括视图、剖视图、断面图、局部放大图等)完整、清晰和简洁地表达零件的结构形状。

（2）尺　寸

用一组尺寸，完整、清晰和合理地标注出零件的结构形状及其相对位置的大小。

（3）技术要求

用一些规定的符号、数字、字母和文字，简明、准确地给出零件在制造、检验和使用时应达到的技术要求（包括表面粗糙度、尺寸公差、形位公差、表面处理和材料处理的要求等）。

（4）标题栏

在标题栏内填写零件的名称、材料、图样的编号、比例、制图人与校核人的姓名和日期等。

8.2　零件结构的工艺性简介

大多数零件都要经过铸造（或锻造）及机械加工等过程加工出来，因此，零件的结构形状除了应满足使用上的要求之外，还应满足制造工艺的要求，也就是应具有合理的工艺结构。

8.2.1　常见的铸造工艺结构

1. 铸造圆角

为了满足铸造工艺要求，防止砂型落砂、铸件产生裂纹和缩孔，在铸件各表面相交处都做成圆角而不做成尖角，该结构称为铸造圆角，如图 8 – 2 所示。

(a)裂　纹　　　　(b)缩　孔　　　　(c)好

图 8 – 2　铸造圆角

圆角半径一般为壁厚的 0.2～0.4。在同一铸件上，圆角半径的种类应尽可能少，如图 8 – 3所示。铸件上相同的圆角可统一在技术要求中注明，如"未注铸造圆角 R3～R5"。

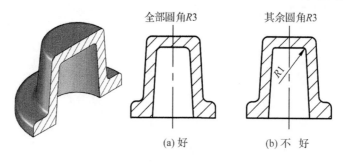

全部圆角R3　　　　其余圆角R3

(a) 好　　　　　(b) 不　好

图 8 – 3　圆角半径尽量相等

2. 起模斜度

为了在铸造时便于将样模从砂型中取出，在铸件的内、外壁上常设计出起模斜度，如图 8 – 4所示。起模斜度的大小：木模常为 1°～3°，金属模用手工造型时为 1°～2°，用机械造型时为 0.5°～1°。

有时起模斜度在图上可以不画，而在图形外用文字说明；在图上表达起模斜度较小的零件时，如在一个视图中已表达清楚，其他视图允许只按小端画出。

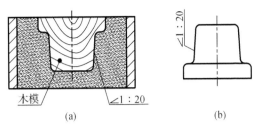

图 8 - 4　起模斜度

3. 铸件壁厚

如果铸件的壁厚不均匀,浇铸时由于金属冷却速度不同,将会产生缩孔和裂纹。因此,铸件壁厚要均匀,要避免突然改变壁厚和局部肥大现象。当必须采用不同壁厚连接时,可采用逐渐过渡的方式,如图 8 - 5 所示。

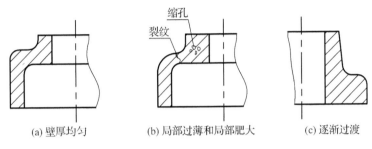

图 8 - 5　铸件壁厚

4. 过渡线的画法

由于铸件上圆角、起模斜度的存在,使得铸件表面上的交线不十分明显,这种铸件表面被倒圆了的交线称为过渡线,过渡线用细实线绘制,其画法与相贯线的画法一样,按没有圆角的情况求出相贯线的投影,画到理论上的交点处为止。过渡线的画法如图 8 - 6 所示。

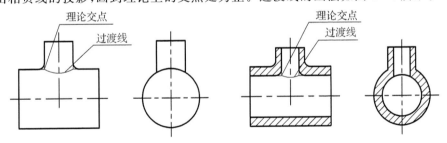

图 8 - 6　过渡线的画法

8.2.2　常见的机械加工工艺结构

1. 倒　角

铸件经机械加工后,圆角被切去,出现了尖角。为了防止划伤人手、便于装配和保护装配面不受损伤,一般在轴孔端部加工圆台面,称为倒角。倒角一般为 45°,也有 30°、60°的。图 8 - 7所示为 45°倒角,倒角尺寸大小可查阅附表 5 - 1。

2. 倒 圆

轴肩处加工成倒圆,以避免截面尺寸突变产生应力集中,进一步造成应力裂纹,影响使用寿命。其画法和尺寸标注如图8-8所示。倒圆尺寸大小可查阅附表5-1。

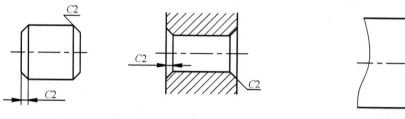

图8-7 倒角的画法和尺寸标注   图8-8 倒圆的画法和尺寸标注

3. 退刀槽

为了在切削加工时容易退出刀具,不致使刀具损坏,以及在装配时与相邻零件保证轴向靠紧,常在加工表面的台肩处预先加工出退刀槽,如图8-9所示。螺纹退刀槽的尺寸大小可以查阅附表5-2;砂轮退刀槽又称砂轮越程槽,其尺寸大小可查阅附表5-3。

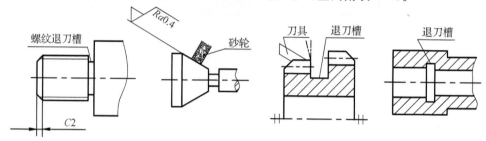

图8-9 退刀槽

4. 钻孔结构

钻孔时,应尽可能使钻头垂直于被钻孔的表面,如遇斜面、曲面时,应该先做出凸台或凹坑,以免钻头受力不均,使孔偏斜或使钻头折断,如图8-10所示。

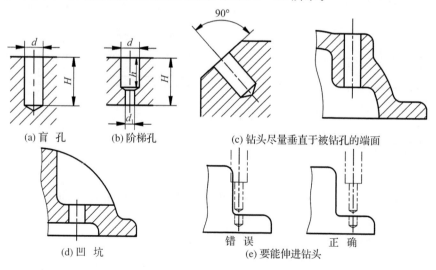

(a)盲 孔   (b)阶梯孔   (c)钻头尽量垂直于被钻孔的端面

(d)凹 坑   错 误   正 确
(e)要能伸进钻头

图8-10 钻孔结构

5. 凸台和沉孔

为了保证零件间接触良好,零件上凡与其他零件接触的表面一般都要加工。为了降低零件的制造费用,在设计零件时应尽量减少加工面。因此,在零件上常有凸台、沉孔或凹槽结构,如图 8 - 11 所示。但凸台应在同一平面上,以保证加工方便。

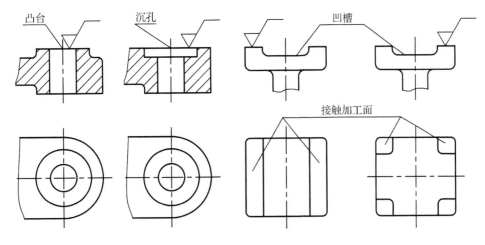

图 8 - 11 凸台、沉孔和凹槽

有时也在零件的表面上加工出沉孔,以保证零件接触良好。螺栓连接用锪平加工方法及其尺寸注法如图 8 - 12 所示。螺钉连接用的埋头孔、沉孔和锥坑如图 8 - 13 所示。

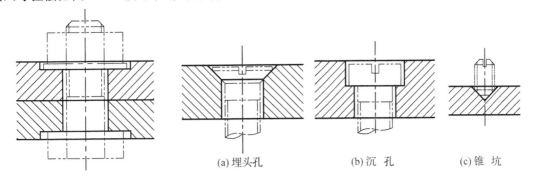

图 8 - 12 螺栓连接用沉孔　　　　图 8 - 13 螺钉连接用埋头孔、沉孔和锥坑

8.3 零件的视图选择及尺寸标注

零件图的视图表达是零件图最基本和最重要的内容之一,不同的零件有不同的结构形状。选择表达方案时,首先要便于看图;其次要根据它的结构特点,在正确、完整、清晰地表达各部分结构形状的前提下,力求画图简洁。一个较好的表达方案一般应从主视图、其他视图和表示方法几个方面进行选择。

8.3.1 零件的视图选择

1. 主视图的选择

主视图是零件图的核心,它是表达零件结构形状特征最多的一个视图。其选择是否合理将直接影响其他视图的选择和看图是否方便,甚至影响到画图时图幅的合理利用。选择主视图时应考虑以下两个方面的问题。

(1)主视图的投射方向

主视图的投射方向应该能够最多地反映出零件的形状特征。反映零件的形状特征是指在该零件的主视图上能较清楚和较多地表达出该零件的结构形状,以及各结构形状之间的相对位置关系。图 8-14 中轴的轴测图上箭头 1 所指的投射方向,能较多地反映零件的结构形状特征;而箭头 2 所指的投射方向反映出的零件结构形状特征较少。因此,主视图的投射方向选箭头 1 所指的方向。

主视图的投射方向确定后,该视图应如何放置到图纸上还没有完全确定。因此,下一步需要确定零件的位置。

(2)主视图的安放位置

零件在主视图上的位置一般有两种:加工位置或工作位置。

①加工位置:零件在制造过程中,特别是机械加工时,要把它固定和夹紧在一定位置上进行加工,该位置即为加工位置。主视图应尽量表示零件在机床上加工时所处的位置。这样在加工时可以直接进行图物对照,便于看图和测量尺寸,减少差错。如轴套类零件的加工,大部分工序是在车床或磨床上进行,因此通常要按加工位置(即轴线水平放置)绘制其主视图,如图 8-15所示。

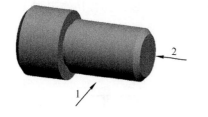
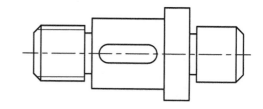

图 8-14　主视图的投射方向　　　　　图 8-15　轴的主视图的选择

②工作位置:工作位置是指零件在机器或部件中工作时所处的位置。各种箱体、阀体、泵体及座体类零件,其形状比较复杂,需要在不同的机床上加工,且加工位置各不相同,在选择其主视图的安放位置时,应尽量与零件在机器或部件中的工作位置一致,这样便于把零件和整台机器联系起来,便于看图和指导安装。对于工作位置歪斜放置的零件,因为不便于绘图,应将零件放正。

2.其他视图的选择

零件主视图确定之后,应检查零件上还有哪些结构尚未表达清楚,适当选择一定数量的其他视图来补充主视图表达的不足。选择其他视图时要兼顾剖视、断面、局部放大图和简化画法等各种表达方法。具体选用时,应注意优先考虑采用基本视图,视图数量尽可能少,并进行方案优化。

8.3.2　零件的尺寸标注

零件图上的尺寸是加工、检验零件的重要依据。因此,应在零件图上正确、完整、清晰、合理地标注出制造零件所需的全部尺寸,标注的尺寸要便于加工、测量和检验。

所谓合理是指所注的尺寸既符合零件的设计要求,又便于加工和检验(即满足工艺要求)。为了合理地标注尺寸,必须对零件进行结构分析、形体分析和工艺分析,根据分析先确定尺寸基准,然后选择合理的标注形式,结合零件的具体情况标注尺寸。本节重点介绍标注尺寸的合理性问题。

1. 尺寸基准及其选择

(1)尺寸基准

所谓尺寸基准,就是指零件装配到机器上或在加工测量时,用以确定其位置的一些面、线或点。它可以是零件上的对称平面、安装底平面、端面、零件的结合面、主要孔和轴的轴线等。

选择尺寸基准的目的,一是为了确定零件在机器中的位置或零件上几何元素的位置,以符合设计要求;二是为了在制作零件时,确定测量尺寸的起点位置,便于加工和测量,以符合工艺要求。因此,根据基准作用的不同,一般将基准分为设计基准和工艺基准两类。

①设计基准:是在机器或部件中确定零件位置的一些面、线或点,通常选择其中之一作为尺寸标注的主要基准。

②工艺基准:是在加工或测量时确定零件位置的一些面、线或点,通常作为尺寸标注的辅助基准。

图 8-16 所示是在装配图中轴的设计基准和工艺基准的具体例子。

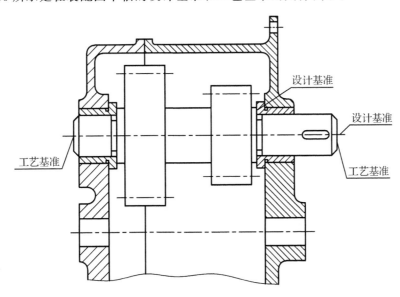

图 8-16　两种基准的具体例子

因为基准是每个方向上尺寸的起点,所以在三个方向(长、宽、高)上至少都应有一个基准,这个基准称为主要基准。除主要基准外的基准都称为辅助基准。主要基准与辅助基准之间应有直接或间接的尺寸联系,以确定辅助基准的位置。

(2)选择基准的原则

在标注尺寸时,尽可能使设计基准与工艺基准一致,以减少两个基准不重合而引起的尺寸误差。当设计基准与工艺基准不一致时,应以保证设计要求为主,将重要尺寸从设计基准注出,其他尺寸从工艺基准注出,以便加工和测量。标注尺寸时,通常选择零件上的对称平面、安装底平面、重要端面、零件的结合面、主要孔和轴的轴线等作为某个方向的尺寸基准。

2. 尺寸标注的形式

根据尺寸在图上的布置特点,尺寸标注的形式有下列三种。

（1）链状法

链状法即把尺寸依次注写成链状，如图 8-17 所示。

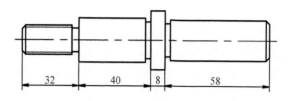

图 8-17　链状法标注尺寸

（2）坐标法

坐标法即把尺寸从一事先选定的基准注起，如图 8-18 所示。坐标法用于标注需要从一个基准定出一组精确尺寸的零件。

（3）综合法

综合法尺寸标注是链状法和坐标法的综合，如图 8-19 所示。

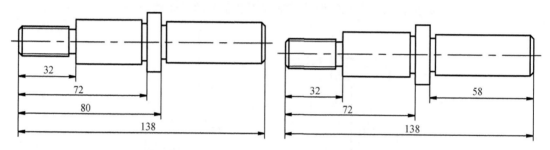

图 8-18　坐标法标注尺寸　　　　　　图 8-19　综合法标注尺寸

标注零件的尺寸时，多用综合法。

3. 合理标注尺寸应注意的问题

（1）功能尺寸要直接注出

功能尺寸是指那些影响产品工作性能、精度及互换性的重要尺寸。这类尺寸应从设计基准直接注出。图 8-20 中的尺寸 51 为功能尺寸，应直接在图上注出，以保证精度要求。

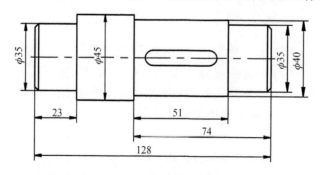

图 8-20　功能尺寸直接注出

（2）避免出现封闭的尺寸链

封闭的尺寸链是指一个零件同一方向上的尺寸像车链一样，一环扣一环首尾相连，成为封闭形状的情况，如图 8-21(a)所示，各分段尺寸与总体尺寸间形成封闭的尺寸链。这在机器生产中是不允许的,因为各段尺寸加工不可能绝对准确,总有一定尺寸误差,而各段尺寸误差的和不可能正好等于总体尺寸的误差。为此,在标注尺寸时,应将次要的轴段尺寸空出不注(称为开口环),如图 8-21(b)所示。这样,其他各段加工的误差都积累至这个不要求检验的尺寸上,而全长及主要轴段的尺寸则因此得到保证。

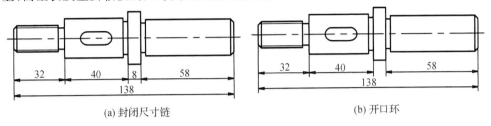

(a) 封闭尺寸链   (b) 开口环

图 8-21 尺寸链

(3)标注尺寸要符合加工顺序

按加工顺序标注尺寸,符合加工过程,便于加工和测量。图 8-22 所示的小轴,长度方向尺寸 51 为功能尺寸,要直接注出,其余都按加工顺序标注。

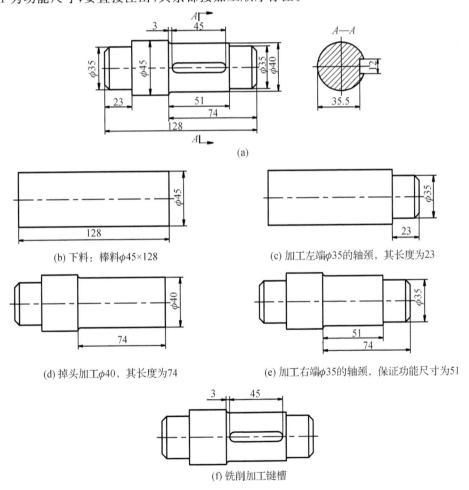

图 8-22 轴的加工顺序与标注尺寸的关系

（4）不同工种的尺寸分开标注

一个零件一般经过几种加工方法（如车、铣、刨、钻、磨等）才能制成。在标注尺寸时，最好将同一加工方法的有关尺寸集中标注，便于看图加工。图 8-22(a)所示小轴上的键槽是铣削加工得到的，因此，这部分的尺寸集中在两处(3、45、12、35.5)标注，看起来就比较方便。

（5）考虑测量方便

尺寸标注有多种方案，但要注意所注的尺寸是否便于测量。图 8-23(a)中的尺寸是由设计基准标注出圆心的尺寸，但不易测量；而图 8-23(b)中的尺寸考虑了测量方便。

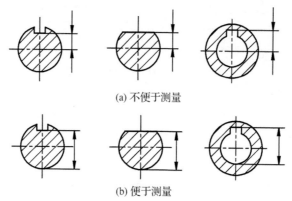

(a) 不便于测量

(b) 便于测量

图 8-23 尺寸标注要便于测量

（6）零件上常见典型结构的尺寸注法

零件上常见典型结构的尺寸注法如表 8-1 所列。

表 8-1 零件上常见典型结构的尺寸注法

类 型	旁注法		普通注法	说 明
光孔	4×φ4▽10	4×φ4▽10	4×φ4 ⟍ 10	表示 4 个直径为 4 mm、深度为 10 mm 的光孔
螺纹孔	3×M6-7H	3×M6-7H	3×M6-7H	表示 3 个公称直径为 6 mm 的螺纹孔
	3×M4-7H▽8	3×M4-7H▽8	3×M4-7H ⟍ 8	表示 3 个公称直径为 4 mm、螺纹深度为 8 mm 的螺纹孔
	3×M4-7H▽8 孔▽10	3×M4-7H▽8 孔▽10	3×M4-7H ⟍ 8 ⟍ 10	表示 3 个公称直径为 4 mm、螺纹深度为 8 mm、光孔深度为 10 mm 的螺纹孔

类　型	旁注法		普通注法	说　明
沉孔	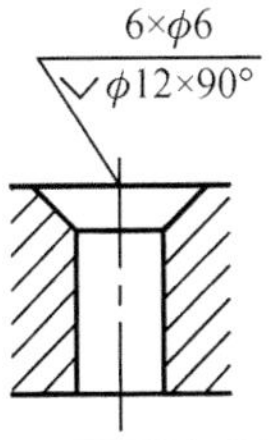 $6\times\phi6$ ∨$\phi12\times90°$	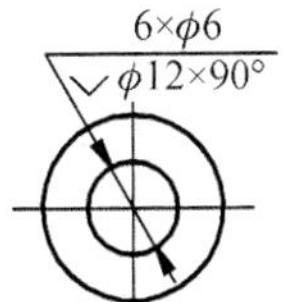 $6\times\phi6$ ∨$\phi12\times90°$	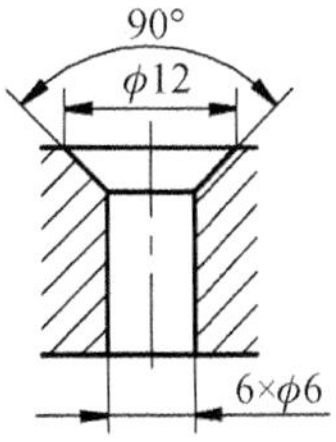 $90°$ $\phi12$ $6\times\phi6$	表示 6 个直径为 6 mm 的锥形沉孔
	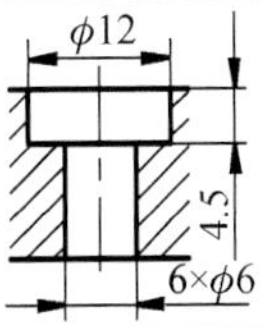 $\phi12$ 4.5 $6\times\phi6$	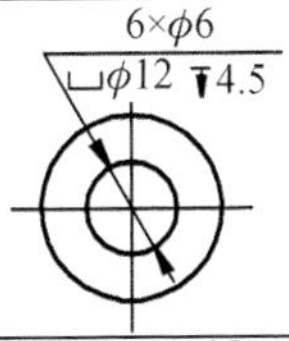 $6\times\phi6$ ⊔$\phi12$⫪4.5	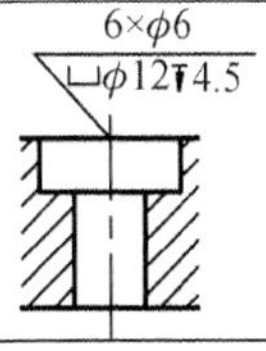 $6\times\phi6$ ⊔$\phi12$⫪4.5 $6\times\phi6$	表示 6 个小直径为 6 mm、大直径为 12 mm 的柱形沉孔
	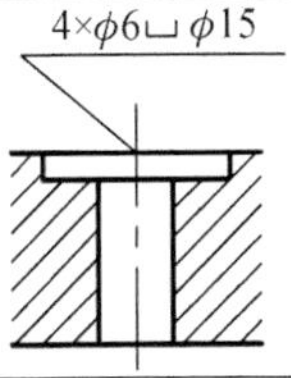 $4\times\phi6$⊔$\phi15$	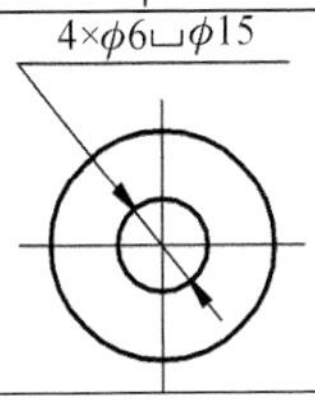 $4\times\phi6$⊔$\phi15$	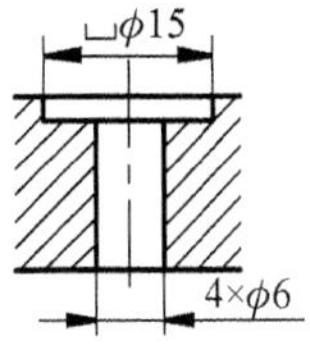 ⊔$\phi15$ $4\times\phi6$	锪平面ϕ15 的深度不需要标注,一般锪平到不出现毛面为止
45°倒角注法	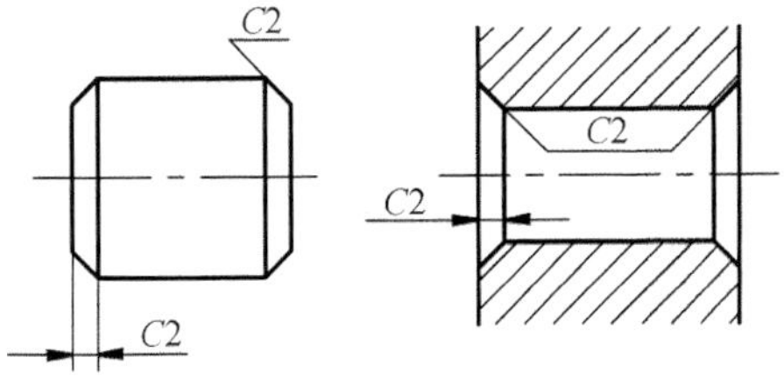 $C2$ $C2$	$C2$ $C2$		$C2$ 表示 45° 倒角,其中,C 表示 45°,2 表示倒角的高
30°倒角注法	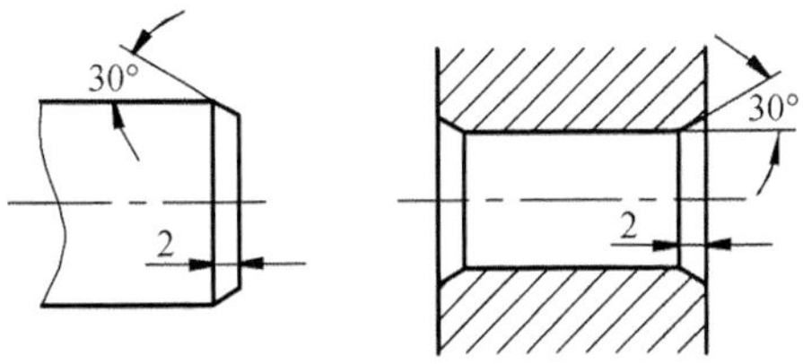 $30°$ 2	$30°$ 2		30°倒角,2 表示倒角的高
退刀槽、越程槽注法	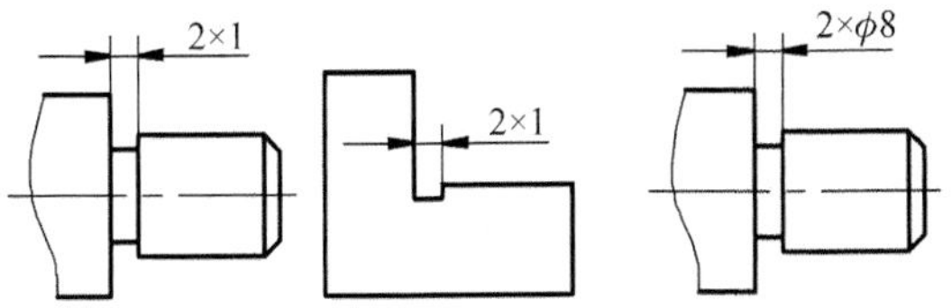 2×1 槽宽×槽深	2×1	$2\times\phi8$ 槽宽×半径	2×1 表示退刀槽的宽度为 2,深度为 1;$2\times\phi8$ 表示退刀槽的宽度为 2 mm,直径为 8 mm
正方形平面、板厚的标注	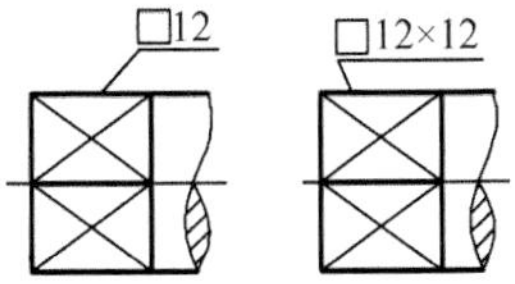 □12　12×12 表示该处剖面为正方形结构,正方形边长为 12 mm		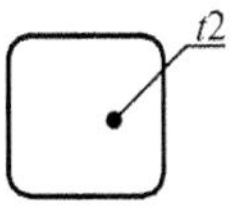 $t2$ 表示板厚 2 mm	□表示正方形;t 表示厚度

8.4 零件图上的技术要求

零件图上注写的技术要求,包括表面结构要求、极限与配合、形状和位置公差、热处理及表面涂层、零件材料以及零件加工、检验的要求等项目。其中有些项目,如表面结构要求、极限与配合、形状和位置公差等要按标准规定的代号或符号注写在零件图上;没有规定代号或符号的项目可用文字简明地注写在零件图的下方空白处。本节主要介绍表面结构要求、极限与配合两部分技术要求。

8.4.1 表面结构要求(GB/T 131—2006)

1.表面结构的基本概念及术语

(1)表面结构的基本概念

零件的各个表面,不管加工得多么光滑,在放大镜下观察,都可以看到高低不平的情况,如图 8-24 所示。因此,把加工表面上具有较小间距和微小峰谷所组成的微观几何形状特性称为粗糙度轮廓。粗糙度轮廓严重影响产品的质量和使用寿命,在技术产品文件中必须限定粗糙度的范围。

(2)表面结构术语

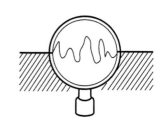

图 8-24 零件轮廓示意图

粗糙度轮廓是衡量零件表面特征的重要标志之一,下面是有关粗糙度轮廓的术语。

①中线:具有几何轮廓形状并划分轮廓的基准线。中线就是粗糙度轮廓坐标系的 x 轴,如图 8-25 所示。

②取样长度 l:用于判别和测量表面粗糙度时所规定的一段基准线长度,如图 8-25 所示。

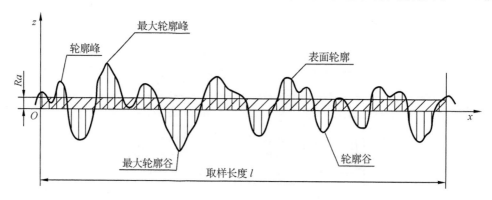

图 8-25 表面粗糙度的常用术语

③算术平均偏差 Ra:本节仅介绍评定粗糙度轮廓的高度参数 Ra。

在零件表面的一段取样长度 l 内,轮廓上的各点到 x 轴(中线)的纵坐标值 $Z(x)$ 绝对值的算术平均值,即

$$Ra = \frac{1}{l}\int_0^l |Z(x)|\, \mathrm{d}x$$

表 8-2 中列出了轮廓算术平均偏差 Ra 的系列值。

2. 标注表面结构的图形符号和代号

（1）表面结构图形符号及含义

表面结构图形符号及含义如表 8-3 所列。

表 8-2 轮廓算术平均偏差 *Ra* 的系列值   μm

Ra				
0.012	0.100	0.8	6.3	50
0.025	0.2	1.6	12.5	100
0.050	0.4	3.2	25	

表 8-3 表面结构图形符号及含义

符　号	意义及说明
 ✓	基本图形符号，未指定工艺方法的表面，仅适用于简化代号的标注
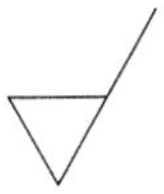 ✓	扩展图形符号，基本符号加一短画，表示表面使用去除材料的方法获得。例如，车、铣、钻、磨、剪切、抛光、腐蚀、电火花加工等
 ✓	扩展图形符号，基本符号加一小圆，表示表面使用不去除材料的方法获得。例如，铸造、锻造、冲压变形、热轧、冷轧、粉末冶金等
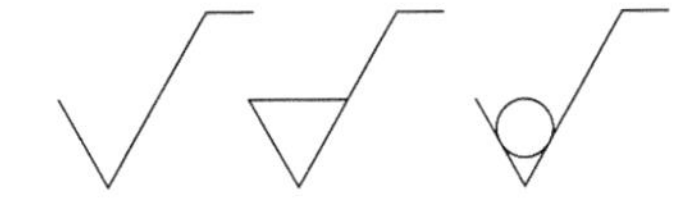 ✓ ✓ ✓	完整图形符号，在上述三个符号的长边上均可加一横线，用于标注表面结构参数的补充信息
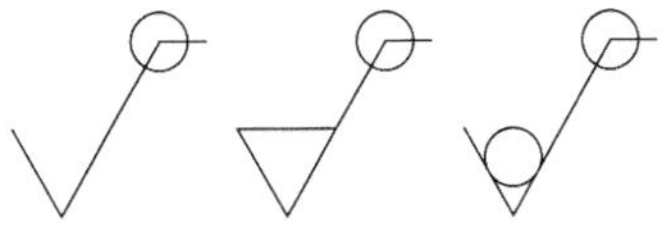 ✓ ✓ ✓	零件轮廓各表面的图形符号，在上述三个符号上均可加一小圆，表示某个视图上组成封闭轮廓的各表面有相同的表面结构要求

（2）表面结构图形画法及尺寸

图样上零件表面结构图形符号的画法如图 8-26 所示。

$H_1=1.4h$，$H_2=2H_1$，h 为字高

图 8-26 表面结构符号的画法

表面结构完整图形符号的组成：为了明确表面结构要求，除了标注表面结构参数和数值外，必要时应标注补偿要求，包括传输带、取样长度、加工工艺、表面纹理及方向、加工余量等。这些要求在符号中的注写位置如图 8-27 所示。

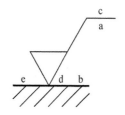

注：位置 a—注写表面结构单一要求；

　　位置 a 和 b—位置 a 注写第一表面结构要求，位置 b 注写第二表面结构要求；

　　位置 c——注写加工方法、表面处理、涂层等工艺要求，如车、磨、镀等；

　　位置 d——注写要求的表面纹理和纹理方向符号；

　　位置 e——加工余量（mm）。

图 8-27　表面结构要求的注写位置

（3）表面结构代号示例

表面结构代号示例如表 8-4 所列。

表 8-4　表面结构代号示例

代　号	含义/解释
$\sqrt{}$ Ra 3.2	表示去除材料，单向上限值（默认），默认传输带，R 轮廓，粗糙度算术平均偏差极限值 3.2 μm，评定长度为 5 个取样长度（默认），"%16 规则"（默认）；表面纹理没有要求
铣 $\sqrt{}$ Ra 3.2	表示用铣削的方法去除材料，单向上限值（默认），默认传输带，R 轮廓，粗糙度算术平均偏差极限值 3.2 μm，评定长度为 5 个取样长度（默认），"%16 规则"（默认）；表面纹理没有要求
$\sqrt{}$ URa 3.2 LRa 0.8	表示去除材料，双向极限值，R 轮廓，上限值为算术平均偏差 3.2 μm，下限值为算术平均偏差 0.8 μm，两极限值均使用默认传输带，评定长度为 5 个取样长度（默认），"16% 规则"（默认）

（4）表面结构代（符）号在图样上的标注方法

①表面结构要求对每一表面一般只标注一次，并尽可能注在相应的尺寸及其公差的同一视图上。除非另有说明，所标注的表面结构要求是对完工零件表面的要求。

②表面结构的注写和读取方向与尺寸的注写和读取方向一致。表面结构要求可标注在轮廓线上，其符号应从材料外指向并接触表面，如图 8-28 所示。必要时表面结构也可用带箭头或黑点的指引线引出标注，如图 8-28 和图 8-29 所示。

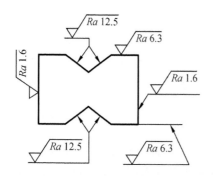

图 8-28　表面结构要求的注写方向及位置

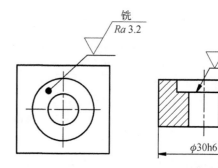

图 8-29　用指引线引出标注

在不致引起误解时，表面结构要求可标注在给定的尺寸线上，如图 8-30 所示。

③有相同表面结构要求的注法：如果工件的全部和多数表面有相同的表面结构要求，则其表面结构要求可统一标注在图样标题栏附近。此时（除全部表面有相同要求的情况外）表面结

构要求的代号后面应有以下两种：

　　➤ 在圆括号内给出无任何其他标注的基本符号，如图 8-31(a)所示。

　　➤ 在圆括号内给出不同的表面结构要求，如图 8-31(b)所示。

　　④多个表面有共同要求的注法：当多个表面具有相同的表面结构要求或图纸空间时，可以采用简化注法。可用带字母的完整符号，以等式的形式，在图形或标题栏附近，对有相同表面结构要求的表面进行简化注法，如图 8-32 所示。

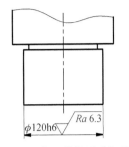

图 8-30　表面结构要求标注在尺寸线上

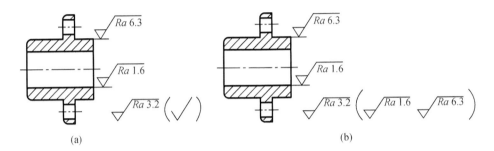

(a)　　　　　　　　　　　　　(b)

图 8-31　大多数表面有相同表面结构要求的简化注法

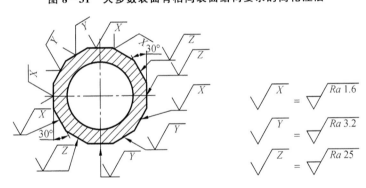

图 8-32　用带字母的完整符号对有相同表面结构要求的表面采用简化注法

　　⑤两种或多种工艺获得的同一表面的注法：由几种不同的工艺方法获得的同一表面，当需要明确每种工艺方法的表面结构要求时，可在国家标准规定的图线上标注相应的表面结构代号。图 8-33 表示同时给出镀覆前后的表面结构要求的注法。

8.4.2　极限与配合

　　在一批相同的零件中任取其中一个，不经挑选和修配就能装到机器上，并能达到使用要

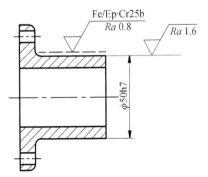

图 8-33　同时给出镀覆前后的表面结构要求的注法

求的性质,称为互换性。零件具有互换性,必须要求尺寸的准确性,但并不是要求其尺寸绝对一样,而是限定在一个合理的范围内变动,以满足不同的使用要求,这就形成了"极限与配合"制度。本部分将重点学习国家标准中有关极限与配合的基本概念以及公差与配合在图样上的标注方法。

1. 尺寸公差的概念(GB/T 1800.1—2009 和 GB/T 1800.2—2009)

零件在制造的过程中,受到机床、刀具、测量等因素的影响,不可能把零件的尺寸做得绝对准确。为保证零件的互换性,必须将零件的尺寸控制在允许的变动范围,这个允许的变动量就称为尺寸公差,简称公差。下面以图 8-34 来说明尺寸公差的一些术语和定义。

(1)公称尺寸:根据零件的功能、强度、结构和工艺要求,设计确定的尺寸。

(2)实际尺寸:通过测量所得到的尺寸。

(3)极限尺寸:允许尺寸变化的两个界限值。它以基本尺寸为基数来确定,两个界限值中大者称为上极限尺寸,小者称为下极限尺寸。

(4)尺寸偏差(简称偏差):某一极限尺寸减其公称尺寸所得的代数值。尺寸偏差有

$$上极限偏差=上极限尺寸-公称尺寸$$
$$下极限偏差=下极限尺寸-公称尺寸$$

上、下极限偏差统称为极限偏差。极限偏差可以是正值、负值或零。

国家标准规定:孔的上极限偏差代号为 ES,下极限偏差代号为 EI;轴的上极限偏差代号为 es,下极限偏差代号为 ei。

(5)尺寸公差(简称公差):允许尺寸的变动量。

$$尺寸公差=上极限尺寸-下极限尺寸=上极限偏差-下极限偏差$$

因为上极限尺寸总是大于下极限尺寸,所以尺寸公差一定为正值。

(6)零线:在公差与配合图解中,零线是表示公称尺寸的一条直线,以其为基准确定偏差和公差,即偏差值为 0 的一条基准直线。位于零线之上的偏差值为正,位于零线之下的偏差值为负。

(7)公差带和公差带图:公差带是表示公差大小和相对于零线位置的一个区域。为了便于分析,一般将尺寸公差与公称尺寸的关系按放大比例画出简图,称为公差带图,如图 8-35 所示。在公差带图中,上、下偏差的距离应成比例,公差带方框的左右长度根据需要任意确定。一般用左低右高斜线表示孔的公差带,用左高右低的斜线表示轴的公差带。

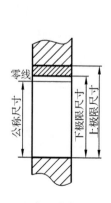

图 8-34 公称尺寸、上极限尺寸和下极限尺寸

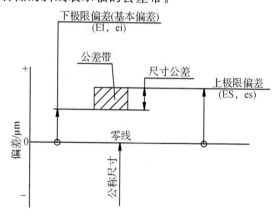

图 8-35 公差带图

2. 标准公差与基本偏差

（1）标准公差

用以确定公差带大小的公差即为标准公差。标准公差是基本尺寸和公差等级的函数。对于一定的基本尺寸,公差等级越高,标准公差越小,尺寸的精确程度越高。基本尺寸和公差等级相同的孔与轴,它们的标准公差值相等。国家标准把≤500 mm的基本尺寸范围分成13段,按不同的公差等级列出了各段基本尺寸的公差值,表8-5中列出了部分标准公差数值。

表 8-5　部分标准公差数值(GB/T 1800.4—1999)

基本尺寸 /mm		标准公差等级																			
		μm												mm							
大于	至	IT01	IT0	IT1	IT2	IT3	IT4	IT5	IT6	IT7	IT8	IT9	IT10	IT11	IT12	IT13	IT14	IT15	IT16	IT17	IT18
—	3	0.3	0.5	0.8	1.2	2	3	4	6	10	14	25	40	60	0.1	0.14	0.25	0.4	0.6	1	1.4
3	6	0.4	0.6	1	1.5	2.5	4	5	8	12	18	30	48	75	0.12	0.18	0.3	0.48	0.75	1.2	1.8
6	10	0.4	0.6	1	1.5	2.5	4	6	9	15	22	36	58	90	0.15	0.22	0.36	0.58	0.9	1.5	2.2
10	18	0.5	0.8	1.2	2	3	5	8	11	18	27	43	70	110	0.18	0.27	0.43	0.7	1.1	1.8	2.7
18	30	0.6	1	1.5	2.5	4	6	9	13	21	33	52	84	130	0.21	0.33	0.52	0.84	1.3	2.1	3.3
30	50	0.6	1	1.5	2.5	4	7	11	16	25	39	62	100	160	0.25	0.39	0.62	1	1.6	2.5	3.9
50	80	0.8	1.2	2	3	5	8	13	19	30	46	74	120	190	0.3	0.46	0.74	1.2	1.9	3	4.6
80	120	1	1.5	2.5	4	6	10	15	22	35	54	87	140	220	0.35	0.54	0.87	1.4	2.2	3.5	5.4
120	180	1.2	2	3.5	5	8	12	18	25	40	63	100	160	250	0.4	0.63	1	1.6	2.5	4	6.3
180	250	2	3	4.5	7	10	14	20	29	46	72	115	185	290	0.46	0.72	1.15	1.85	2.9	4.6	7.2
250	315	2.5	4	6	8	12	16	23	32	52	81	130	210	320	0.52	0.81	1.3	2.1	3.2	5.2	8.1
315	400	3	5	7	9	13	18	25	36	57	89	140	230	360	0.57	0.89	1.4	2.3	3.6	5.7	8.9
400	500	4	6	8	10	15	20	27	40	63	97	155	250	400	0.63	0.97	1.55	2.5	4	6.3	9.7

注:1. 字母 IT 表示标准公差。

　　2. 基本尺寸小于或等于 1 mm 时,无 IT14～IT18。

（2）基本偏差

在公差带图中,将距离零线最近的那个极限偏差称为"基本偏差",用来确定公差带相对于零线的位置,如图 8-35 所示。当公差带在零线的上方时,基本偏差为下偏差;反之则为上偏差。

基本偏差系列:根据机器中零件结合关系的要求不同,国家标准规定了 28 种基本偏差,这28 种基本偏差就构成了基本偏差系列,其代号由 26 个拉丁字母中去掉了容易相混的 I、L、O、Q、W 五个单字母,加入 CD、EF、FG、JS、ZA、ZB、ZC 七种双字母组成。其中大写字母表示孔,小写字母表示轴,如图 8-36 所示。图中未封口端表示公差值未定。

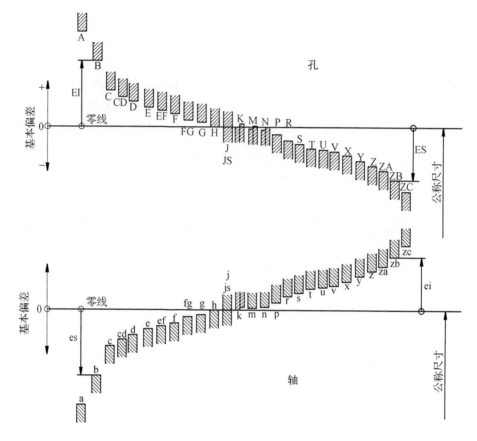

图 8 - 36　基本偏差系列

（3）公差带代号

公差带代号由"基本偏差代号"和"公差等级"组成，如 f6、k7、f7 等（具体数值参见附录六）。例如：

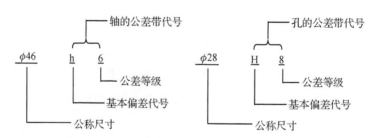

3. 配　合

（1）配合的定义

将机器或部件中"公称尺寸"相同，并且相互结合的孔与轴（也包括非圆表面）公差带之间的关系称为配合。通俗地讲，配合就是指"公称尺寸"相同的孔与轴结合后的松紧程度。

（2）配合的种类

由于机器或部件在工作时有各种不同的要求，因此，零件间配合的松紧程度也不一样。国家标准规定，配合分为间隙配合、过盈配合和过渡配合三大类。

①间隙配合：公称尺寸相同的孔与轴结合时，孔的公差带位于轴的公差带上方。它的特点

是:孔与轴结合后,有间隙存在(包括最小间隙为零),如图 8 - 37(a)所示。主要用于两配合表面间有相对运动的地方。

　②过盈配合:公称尺寸相同的孔与轴结合时,轴的公差带位于孔的公差带上方。它的特点是:孔与轴结合后,有过盈存在(包括最小过盈为零),如图 8 - 37(b)所示。主要用于两配合表面间要求紧固连接的场合。

　③过渡配合:公称尺寸相同的孔与轴结合时,孔、轴公差带互相交叠,任取一对孔和轴配合,可能具有间隙,也可能具有过盈。其特点是:孔的实际尺寸可能大于、也可能小于轴的实际尺寸,如图 8 - 37(c)所示。主要用于要求对中性较好的情况。

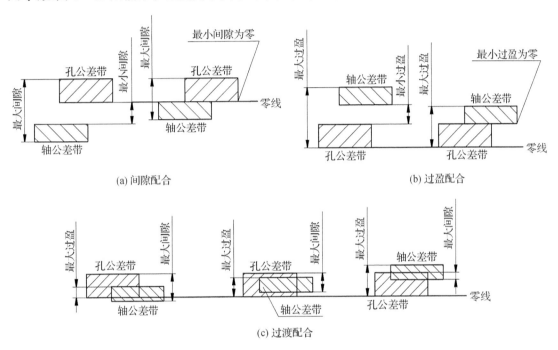

图 8 - 37　配合的种类

(3)配合的基准制

国家标准规定了两种常用的配合基准制:基孔制和基轴制。

　①基孔制:基本偏差为一定的孔的公差带与不同基本偏差的轴的公差带形成各种配合的一种制度,即将孔的公差带位置固定,通过变动轴的公差带位置,得到各种不同的配合,如图 8 - 38(a)所示。在基孔制配合中选作基准的孔称为基准孔。国家标准规定,基孔制中基准孔的基本偏差为 H,其下极限偏差为 0。

　②基轴制:基本偏差为一定的轴的公差带与不同基本偏差的孔的公差带形成各种配合的一种制度,即将轴的公差带位置固定,通过变动孔的公差带位置,得到各种不同的配合,如图 8 - 38(b)所示。在基轴制配合中选作基准的轴,称为基准轴。国家标准规定,基轴制中基准轴的基本偏差为 h,其上极限偏差为 0。

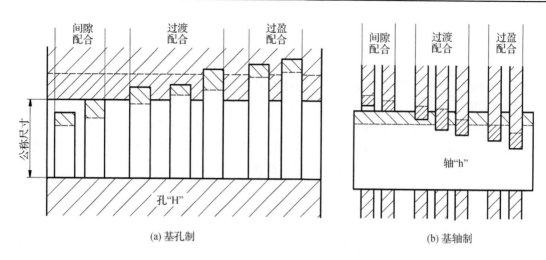

(a) 基孔制   (b) 基轴制

图 8-38　基孔制与基轴制

从基本偏差系列图(图 8-36)中可以看出,基孔制(基轴制)中,a～h(A～H)用于间隙配合;j～zc(J～ZC)用于过渡配合和过盈配合。

国家标准根据机械工业产品生产和使用的需要,制定了优先和常用配合。在设计零件时,应尽量选用优先和常用配合,表 8-6 和表 8-7 所列为优先和常用的配合。

表 8-6　基孔制优先和常用配合(GB/T 1801—2009)

基准孔	轴																				
	a	b	c	d	e	f	g	h	js	k	m	n	p	r	s	t	u	v	x	y	z
	间隙配合								过渡配合			过盈配合									
H6						$\frac{H6}{f5}$	$\frac{H6}{g5}$	$\frac{H6}{h5}$	$\frac{H6}{js5}$	$\frac{H6}{k5}$	$\frac{H6}{m5}$	$\frac{H6}{n5}$	$\frac{H6}{p5}$	$\frac{H6}{r5}$	$\frac{H6}{s5}$	$\frac{H6}{t5}$					
H7						$\frac{H7}{f6}$	$\frac{H7}{g6}$ ▲	$\frac{H7}{h6}$ ▲	$\frac{H7}{js6}$	$\frac{H7}{k6}$ ▲	$\frac{H7}{m6}$	$\frac{H7}{n6}$ ▲	$\frac{H7}{p6}$ ▲	$\frac{H7}{r6}$	$\frac{H7}{s6}$ ▲	$\frac{H7}{t6}$	$\frac{H7}{u6}$ ▲	$\frac{H7}{v6}$	$\frac{H7}{x6}$	$\frac{H7}{y6}$	$\frac{H7}{z6}$
H8				$\frac{H8}{e7}$		$\frac{H8}{f7}$ ▲	$\frac{H8}{g7}$	$\frac{H8}{h7}$ ▲	$\frac{H8}{js7}$	$\frac{H8}{k7}$	$\frac{H8}{m7}$	$\frac{H8}{n7}$	$\frac{H8}{p7}$	$\frac{H8}{r7}$	$\frac{H8}{s7}$	$\frac{H8}{t7}$	$\frac{H8}{u7}$				
				$\frac{H8}{d8}$	$\frac{H8}{e8}$	$\frac{H8}{f8}$		$\frac{H8}{h8}$													
H9			$\frac{H9}{c9}$	$\frac{H9}{d9}$ ▲	$\frac{H9}{e9}$	$\frac{H9}{f9}$		$\frac{H9}{h9}$ ▲													
H10			$\frac{H10}{c10}$	$\frac{H10}{d10}$				$\frac{H10}{h10}$													
H11	$\frac{H11}{a11}$	$\frac{H11}{b11}$	$\frac{H11}{c11}$ ▲	$\frac{H11}{d11}$				$\frac{H11}{h11}$ ▲													
H12		$\frac{H12}{b12}$						$\frac{H12}{h12}$	标▲者为优先配合												

注:$\frac{H6}{n5}$ 和 $\frac{H7}{p6}$ 在公称尺寸小于或等于 3 mm,$\frac{H8}{r7}$ 在小于或等于 100 mm 时,为过渡配合。

表 8 - 7　基轴制优先和常用配合（GB/T 1801—2009）

基准孔	孔																			
	A	B	C	D	E	F	G	H	JS	K	M	N	P	R	S	T	U	V	X	Y	Z
	间隙配合								过渡配合			过盈配合									
h5						$\frac{F6}{h5}$	$\frac{G6}{h5}$	$\frac{H6}{h5}$	$\frac{JS6}{h5}$	$\frac{K6}{h5}$	$\frac{M6}{h5}$	$\frac{N6}{h5}$	$\frac{P6}{h5}$	$\frac{R6}{h5}$	$\frac{S6}{h5}$	$\frac{T6}{h5}$					
h6						$\frac{F7}{h6}$ ▲	$\frac{G7}{h6}$ ▲	$\frac{H7}{h6}$ ▲	$\frac{JS7}{h6}$	$\frac{K7}{h6}$ ▲	$\frac{M7}{h6}$ ▲	$\frac{N7}{h6}$ ▲	$\frac{P7}{h6}$	$\frac{R7}{h6}$	$\frac{S7}{h6}$ ▲	$\frac{T7}{h6}$	$\frac{U7}{h6}$ ▲				
h7					$\frac{E8}{h7}$	$\frac{F8}{h7}$ ▲		$\frac{H8}{h7}$ ▲	$\frac{JS8}{h7}$	$\frac{K8}{h7}$	$\frac{M8}{h7}$	$\frac{N8}{h7}$								
h8				$\frac{D8}{h8}$	$\frac{E8}{h8}$	$\frac{F8}{h8}$		$\frac{H8}{h8}$												
h9				$\frac{D9}{h9}$ ▲	$\frac{E9}{h9}$	$\frac{F9}{h9}$		$\frac{H9}{h9}$ ▲												
h10				$\frac{D10}{h10}$				$\frac{H10}{h10}$												
h11	$\frac{H11}{h11}$	$\frac{B11}{h11}$	$\frac{C11}{h11}$ ▲	$\frac{D11}{h11}$				$\frac{H11}{h11}$ ▲												
h12		$\frac{H12}{h12}$						$\frac{H12}{h12}$	标▲者为优先配合											

（4）配合制的选择

国家标准明确规定,在一般情况下,优先选用基孔制配合,因为加工中等尺寸的孔通常要用价格昂贵的扩孔钻、铰刀、拉刀等定直径刀具,而加工轴则可用一把车刀或砂轮加工不同的尺寸。因此,采用基孔制配合可以减少所用刀具、量具的数量,降低生产成本,提高经济效益。

在一些情况下,选用基轴制配合,经济效益更明显。例如,采用一根冷拉钢材做轴,不加工,与几个公称尺寸相同公差带不同的孔形成不同的配合等。

与标准件形成配合时,配合制的选择以标准件而定。例如,滚动轴承内圈与轴配合,采用基孔制配合;滚动轴承外圈与座体的孔配合,采用基轴制配合;键与键槽的配合也采用基轴制配合。

4. 极限与配合的标注（GB/T 4458.5—2003）

（1）零件图上的标注方法

在零件图上标注尺寸公差,有以下三种形式:

① 在公称尺寸后面注公差带代号,如ϕ28k7。这种标注方法适用于大批量生产（由该代号查相应国家标准可得该尺寸的极限偏差值）,如图 8 - 39（a）所示。

② 在公称尺寸后面只注极限偏差,如图 8 - 39（b）所示。这种注法适用于单件、小批量生产。上极限偏差写在公称尺寸的右上方,下极限偏差与公称尺寸注在同一底线上;偏差数值应比公称尺寸数字小一号;上、下极限偏差必须注出正、负,上、下极限偏差的小数点必须对齐,小数点后的数位也必须相同;当上极限偏差（或下极限偏差）为"零"时,用数字"0"标出,并与下极限偏差（或上极限偏差）的小数点前的个位对齐。

③ 在公称尺寸后面同时注出公差带代号和上、下极限偏差,这时上、下极限偏差必须加括号,如图 8-39(c)所示。这种注法适用于产量不确定的情况。上、下极限偏差绝对值相同时,上、下极限偏差数值只标注一次,在公称尺寸与偏差值之间加"±",如 $\phi30\pm0.010$。

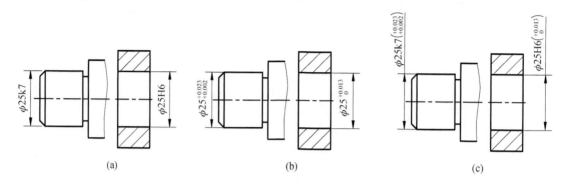

图 8-39 公差的标注形式

图样上有些尺寸虽未注公差,但仍有公差要求,其公差等级较低,在 IT12 以下,公差数值较大,易于保证。

(2)装配图中的标注方法

在装配图中标注配合代号。配合代号由孔与轴的公差带代号组成,写为分数形式,分子为孔的公差带代号,分母为轴的公差带代号,可写为 H7/k6,也可写为 $\frac{H7}{k6}$,如图 8-40 所示。通常分子中含有 H 的为基孔制;分母中含有 h 的为基轴制。配合代号中,凡分子上含有 H 的均为基孔制配合,凡分母上含有 h 的均为基轴制配合。凡分子上含有 H、分母中含有 h 的配合,可认为是基孔制配合,也可认为是基轴制配合,而且是最小间隙为零的一种间隙配合。

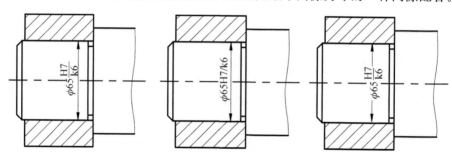

图 8-40 配合在装配图中的标注

8.5 典型零件分析

零件的形状各异,按功能、结构特点、视图特点综合考虑可将零件归纳为轴套类、轮盘类、叉架类和箱体类四类零件。本节对这四类零件图例从用途、表达方案、尺寸标注和技术要求等几个方面进行一些重点分析。

8.5.1 轴套类零件

1. 用途

轴一般是用来支承传动零件和传递动力的。套一般是装在轴上,起轴向定位、传动或连接等作用。图 8 - 41 所示是轴零件图。

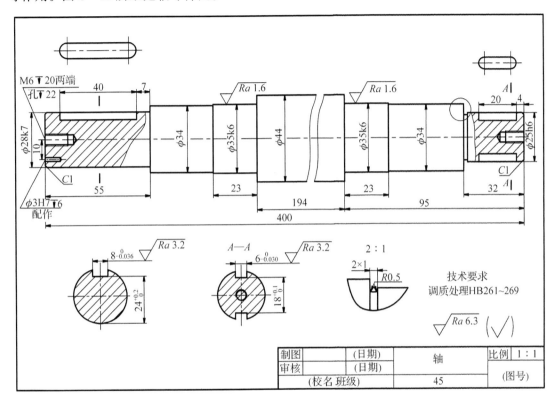

图 8 - 41 轴零件图

2. 表达方案

轴套类零件一般在车床上加工,所以应按形状特征和加工位置确定主视图,轴线水平放置,大头在左,小头在右,键槽、孔等结构朝上或者朝前。轴套类零件的主要结构形状是回转体,一般只需一个视图。

轴套类零件的其他结构,如键槽、螺纹退刀槽、砂轮越程槽和螺纹孔等可以用剖视、断面、局部视图和局部放大图等加以补充。对较长的零件,若其断面形状不变或按一定规律变化,还可以采用断裂表示法。

图 8 - 41 中,主视图采用了两处局部剖视,表达轴上的螺纹孔、销孔和键槽,对于 ϕ 44 的一段轴,其形状简单且较长,采用折断法来表示。为了表现出键槽的形状,采用了两个局部视图,两个键槽的深度均采用移出断面图来表达,砂轮越程槽采用 2:1 的局部放大图表达。

实心轴没有剖开的必要,但轴上个别的内部结构形状可以采用局部剖视。对空心套则需要剖开表达它的内部结构形状;外部结构形状简单,可采用全剖视;外部较复杂则用半剖视或局部剖视;内部简单也可不剖或采用局部剖视。

3. 尺寸标注

(1)轴套类零件的宽度和高度方向的主要基准是回转轴线,长度方向的主要基准是端面或台阶面。图 8-41 中以 $\phi44$ 的左端面作为长度方向的主要基准,标注尺寸 23、194 和 95。以轴的右端面为长度方向的辅助基准,再以尺寸 400 为联系,得到轴的左端面为长度方向的辅助基准,标注尺寸 55 等。

(2)主要形状是同轴回转体组成的,因而省略了两个方向(宽度和高度)定位尺寸。

(3)功能尺寸必须直接标注出来,其余尺寸按加工顺序标注。

(4)为了清晰和便于测量,在剖视图上,内外结构形状的尺寸应分开标注。

(5)零件上的标准结构(倒角、退刀槽、越程槽、键槽)较多,应按标准规定标注。

4. 技术要求

有配合要求的表面,其表面粗糙度参数值较小。$\phi35k6$ 轴段是要和其他零件配合的表面,其表面粗糙度参数值较小。其他无配合要求的表面粗糙度参数值较大。

有配合要求的轴颈尺寸公差等级较高,公差较小。无配合要求的轴颈尺寸公差等级低或无须标注。

8.5.2 轮盘盖类零件

1. 用 途

轮盘类零件包括手轮、胶带轮、端盖、阀盖、齿轮等。轮一般用来传递动力和扭矩,盘主要起支承、轴向定位以及密封等作用。

2. 表达方案

轮盘类零件主要是在车床上加工,所以应按形状特征和加工位置选择主视图,轴线水平放置。对有些不以车床加工为主的零件可按形状特征和工作位置确定主视图。

轮盘类零件一般需要两个主要视图。图 8-42 主视图采用两相交剖切平面剖得的全剖视图,左视图采用局部剖视图表达。

轮盘类零件的其他结构形状(如轮辐)可用移出断面或重合断面表示。

根据轮盘类零件的结构特点(空心的),各个视图具有对称平面时,可作半剖视;无对称平面时,可作全剖视。

3. 尺寸标注

轮盘类零件的宽度和高度方向的主要基准也是回转轴线,长度方向的主要基准是经过加工的大端面。

定形尺寸和定位尺寸都比较明显,尤其是在圆周上分布的小孔的定位圆直径是这类零件的典型定位尺寸,多个小孔一般采用如"$6\times\phi9EQS$"的形式标注,EQS(均布)就意味着等分圆周,角度定位尺寸就不必标注,如果均布很明显,EQS 也可不加标注。

内外结构形状仍应分开标注。

4. 技术要求

有配合的内、外表面粗糙度参数较小;起轴向定位作用的端面,表面粗糙度参数值也较小。$\phi26H7$、$\phi48H9$、$\phi86g6$ 是有配合要求的表面,$\phi144$ 圆柱的右端面是起轴向定位作用的端面,这些表面粗糙度参数较小。

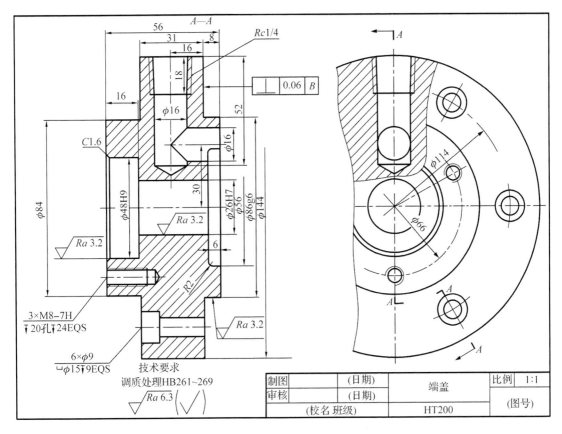

图 8 - 42 端盖零件图

有配合的孔和轴的尺寸公差较小并有同轴度要求,与其他运动零件相接触的表面有垂直度的要求。

8.5.3 叉架类零件

1. 用 途

叉架类零件包括各种用途的拨叉和支架。拨叉主要用于机床等各种机器上的操纵机构,操纵机器,调节速度。支架主要起支承和连接的作用。

2. 表达方案

叉架类零件一般都是铸件,形状较为复杂,需经不同的机械加工,而加工位置各异。所以在选主视图时,主要按零件的形状特征和工作位置(或自然位置)确定。图 8 - 43 中,主视图的拨叉形状特征就比较明显。

叉架类零件的结构形状较为复杂,一般需要两个以上的视图。由于它的某些结构形状不平行于基本投影面,所以常常采用斜视图、斜剖视和断面表示法,如图 8 - 43 的斜视图和断面图。对零件上的一些内部结构形状可采用局部剖视;对某些较小的结构形状,也可采用局部放大图。

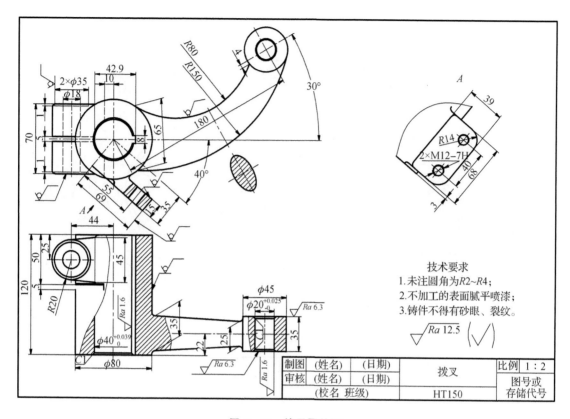

图 8 - 43 拨叉零件图

3. 尺寸标注

叉架类零件的长度、宽度、高度方向的主要基准一般为孔的中心线（轴线）、对称平面和较大的加工平面。

叉架类零件的定位尺寸较多，要注意能否保证定位的精度。一般要求标注出孔中心线（或轴线）间的距离，或孔中心线（轴线）到平面的距离、平面到平面的距离。

定形尺寸一般都采用形体分析法标注尺寸，便于制作模样。一般情况下，内外结构形状要注意保持一致。起模斜度、圆角也要标注出来。

4. 技术要求

表面粗糙度、尺寸公差等技术要求没有特殊要求。

8.5.4 箱体类零件

1. 用 途

箱体类零件包括各种箱体、壳体、泵体等，多为铸造件。在机器中该类零件主要起支承、容纳其他零件以及定位和密封等作用。图 8 - 44 是座体零件图。

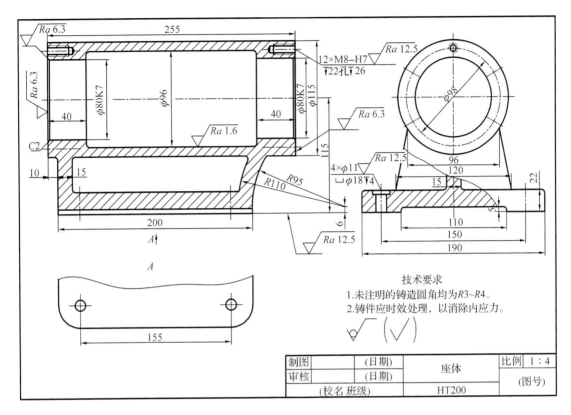

技术要求
1. 未注明的铸造圆角均为R3~R4。
2. 铸件应时效处理,以消除内应力。

制图		(日期)	座体	比例	1:4
审核		(日期)			(图号)
(校名 班级)			HT200		

图 8-44 座体零件图

2. 表达方案

箱体类零件多数经过较多工序制造而成,各工序的加工位置不尽相同,因而主视图主要按形状特征和工作位置确定。

箱体类零件结构形状一般都较复杂,常需用三个以上的基本视图进行表达。对内部结构形状采用剖视图表示。如果内、外部结构形状都较复杂,且投影并不重叠时,也可采用局部剖视;重叠时,外部结构形状和内部结构形状应分别表达;对局部的外、内部结构形状可采用局部视图、局部剖视图和断面图(如加强肋)来表示。

在图8-44所示的铣刀头座体零件图中,主视图采用了全剖视图,以表达圆筒的内部结构,并反映左、右支承板和底板的上下、左右位置关系;左视图用局部剖视图主要表达了该零件左端面上螺孔的分布情况,座体上左、右支承板的形状,中间肋板和底板的结构关系,以及底板上安装孔的结构;此外,还采用了一个A向视图来表达箱体底部的形状。

3. 尺寸标注

箱体类零件的长度、宽度和高度方向的主要基准采用孔的中心线(轴线)、对称平面和较大的加工平面。图8-44中,用轴孔的轴线作为高度方向的主要基准,直接注出轴孔的中心线至底面的高115,以此确定底板下表面的位置;以左端面作为长度方向的主要基准,以此确定轴承孔的长度尺寸40,还可以确定左支承侧板长度方向的位置,又可以该结合面为基准,用尺寸255来确定圆筒右端结合面的位置,再以右端面为长度方向的辅助基准,确定右端轴承孔的长度尺寸40;以该座体的前后对称平面作为宽度方向的尺寸基准,以尺寸190、150分别确定座体的宽度和底板安装孔的中心位置。

　　箱体类零件的定位尺寸更多,各孔中心线(或轴线)间的距离一定要直接标注出来。

　　定形尺寸仍用形体分析法标注。

4. 技术要求

　　箱体重要的孔和重要的表面,其表面粗糙度参数数值较小。箱体重要的孔和重要的表面应该有尺寸公差的要求。

8.6　读零件图

　　读零件图是指通过对零件图中所表达的四项内容的分析和理解,对图中所表达零件的结构形状、尺寸大小、技术要求等内容进行概括了解、具体分析和全面综合,从而理解设计意图,拟定合理的加工方案,以便加工出合格的零件;或进一步研究零件设计的合理性,以得到对零件设计的不断改进和创新。因此,读零件图是工程技术人员必须具备的能力和素质。本节介绍读零件图的方法和步骤。

8.6.1　读零件图的方法和步骤

1. 概括了解

　　首先从零件图的标题栏入手,了解零件名称、数量、材料、绘图比例等,并从装配图或其他途径了解零件在机器或部件中的作用及与其他零件之间的装配关系,对该零件有一个初步认识。

2. 分析视图,想象形状

　　读图时,必须首先找到主视图,弄清各视图之间的关系;其次分析各视图的表达方法,如选用视图、剖视、剖切面的位置及投射方向的意图等;最后,按照形体分析、线面分析法等利用各视图的投影对应关系,想象出零件内、外部的结构形状。

3. 分析尺寸

　　根据零件的类别和构型,首先找出零件长、宽、高各方向的尺寸基准,并根据设计要求分析确定各方向的主要基准和主要尺寸,然后运用形体分析方法找出各形体之间的定形尺寸、定位尺寸、零件的总体尺寸,并注意尺寸标注是否完整、合理。

4. 分析技术要求

　　根据零件图上标注的表面结构要求、尺寸公差及其他技术要求,明确主要加工面及重要尺寸,搞清楚零件各表面的质量指标,以便制定合理的加工工艺。

5. 综合归纳

　　综合上面的分析,在对零件的结构形状特点、功能作用等有了全面了解之后,才能对零件的加工工艺、制造要求有明确的认识,从而达到读懂零件图的目的。

8.6.2　读零件图实例

　　下面以图 8-45 所示齿轮油泵泵体的零件图为例说明读零件图的具体方法和步骤。

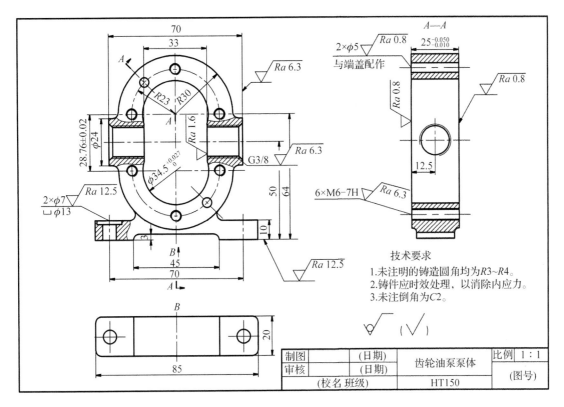

图 8 - 45 齿轮油泵泵体零件图

1. 概括了解

读标题栏知,该齿轮油泵泵体零件的材料为 HT150(灰口铸铁),因此它应具有铸造工艺结构。画图比例为 1:1,属箱体类零件。

2. 分析视图,想象形状

该图采用两个基本视图和一个 B 向视图,主视图采用三处局部剖视表示进、出油口与内部空腔的连通情况、底板上的安装孔以及前端面上螺钉孔和销孔的分布状况。左视图采用 A—A 全剖视图清楚地表示出了该零件内部空腔以及螺钉孔和销孔是通孔。B 向视图清楚地表达了该零件底板下方的形状及其上面安装孔的数量和分布。按照形体分析法详细分析各部分的形状及其相对位置,就可以想象出该泵体的整体形状。

3. 分析尺寸

该泵体在长度方向上以左右对称平面为主要基准。以此基准直接标注的尺寸有 70、33、45、70、85。高度方向则以底板的底面作为主要基准,以此直接标注的尺寸有 3、10、50、64。宽度方向以后端面为主要基准,标注的尺寸有 12.5、$25_{-0.010}^{-0.050}$。零件图中标注的其他尺寸按形体分析法进行分析。

4. 分析技术要求

该泵体为铸件,需进行人工时效处理,以消除内应力。铸造圆角 $R=3$ mm,视图中有小圆角过渡的表面,表明均为不加工表面。尺寸 $\phi 34.5_{0}^{+0.027}$ 采用基孔制配合。齿轮内部空腔的表面结构要求较高,Ra 的上限值为 0.8 μm。泵体前、后端面的表面结构要求也较高,Ra 的上限值为 0.8 μm。其他技术要求读者自行分析。其他加工面的上限值则为 6.3 μm、12.5 μm。

5. 综合归纳

将以上对该零件的结构、形状、所注尺寸以及技术要求等方面的分析综合起来,即可得到该零件的完整形象,如图 8 - 46 所示。

有时为了读懂比较复杂的零件图,还需要参看有关的技术文件资料,包括读零件所在部件的装配图以及相关的零件图。

读图的过程是一个深入理解的过程,只有通过不断的实践,才能熟练地掌握读图的基本方法。

图 8 - 46 齿轮油泵泵体的立体图

思考题

1. 零件图有哪些主要内容?

2. 零件常见的工艺结构有哪些?

3. 找两个零件,确定出它们的表达方案。

4. 什么是表面结构要求?什么是公称尺寸?什么是配合?

5. 国标规定了几种常用的配合基准制?

6. 试述读零件图的一般方法和步骤。

第9章　装配图

　　表达机器或部件的图样称为装配图。装配图要反映出机器或部件的工作原理、零件的连接方式、装配关系以及零件的主要结构形状。本章将主要讨论装配图的内容、机器或部件的表达方法、装配图的画法、读装配图和由装配图拆画零件图等内容,重点是画装配图和读装配图。

9.1　装配图的作用和内容

9.1.1　装配图的作用

　　装配图是生产中的重要技术文件之一,它表示机器或者部件的结构形状、装配关系、工作原理和技术要求等。在设计时通常先按设计要求画出装配图以表达机器或部件的装配关系,并通过装配图表达各零件的作用、主要结构形状和它们之间的相对位置和连接方式,以便拆画出零件图;在生产时根据零件图生产出零件,再根据装配图把零件装配成部件或机器;同时装配图又是编制装配工艺,是机器或部件进行装配、检验、安装、调试和维修的重要依据。

9.1.2　装配图的内容

　　图9-1所示的滑动轴承的装配图如图9-2所示。

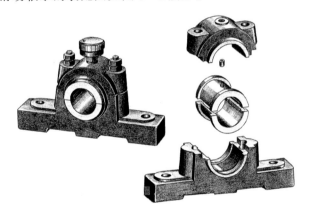

图9-1　滑动轴承的组成

一张完整的装配图应具有下列内容:

1.一组视图

一组视图用来表达机器或部件的工作原理、结构形状、零件间的装配关系和零件的主要结构形状等,如图9-2所示。

2.必要的尺寸

装配图的尺寸包括机器或部件的规格(性能)尺寸、装配尺寸、安装尺寸、总体尺寸等。

3. 技术要求

用文字或符号注出机器或部件的性能、装配、安装、检测、调试和使用等方面的技术要求。

4. 零(部)件的序号、明细栏和标题栏

在装配图上按相关国标规定对零部件进行编号,并在明细栏中依次填写各零件的序号、代号、名称、数量、材料和备注等内容。序号的另一个作用是将明细栏与图样联系起来,便于读图。标题栏包括机器或部件的图名、图号、比例、代号、设计单位、制图、审核、日期等内容。

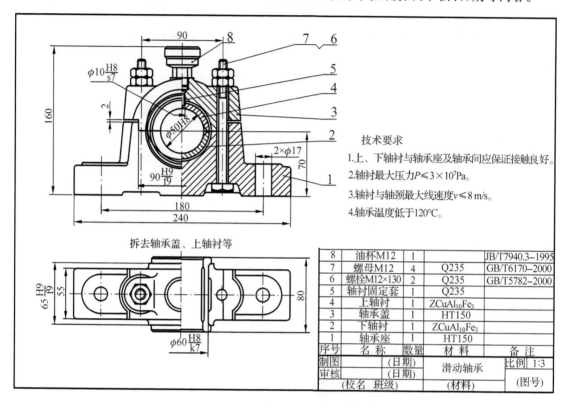

8	油杯M12	1		JB/T7940.3–1995
7	螺母M12	4	Q235	GB/T6170–2000
6	螺栓M12×130	2	Q235	GB/T5782–2000
5	轴衬固定套	1	Q235	
4	上轴衬	1	ZCuAl$_{10}$Fe$_3$	
3	轴承盖	1	HT150	
2	下轴衬	1	ZCuAl$_{10}$Fe$_3$	
1	轴承座	1	HT150	
序号	名 称	数量	材 料	备 注

制图	(日期)	滑动轴承	比例 1:3
审核	(日期)		(图号)
(校名 班级)		(材料)	

技术要求
1. 上、下轴衬与轴承座及轴承间应保证接触良好。
2. 轴衬最大压力$P \leqslant 3 \times 10^7$Pa。
3. 轴衬与轴颈最大线速度$v \leqslant 8$ m/s。
4. 轴承温度低于120℃。

图 9 - 2　滑动轴承装配图

9.2　装配图的图样画法

装配图以表达工作原理、装配关系、零件主要结构为主,力求做到表达正确、完整、清晰和简练。而为了达到以上要求,需掌握第 6 章机件的图样画法所述的各种表达方法和视图方案的选择原则。

此外,在装配图中还有一些规定画法和特殊画法。

9.2.1　装配图的规定画法

(1)装配图中凡相邻零件的接触面和配合面只用一条轮廓线表示,而非接触面即使间隙很小,也必须画出两条线,如图 9 - 2 中主视图轴承盖与轴承座的接触面画一条线,而螺栓与轴承盖的光孔是非接触面,因此画两条线。

(2)相邻两个(或两个以上)零件的剖面线的倾斜方向应相反,或者方向一致但间距不等。同一零件各视图上的剖面线倾斜方向和间距应保持一致,如图 9-2 轴承盖与轴承座的剖面线画法。剖面厚度在 2 mm 以下的图形允许以涂黑来代替剖面符号。

(3)对于标准件以及实心零件,若剖切平面通过其轴线或对称面时,则这些零件均按不剖绘制,如图 9-2 中的螺栓和螺母。

9.2.2 装配图的特殊表达方法(GB/T 16675.1—1996)

1.沿零件的结合面剖切和拆卸画法

在装配图中,为了使被遮住的部分表达清楚,可假想沿某些零件的结合面选取剖切平面或假想将某些零件拆卸后绘制,需要说明时,可加注标注,如"拆去等",如图 9-2 俯视图的右半部分。结合面上不画剖面符号,被剖切到的螺栓则必须画出剖面线(采用拆卸画法时不画剖面线)。

2.简化画法

(1)装配图中若干相同的零件采用螺纹连接,可仅详细地画出一处,其余则以点画线表示中心位置即可,如图 9-3 所示。

(2)装配图中的滚动轴承允许采用图 9-3 所示的简化画法。图 9-3(a)所示为滚动轴承的规定画法,图 9-3(b)所示为其特征画法。

在同一轴上相同型号的轴承在不致引起误解时可只完整地画出一个,如图 9-4 所示。

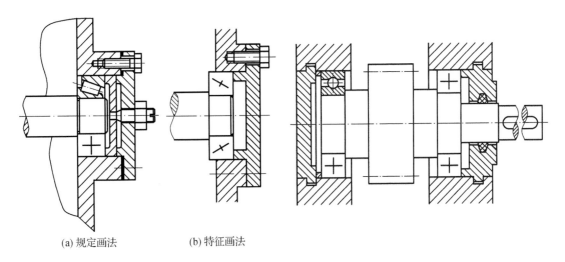

(a) 规定画法　　(b) 特征画法

图 9-3　装配图中轴承画法　　　　图 9-4　同一轴上相同型号滚动轴承画法

(3)装配图中零件的工艺结构(如圆角、倒角、退刀槽等)允许不画。如螺栓头部、螺母的倒角及因倒角产生的曲线允许省略,如图 9-3 所示。

(4)装配图中,当剖切平面通过的某些组合件为标准产品(如油杯、油标、管接头等)或该组合件已有其他图形表示清楚时,则可以只画出其外形,如图 9-2 中的油杯。

3.假想画法

(1)在装配图中,当需要表示某些零件的运动范围和极限位置时,可用双点画线画出这些零件的极限位置,如图 9-5 主视图所示。

（2）在装配图中,当需要表达本部件与相邻零部件的装配关系时,可用双点画线画出相邻部分的轮廓线,如图 9-5 中主轴箱的画法。

4. 夸大画法

在装配图中,如绘制直径或厚度小于 2 mm 的孔或薄片、小间隙以及较小的斜度和锥度等,为了表达清楚,允许该部分不按比例而夸大画出,如图 9-3(a)中垫片的画法。

5. 单独表示某个零件

在装配图中可以单独画出某零件的视图,但必须在所画视图的上方注出该零件的视图名称,在相应视图的附近用箭头指明投射方向,并注上同样的字母。

6. 展开画法

为了表示传动机构的传动路线和零件间的装配关系,可假想按传动顺序沿轴线剖切,然后依次展开,使剖切面摊平并与选定的投影面平行再画出它的剖视图,这种画法称为展开画法,如图 9-5 所示。

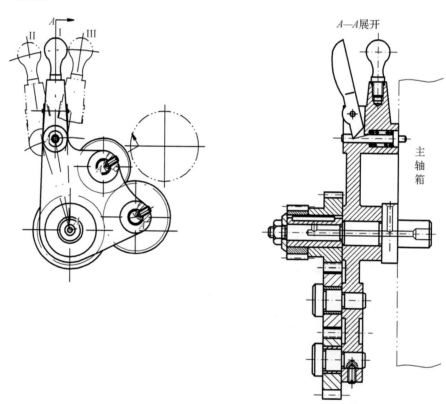

图 9-5　齿轮传动机构的展开画法

9.3　装配图上的尺寸标注和技术要求

9.3.1　尺寸标注

装配图和零件图的作用不同,因此对尺寸的要求也不一样。零件图是加工制造零件的主要依据,要求零件图上的尺寸必须完整,而装配图主要是表达机器或部件装配关系的图样,因此不需要标注各组成部分的所有尺寸。一般只需标注出以下几种类型的尺寸:

1.性能(规格)尺寸

性能(规格)尺寸是反映部件或机器的规格和工作性能的尺寸。这是设计时首先确定的尺寸,也是了解和选用机器的依据。如图9-2中的尺寸$\phi50$H8表示该轴承适用于安装直径$\phi50$的轴,其尺寸公差是H8。

2.装配尺寸

装配尺寸用于表示零件间的装配关系和工作精度,包括配合尺寸和重要的相对位置尺寸,如图9-2中的$\phi10$H8/s7和90H9/f9等。

3.安装尺寸

安装尺寸是机器或者部件安装时所需的尺寸,如图9-2中安装孔尺寸$\phi17$和它们的孔距尺寸180。

4.外形尺寸

外形尺寸用于表示机器或部件的总长、总宽、总高,它是包装、运输、安装和厂房设计时所需的尺寸,如图9-2中的外形尺寸240、160、80。

5.其他重要尺寸

其他重要尺寸即指设计或装配时需要经过计算或根据需要而确定的尺寸。

必须指出,并不是每张装配图上都需全部具备上述5种尺寸,有时同一个尺寸兼有几种意义。因此,应根据具体情况来考虑装配图上的尺寸标注。

9.3.2 技术要求

装配图上一般应注写以下几方面的技术要求:

1.装配要求

装配要求即指装配过程中的注意事项及装配后应达到的要求,比如"装配后须转动灵活,各密封处不得有漏油现象",再如图9-2中的技术要求"1.上、下轴衬与轴承座及轴承间应保证接触良好"。

2.检验要求

检验要求即指对装配体基本性能的检验、试验、验收方法的说明等,如图9-2技术要求"4.轴承温度低于120℃"。

3.使用要求

使用要求即指对装配体的性能、安装、调试、使用、维护等的要求。

装配图上的技术要求一般用文字注写在图形下方空白处。

9.4 装配图中零部件序号和明细栏

为了便于看图、装配、图样管理以及做好生产准备工作,装配图中所有零部件一般都必须编号,这种编号称为零件的序号,同时要编制相应的明细栏。

9.4.1 零部件序号及编排方法(GB/T 4458.2—2003)

在装配图上编写序号应遵守下列规定:

（1）装配图中所有的零部件均应编号。

（2）相同的零部件用一个序号，一般只标注一次；多处出现的相同的零部件，必要时也可重复标注。

（3）装配图中零部件的序号应与明细栏中的序号一致。

（4）装配图中零部件序号的编写方法有以下几种：

①在指引线的水平线（细实线）上或圆（细实线）内注写序号，序号字高比该装配图中所注尺寸字号大一号或两号，如图9-6(a)、(b)所示。

②在指引线附近注写序号，序号字高比该装配图上所注尺寸数字高度大一号或两号，如图9-6(c)所示。

（5）同一装配图编注序号的形式应一致。

（6）指引线应自所指部分的可见轮廓内引出，并在起始端画一圆点，如图9-6所示。若所指部分（很薄的零件或涂黑的剖面）内不便画圆点时，可在指引线起始端画出箭头，并指向该部分的轮廓，如图9-7所示。

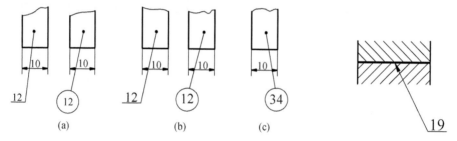

图9-6　标注序号的方法　　　　图9-7　指引线的端部画箭头

（7）指引线相互不能相交，当通过剖面线的区域时，指引线不应与剖面线平行。必要时指引线允许画成折线，但只允许曲折一次，如图9-8所示。

（8）对于一组紧固件或装配关系清楚的零件组，可以采用公共指引线，如图9-9所示。

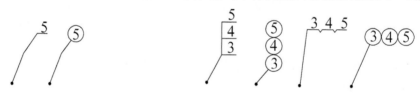

图9-8　指引线可曲折一次　　　　图9-9　公共指引线

（9）序号应标注在视图的外面，并应按顺时针或逆时针方向水平或垂直地顺序排列整齐。在整个图上无法连续时，可只在每个水平或竖直方向顺次排列。

9.4.2　明细栏（GB/T 10609.2—2009）

明细栏是机器或部件中全部零件、部件的详细目录。其内容一般有序号、代号、名称、数量、材料、质量（单件、总件）备注等组成，也可按实际需要增加或减少。应注意：明细栏中的序号必须与图中所注序号一致。明细栏一般配置在装配图中紧接在标题栏上方，地方受限时可紧靠在标题栏左边自下而上延续。在特殊的情况下，明细栏也可作为装配图的续页，单独编写在另一张纸上。标准的明细栏如图9-10所示。

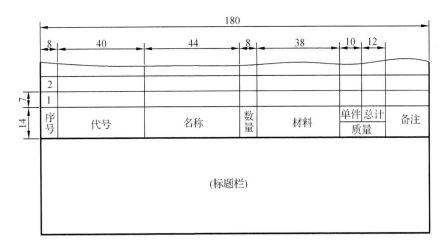

图 9 - 10　明细栏

9.5　装配结构的合理性

为了保证机器或部件的性能,并给加工制造和维修带来方便,在设计过程中,必须考虑零件装配工艺结构的合理性。常见的装配结构如图 9 - 11～图 9 - 14 所示。

两零件应避免在同一方向上同时有两对表面接触,孔或轴上带有倒角或退刀槽、越程槽,可保证装配时有良好的接触,如图 9 - 11 所示。

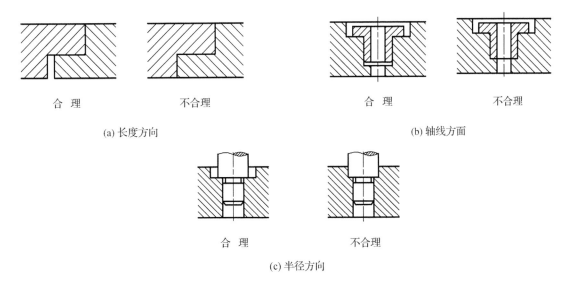

(a) 长度方向　　　　　　　　　　　　　　　(b) 轴线方面

(c) 半径方向

图 9 - 11　接触面的装配

为便于拆装,必须留出装拆螺纹紧固件的空间及扳手等工具的活动空间,如图 9 - 12(a)便于拆卸,图 9 - 12(b)则不便于拆卸。

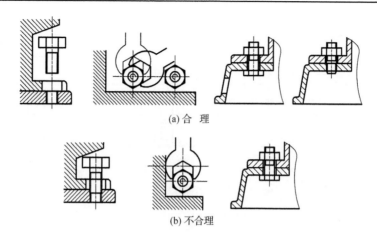

(a) 合 理

(b) 不合理

图 9 - 12　便于拆卸

为避免固件由于机器工作时的振动而变松,需采用防松装置。防松装置的装配结构如图 9 - 13所示。

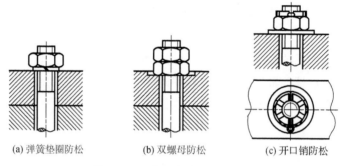

(a) 弹簧垫圈防松　　　　　(b) 双螺母防松　　　　　(c) 开口销防松

图 9 - 13　防松装置的装配结构

为使两零件在拆装时易于定位,并保证一定的装配精度,常采用销钉定位,其安装如图 9 - 14所示。

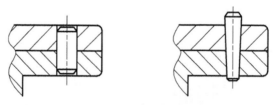

图 9 - 14　定位销的安装

9.6　装配图的画法

在设计机器或部件时,一般先画出装配图,然后根据装配图拆画零件图。下面以铣刀头为例介绍画装配图的方法和步骤。

9.6.1　分析、研究所要表达的机器或部件

画图前,必须对所要表达的对象有深入、全面的认识和了解,弄清机器或部件的性能、工作原理、各组成部分的作用以及结构特点和装配关系,然后画出相应的装配草图。图 9 - 15所示为铣刀头的结构图,它主要由座体、轴、轴承、轴承端盖、V 形带轮及联接用的键、定位用的销

和紧固用的螺栓等零件组成。其工作原理是电动机的动力通过 V 带带动带轮转动,带轮通过键把运动传递给轴,轴将动力通过键传递给刀盘,从而进行铣削加工。

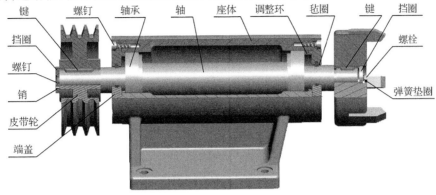

图 9 - 15 铣刀头结构图

9.6.2 确定视图的表达方案

确定装配图视图表达方案的步骤与方法和零件图类似。但由于装配图和零件图在生产中的作用和要求不同,所以表达的要求也不尽相同。

1. 选择主视图

一般将部件或机器按工作位置放置,主要表达部件或机器的整体形状特征、工作原理、主装配干线零件的装配关系及较多零件的装配关系。在机器或部件中,将装配在同一轴线上装配关系密切的一组零件称为装配干线,为了清楚地表达这些装配关系,一般都通过这些装配干线(轴线)选取剖切平面,画出剖视图来表达。铣刀头工作时一般呈水平位置,这样放置有利于反映铣刀头的工作状态,也可以较好地反映其整体形状特征。主视图的投射方向垂直装配干线,并将主视图画成通过轴线的全剖视图,基本上表达了铣刀头装配干线上零件间的装配关系、运动路线和工作原理。根据前面对铣刀头的表达分析,主视图按工作位置选定,以垂直于铣刀头轴线的方向作为主视图的投射方向,并在主视图采用全剖视表达内部各零件间的装配关系。

2. 选择其他视图

根据已选定的主视图选择其他视图,以补充主视图未表达清楚的部分。其他视图选择的原则是:在表达清楚的前提下,视图数量应尽量少,方便读图和画图。对于铣刀头装配体来说,为了表示主要零件座体的主要结构形状和紧固端盖的螺钉分布情况,采用左视图,并采用拆卸画法,以避免 V 形带轮对座体的遮挡。

3. 确定比例和图幅

确定比例和图幅时要综合考虑机器或部件的大小、复杂程度、全部视图所占面积及标注尺寸、序号、技术要求、标题栏和明细栏需占的面积。

9.6.3 画装配图的方法和步骤

1. 画装配图的方法

画装配图时,按画图顺序分有两种方法:由内向外和由外向里。由内向外是从各装配体的核心零件开始,按照装配关系逐层扩展画出各个零件,最后画壳体、箱体等支承、包容零件。由外向里是先将支承、结构复杂的箱体、壳体或支架等零件画出,再按照装配干线和装配关系逐个画出其他零件。第一种方法常用于剖视图的绘制,可以避免不必要的先画后擦,有利于提高绘图效率和清洁图面。具体采用哪一种画法,应视作图方便而定。

2. 画装配图的步骤

(1)布置视图的位置

画出各视图的基准线,如对称线、主要轴线和大的端面线。注意留出标注尺寸、零件序号、明细栏等所占的位置,如图 9-16(a)所示。画出各视图的主要基准,如铣刀头主视图可先画轴线,在左视图上画出轴的对称中心线。

(2)画出各视图主要轮廓

围绕着装配线,一般从主视图开始,几个基本视图同时进行,先画主要轮廓,如图 9-16(b)所示。对于铣刀头,应由内而外先画轴,再画轴上的轴承和支承轴以及轴承的座体,接着画端盖、带轮等。画剖视图时通常可先画出剖切到零件的剖面,然后再画剖切面后的零件。画外形视图时应先画前面的零件,然后画后面的零件,这样被遮住零件的轮廓线可以不画。

(3)画出部件的次要结构和其他零件

例如铣刀头主视图上可逐个画上调整环、键连接、挡圈、螺钉连接等,完成细部结构,如图 9-16(c)所示。

(4)完成装配图

检查、校核后注上尺寸和公差配合,画剖面线,如图 9-16(d)所示。加深图线,标注尺寸、序号、技术要求,填写标题栏和明细栏,最后完成装配图,如图 9-16(e)所示。

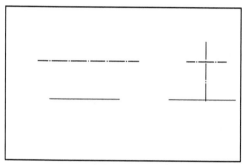

(a) 布置视图,画基准线

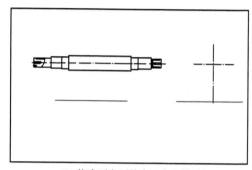

(b) 依次画主要轮廓,先从轴画起

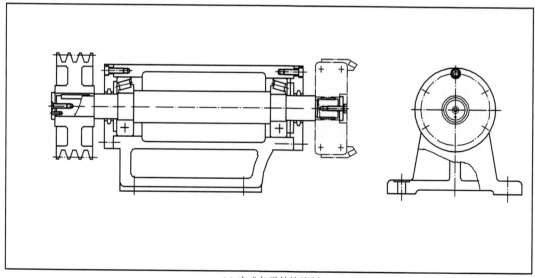

(c) 完成各零件的绘制

图 9-16 画装配图的步骤

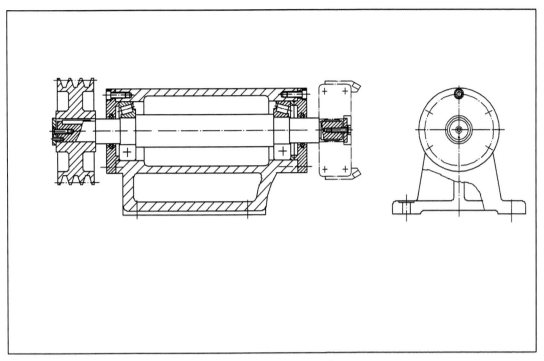

(d) 检查、校核，画剖面线

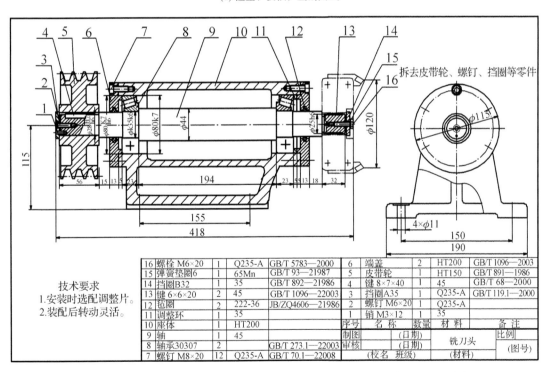

技术要求
1.安装时选配调整片。
2.装配后转动灵活。

16	螺栓 M6×20	1	Q235-A	GB/T 5783—2000	6	端盖	2	HT200	GB/T 1096—2003
15	弹簧垫圈6	1	65Mn	GB/T 93—21987	5	皮带轮	1	HT150	GB/T 891—1986
14	挡圈B32	1	35	GB/T 892—21986	4	键 8×7×40	1	45	GB/T 68—2000
13	键 6×6×20	2	45	GB/T 1096—22003	3	挡圈A35	1	Q235-A	GB/T 119.1—2000
12	毡圈	2	222-36	JB/ZQ4606—21986	2	螺钉 M6×20	1	Q235-A	
11	调整环	1	35		1	销 M3×12	1	35	
10	座体	1	HT200		序号	名 称	数量	材 料	备 注
9	轴	1	45		制图		(日期)		比例
8	轴承30307	2		GB/T 273.1—22003	审核		(日期)	铣刀头	
7	螺钉 M8×20	12	Q235-A	GB/T 70.1—22008		(校名 班级)		(材料)	(图号)

(e) 加深图线，标注尺寸、序号、技术要求，填写明细栏，最后完成装配图

图 9－16　画装配图的步骤(续)

9.7 读装配图和拆画零件图

9.7.1 读装配图

在设计、制造、检验、使用、维修和技术交流等生产活动中,都会遇到读装配图的情况。读装配图时,要了解机器或部件名称、用途、性能、工作原理和结构特点,明确各零件的作用及其装配关系和装拆顺序,看懂各零件的主要结构形状。下面以机油泵为例说明读装配图的方法和步骤。

1. 概括了解

读装配图时可先从标题栏和有关资料了解它的名称和用途。从明细栏和所编序号中了解各零件的名称、数量、材料及其所在位置,也可了解标准件的规格、标记等。

如图 9-17 所示,部件名称是机油泵,可知它是液压传动或润滑系统中输送液压油或润滑油的一个部件,是产生一定工作压力和流量的装置。对照明细栏和序号可以看出机油泵由泵体、主动齿轮、从动齿轮、轴、泵盖等零件组成,另外还有螺栓、销等标准件。机油泵装配图用四个视图表达。主视图采用局部剖,表达了油泵的外形及两齿轮轴系的装配关系。左视图采用全剖表达机油泵的进出油路及溢流装置。俯视图中用局部剖视图表示机油泵的泵体、泵盖外形。另外还用单独表示零件的画法表达泵体连接部分的断面形状。

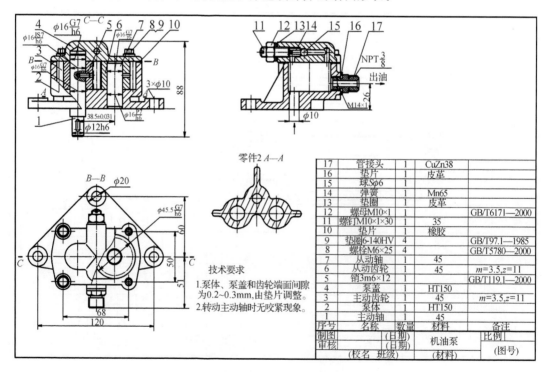

17	管接头	1	CuZn38	
16	垫片	1	皮革	
15	球 $S\phi6$	1		
14	弹簧	1	Mn65	
13	垫圈	1	皮革	
12	螺母M10×1	1		GB/T6171—2000
11	螺柱M10×1×30	1	35	
10	垫片	1	橡胶	
9	垫圈6-140HV	1		GB/T97.1—1985
8	螺栓M6×25	4		GB/T5780—2000
7	从动轴	1	45	
6	从动齿轮	1	45	$m=3.5, z=11$
5	销3m6×12	1		GB/T119.1—2000
4	泵盖	1	HT150	
3	主动齿轮	1	45	$m=3.5, z=11$
2	泵体	1	HT150	
1	主动轴	1	45	
序号	名称	数量	材料	备注
制图		(日期)		比例
审核		(日期)	机油泵	
	(校名 班级)		(材料)	(图号)

技术要求
1. 泵体、泵盖和齿轮端面间隙为0.2~0.3mm,由垫片调整。
2. 转动主动轴时无咬紧现象。

图 9-17 机油泵装配图

2. 分析工作原理和装配关系

图 9-17 所示的机油泵有两条装配干线。可从主视图中看出,主动轴 1 的下端伸出泵体

外,通过销 5 与主动齿轮相接。主动轴与泵体孔的配合为间隙配合,故齿轮轴可在孔中转动。从动齿轮 6 装在从动轴 7 上,其配合为间隙配合,故齿轮可在从动轴上转动。从动轴 7 装在泵体轴孔中,其配合为过盈配合,从动轴 7 与泵体轴孔之间没有相对运动。第二条装配干线是安装在泵盖上的安全装置,它由钢球 15、弹簧 14、调节螺钉 11 和防护螺母 12 组成,该装配干线中的运动件是钢球 15 和弹簧 14。

通过以上装配关系的分析,可以描绘出机油泵的工作原理,如图 9-18 所示。在泵体内装有一对啮合的直齿圆柱齿轮,主动轴下端伸出泵体外,以连接动力。左边是主动齿轮 1,右面是从动齿轮 4,滑装在从动轴上。泵体底端后侧 φ10 通孔为进油孔 3,泵体前侧带锥螺纹的通孔为出油孔 6。当主动齿轮 1 带动从动齿轮 4 转动时,齿轮后边 2 处形成真空,油在大气压的作用下进入进油管,填满齿槽,然后被带到 5 处,经由出油孔 6 压入出油管,送往各润滑管路中。泵盖上的装配干线是一套安全装置,如图 9-17 中的左视图所示。当出油孔处油压过高时,油就沿油道进入泵盖,顶开钢球,在沿通向进

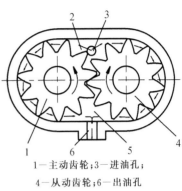

1—主动齿轮;3—进油孔;
4—从动齿轮;6—出油孔
图 9-18 机油泵原理图

油孔的油道回到进油孔处,从而保持油路中油压稳定。油压的高低可以通过弹簧和调节螺钉进行调节。

3. 分离零件

分离零件一般从主要零件开始,再扩大到其他零件。泵体的形状可以从三个基本视图中得出其轮廓,可利用主视图、左视图和俯视图中的剖面线方向、密度一致来分离泵体的投影。其他零件通过分析可同样得出其形状结构。

4. 尺寸分析

通过分析装配图上的配合尺寸,可为所拆画的零件图的尺寸标注、技术要求的注写提供依据。

5. 总结归纳

在以上分析的基础上,还需从装拆顺序、安装方法、技术要求等方面进行分析考虑,以加深对整个部件的进一步认识,从而获得对整台机器或部件的完整概念。

上述看装配图的方法和步骤仅是概括地介绍,实际上看图的步骤往往交替进行。必须通过不断地看图实践才可提高看图的能力。

9.7.2 拆画零件图

图 9-19 为根据图 9-17 拆画泵体零件图的步骤。由装配图拆画零件图是设计工作中的一个重要环节,是应在全面看懂装配图的基础上进行的。拆画零件图的步骤如下:

1. 构思零件形状

装配图主要表达零件间的装配关系,至于每个零件的某些个别部分的形状和详细结构并不一定都已表达清楚,这些结构可在拆画零件图时根据零件的作用要求进行设计,如机油泵泵盖顶部的外形,要根据零件该部分的作用、工作情况和工艺要求进行合理的补充设计。此外在拆画零件图时还要补充装配图上可能省略的工艺结构,如铸造圆角、斜度、退刀槽、倒角等,这样才能使零件的结构形状表达的更为完整。

2. 确定视图方案

零件图与装配图表达的重点不一样,装配图的表达方案是从整个装配体来考虑,无法满足每个零件的表达需要,因此,在拆画零件图时,一般不能简单地照搬装配图中零件的表达方法。应根据零件的结构形状,重新考虑最好的表达方案。

泵体零件图的主视图采用局部剖,以表示内腔、泵轴孔及外形。左视图采用全剖表达进出油孔的形状及肋板等结构。俯视图则采用视图表达肋板、内腔外形以及泵轴孔等相对位置。另外采用 $A—A$ 剖表示底板与内腔连接部分的断面形状。

3. 确定并标注零件的尺寸

装配图上注出的尺寸大多是重要尺寸。有些尺寸本身就是为了画零件图时用的,这些尺寸可以从装配图上直接移到零件图上。

凡注有配合代号的尺寸,应该根据配合类别、公差等级注出上、下偏差。

有些标准结构,如沉孔、螺栓通孔的直径,键槽宽度和深度,螺纹直径,与滚动轴承内圈相配的轴径,外圈相配的孔径等应查阅有关标准。

还有一些尺寸可以通过计算确定,如齿轮的分度圆、齿轮传动的中心距等应根据模数、齿数等计算而定。在装配图上没有标注出的零件各部分尺寸,可以按照装配图的比例量得并取整。注写零件图尺寸时,要注意相互协调有装配关系的尺寸,不要造成矛盾。

4. 注写技术要求和标题栏

画零件图时,零件的各表面都应注写表面粗糙度代号,它的高度参数值 Ra 应根据零件表面的作用和要求来确定。配合表面要选择恰当的公差等级和基本偏差。根据零件的作用还要加注必要的技术要求和形位公差要求。标题栏应填写完整,零件名称、材料、图号等要与装配图中明细栏所注内容一致。

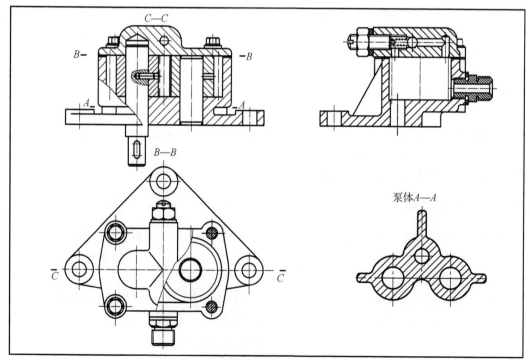

(a) 阅读装配图,并去除与泵体无关的信息,考虑选择零件的表达方案

图 9-19 从机油泵装配图中拆画出的泵体零件图

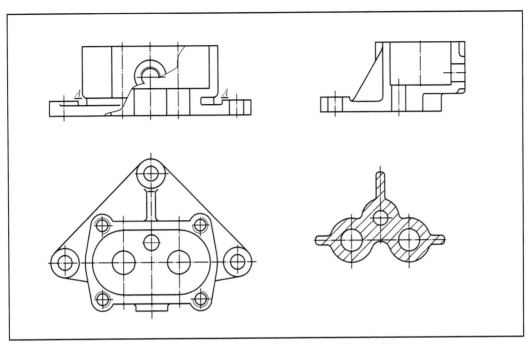

(b) 根据剖面线方向找出泵体的轮廓，补画因零件遮挡而缺漏的线条

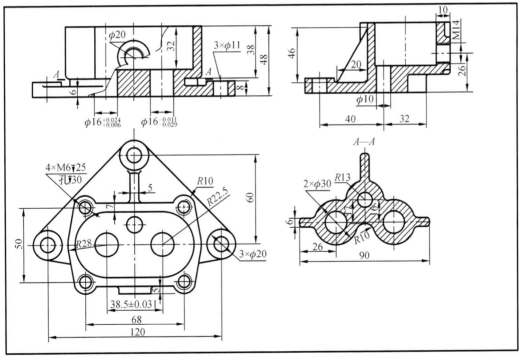

(c) 根据图形比例和相关零件尺寸及工艺要求等, 设计注写尺寸

图 9 - 19　从机油泵装配图中拆画出的泵体零件图(续)

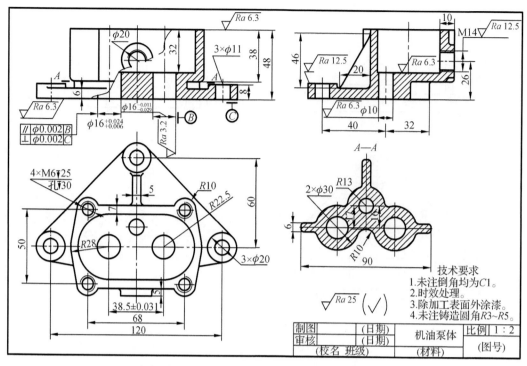

(d) 确定并注写技术要求，填写标题栏，完成零件工作图

图 9 – 19　从机油泵装配图中拆画出的泵体零件图(续)

思考题

1. 装配图在生产中起什么作用？它应该包括哪些内容？

2. 装配图有哪些特殊画法？

3. 在装配图中，一般应标注哪几类尺寸？

4. 编注装配图中的零、部件序号，应遵守哪些规定？

5. 为什么在设计和绘制装配图的过程中，要考虑装配结构的合理性？试根据书中的图例举例说明一些常见的合理的装配结构。

6. 试简述装配图的步骤和方法。

7. 读装配图的目的是什么？要求读懂部件的哪些内容？

8. 试较详细地说明由装配图拆画零件图的步骤和方法。

第 10 章　计算机绘图基础

计算机绘图主要介绍使用 AutoCAD 2011 软件绘制二维图形的基本知识和方法,使学生能够初步掌握 AutoCAD 2011 中的各种操作命令,能够独立完成零件图和装配图等工程图样的绘制。

10.1　AutoCAD 2011 的主界面及基本操作方法

AutoCAD 是美国 Autodesk 公司在 1982 年推出的,集二维绘图、三维设计、渲染及关联数据库管理和互联网通信功能于一体的计算机辅助设计与绘图软件,经过多年的不断完善与进步,从第一个 AutoCAD 1.0 发展到至今的 AutoCAD 2011,已经进行了十几次升级。其功能日臻完善,广泛应用于机械、建筑、冶金、电子、地质、气象、航空、商业、轻工、纺织等各种领域。

AutoCAD 2011 是 AutoCAD 系列软件的最新版本,与先前的版本相比,AutoCAD 2011 除在图形处理等方面的功能有所增强外,一个最显著的特征是增加了参数化绘图功能。用户可以对图形对象建立几何约束,以保证图形对象之间有准确的位置关系,如平行、垂直、相切、同心、对称等关系;可以建立尺寸约束,通过该约束,既可以锁定对象,使其大小保持固定,也可以通过修改尺寸值来改变所约束对象的大小。虽然现在参数化功能还不尽如人意,相信在今后的版本中,参数化绘图功能将会得到进一步加强。

10.1.1　认识 AutoCAD 2011 的主界面

1. AutoCAD 2011 的工作界面

AutoCAD 2011 提供了"二维草图与注释"、"AutoCAD 经典"和"三维建模"3 种工作空间模式,通过单击工作空间模式转换箭头实现转换。默认状态下,打开"二维草图与注释"空间,其界面主要由"菜单浏览器"按钮及其他"功能区"选项板组成,如图 10-1 所示。在该空间中,可以使用"绘图"、"修改"、"图层"、"标注"、"文字"、"表格"等面板方便地绘制二维图形。

对于习惯于 AutoCAD 传统界面用户来说,可以采用"AutoCAD 经典"工作空间,其界面主要有标题栏、菜单栏、工具栏、绘图区域与命令行、状态栏等元素组成,如图 10-2 所示。

要在 3 种工作空间模式中进行切换,只需单击菜单中选择"工具(T)"→"工作空间"菜单中的子命令,或在状态栏中单击"切换工作空间"按钮 ⚙,在弹出的菜单中选择相应的命令即可。

(1)标题栏

标题栏位于应用程序窗口的最上面,用于显示当前正在运行的程序名及文件名等信息,如果是 AutoCAD 默认的图形文件,其名称为 DrawingN. dwg(N 是数字)。单击标题栏右端的 ▬ ▢ ✕,可以最小化、最大化或关闭应用程序窗口。

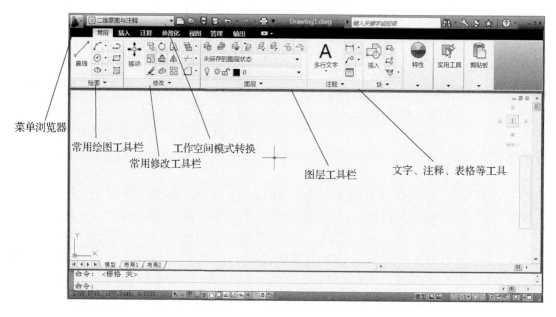

图 10-1 "二维草图与注释"空间

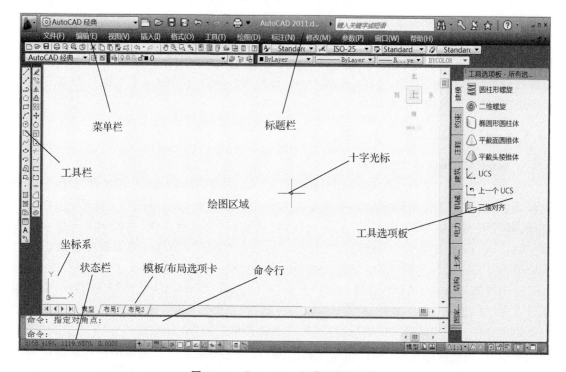

图 10-2 "AutoCAD 经典"界面组成

(2)菜单栏与快捷菜单

中文版 AutoCAD 2011 的菜单栏由"文件"、"编辑"、"视图"等菜单组成,几乎包括了AutoCAD中全部的功能和命令,如图 10-3 所示。单击快速访问工具栏 中的倒三角符号■,弹出快捷菜单,选中 ✔ 显示菜单栏 ,即可在"二维草图与注释"空间中显示"文件"、"编辑"、"视图"等下拉菜单栏。

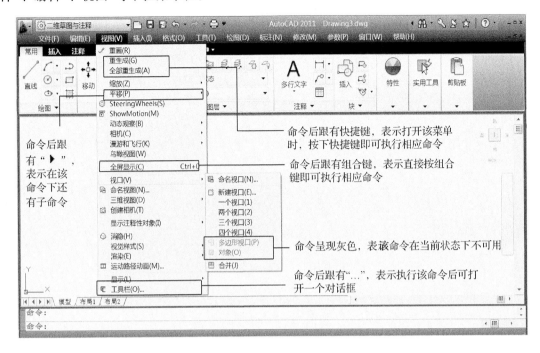

图 10-3　下拉菜单

(3)工具栏

工具栏是应用程序调用命令的另一种方式,它包含许多由图标表示的命令按钮。在 AutoCAD 2011 中,系统共提供了 30 多个已命名的工具栏。默认情况下,"标准"、"属性"、"绘图"和"修改"等工具栏处于打开状态。通过选择命令可以显示或关闭相应的工具栏,如图 10-4 所示。如果要显示当前隐藏的工具栏,可在任意工具栏上右击,此时将弹出一个快捷菜单,在绘图区域、工具栏、状态行、模型与布局选项卡以及一些对话框上右击时,将弹出一个快捷菜单,该菜单中的命令与 AutoCAD 当前状态相关。使用它们可以在不启动菜单栏的情况下快速、高效地完成某些操作。

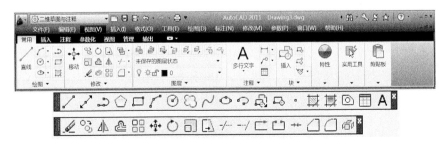

图 10-4　工具栏

(4)绘图区域

在 AutoCAD 2011 中,绘图区域是用户绘图的工作区域,所有的绘图结果都反映在这个区域中。根据需要关闭各个工具栏,以增大绘图空间。

在绘图窗口中显示当前的绘图结果,当前使用的坐标系类型,以及坐标原点、X 轴、Y 轴、Z 轴的方向等。默认情况下,坐标系为世界坐标系(WCS)。绘图窗口的下方有"模型"和"布局"选项卡■■,单击其标签可以在二者之间来回切换。

(5)命令行

"命令行"窗口位于绘图窗口的底部,用于接收用户输入的命令,并显示 AutoCAD 提示信息,"命令行"窗口可以拖放为浮动窗口。

(6)状态行

状态行用来显示 AutoCAD 当前的状态,如当前光标的坐标、命令和按钮的说明等,如图 10 - 5所示。

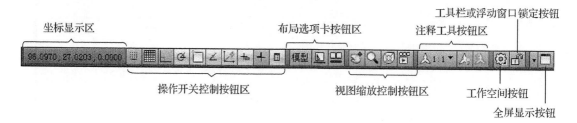

图 10 - 5　状态行

在绘图窗口中移动光标时,状态行的"坐标"区将动态地显示当前坐标值。坐标显示取决于所选择的模式和程序中运行的命令,共有"相对"、"绝对"和"无"3 种模式。

状态行中还包括如"捕捉"、"栅格"、"正交"、"极轴"、"对象捕捉"、"对象追踪"、"DUCS"、"DYN"、"线宽"、"模型"(或"图纸")等 23 个功能按钮。

2.坐标系

(1)两种坐标系

坐标(x,y)是表示点的最基本方法。在 AutoCAD 2011 中,坐标系分为世界坐标系(WCS)和用户坐标系(UCS)。两种坐标系下都可以通过坐标(x,y)来精确定位点。

默认情况下,在开始绘制新图形时,当前坐标系为世界坐标系,即 WCS,它包括 X 轴和 Y 轴。WCS 坐标轴的交汇处显示"□"形标记,但坐标原点并不在坐标系的交汇点,而位于图形窗口的左下角,所有的位移都是相对于原点计算的,并且沿 X 轴正向及 Y 轴正向的位移规定为正方向。为了能够更好地辅助绘图,经常需要修改坐标系的原点和方向,这时世界坐标系将变为用户坐标系,即 UCS。UCS 的原点以及 X 轴、Y 轴、Z 轴方向都可以移动及旋转。选择"工具"→"新建 UCS"命令,利用它的子命令可以方便地创建 UCS,包括世界和对象等。

(2)坐标的表示方法

在 AutoCAD 2011 中,点的坐标可以使用绝对直角坐标、绝对极坐标、相对直角坐标和相对极坐标 4 种方法表示,它们的特点如下:

➤ 绝对直角坐标:是从点$(0,0)$或$(0,0,0)$出发的位移,可使用分数、小数或科学记数等形式表示点的 X 轴、Y 轴、Z 轴坐标值,坐标间用逗号隔开,如点$(8,5)$、$(3,5,10)$等。

➤ 绝对极坐标:是从点$(0,0)$或$(0,0,0)$出发的位移,但给定的是距离和角度,其中距离和角度用"<"分开,且规定 X 轴正向为 0°,Y 轴正向为 90°,如点$(4<60)$、$(3<30)$等。

➤ 相对直角坐标和相对极坐标：相对坐标是指相对于某一点的 X 轴和 Y 轴位移、距离或角度。它的表示方法是在绝对坐标表达方式前加上"@"，如(@－13,8)、(@11＜24)。其中，相对极坐标中的角度是新点和上一点连线与 X 轴的夹角。

(3)控制坐标的显示

在绘图窗口中移动光标的十字指针时，状态栏上将动态地显示当前指针的坐标。在 AutoCAD 2011 中，坐标显示取决于所选择的模式和程序中运行的命令，共有"关"、"绝对"和"相对"3 种模式，可以根据需要随时按下 F6 键、Ctrl＋D 组合键或单击状态栏的坐标显示区域，在这 3 种方式间切换。

10.1.2　图形文件的管理

1. 创建图形文件

选择"文件"→"新建"命令(New)，或在"标准"工具栏中单击"新建"按钮，可以创建新图形文件，此时将打开"选择样板"对话框，如图 10 - 6 所示。可以在"名称"列表框中选中某一样板文件，这时在其右边的"预览"框中将显示出该样板的预览图像。单击"打开"按钮，可以以选中的样板文件为样板创建新图形。

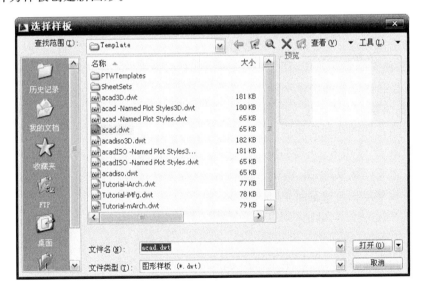

图 10 - 6　"选择样板"对话框

2. 打开图形文件

选择"文件"→"打开"命令(open)，或在"标准"工具栏中单击"打开"按钮，可以打开已有的图形文件，此时将弹出"选择文件"对话框。选择需要打开的图形文件，在右边的"预览"框中将显示出该图形的预览图像。默认情况下，打开的图形文件的格式为.dwg。

3. 保存图形文件

在 AutoCAD 2011 中，可以用多种方式将所绘图形以文件形式存入磁盘。例如，可以选择"文件"→"保存"命令(qsave)，或在"标准"工具栏中单击"保存"按钮，以当前使用的文件名保存图形；也可以选择"文件"→"另存为"命令(saveas)，将当前图形以新的名称保存。默认情况下，文件以"AutoCAD 2011 图形(＊.dwg)"格式保存，也可以在"文件类型"下拉列表框中选择其他格式,如 AutoCAD 2004/LT2004 图形(＊.dwg)、AutoCAD 图形标准(＊.dws)等格式。

4.关闭图形文件

选择"文件"→"关闭"命令(close),或在绘图窗口中单击"关闭"按钮,可以关闭当前图形文件。如果当前图形没有存盘,系统将弹出 AutoCAD 警告对话框,询问是否保存文件。此时,单击"是(Y)"按钮或直接按 Enter 键,可以保存当前图形文件并将其关闭;单击"否(N)"按钮,可以关闭当前图形文件但不存盘;单击"取消"按钮,取消关闭当前图形文件操作,即不保存也不关闭。如果当前所编辑的图形文件没有命名,那么单击"是(Y)"按钮后,AutoCAD 2011会打开"图形另存为"对话框,要求用户确定图形文件存放的位置和名称。

10.1.3 AutoCAD 2011 命令的输入方式

在 AutoCAD 中,菜单命令、工具按钮、命令和系统变量大都是相互对应的。可以选择某一菜单命令,或单击某个工具按钮,或在命令行中输入命令和系统变量来执行相应命令。

1.使用鼠标操作执行命令

在绘图窗口,光标通常显示为"十"字线形式。当光标移至菜单选项、工具或对话框内时,它会变成一个箭头。无论光标是"十"字线形式还是箭头形式,当单击或者按动鼠标键时,都会执行相应的命令或动作。在 AutoCAD 中,鼠标键是按照下述规则定义的。

➤ 拾取键:通常指鼠标左键,用于指定屏幕上的点,也可以用来选择 Windows 对象、AutoCAD 对象、工具栏按钮和菜单命令等。

➤ 回车键:指鼠标右键,相当于 Enter 键,用于结束当前使用的命令,此时系统将根据当前绘图状态而弹出不同的快捷菜单。

➤ 快捷菜单:当使用 Shift 键和鼠标右键的组合时,系统将弹出一个快捷菜单,用于设置捕捉点的方法。对于三键鼠标,弹出按钮通常是鼠标的中间按钮。

2.使用下拉菜单栏与快捷菜单输入命令

快捷菜单又称为上下文相关菜单。在绘图区域、工具栏、状态行、模型与布局选项卡以及一些对话框上右击时,将弹出一个快捷菜单,该菜单中的命令与 AutoCAD 当前状态相关。使用它们可以在不启动菜单栏的情况下快速、高效地完成某些操作。

3.使用工具栏按钮执行命令

默认情况下,"标准"、"属性"、"绘图"和"修改"等工具栏处于打开状态。如果要显示当前隐藏的工具栏,可在任意工具栏上右击,此时将弹出一个快捷菜单。通过选择命令可以显示或关闭相应的工具栏。

4.使用命令行

在 AutoCAD 2011 中,默认情况下"命令行"是一个可固定的窗口,可以在当前命令行提示下输入命令、对象参数等内容。对大多数命令,"命令行"中可以显示执行完的两条命令提示(也称为命令历史);而对于一些输出命令,例如 Time、List 命令,需要在放大的"命令行"或"AutoCAD 文本窗口"中才能完全显示。

在命令行中,还可以使用 BackSpace 或 Delete 键删除命令行中的文字;也可以选中命令历史,并执行"粘贴到命令行"命令,将其粘贴到命令行中。

5. 使用透明命令

在 AutoCAD 2011 中,透明命令是指在执行其他命令的过程中可以执行的命令。常使用的透明命令多为修改图形设置的命令、绘图辅助工具命令,例如 SNAP、GRID、ZOOM 等。要以透明方式使用命令,应在输入命令之前输入单引号(')。命令行中,透明命令的提示前有一个双折号(≫)。完成透明命令后,将继续执行原命令。

6. 命令的重复、终止与撤销

在 AutoCAD 2011 中,可以方便地重复执行同一条命令(按右键→重复前一次执行的命令),或撤销前面执行的一条或多条命令(快捷键 U)。此外,撤销前面执行的命令后,还可以通过重做来恢复前面执行的命令。

10.1.4　精确绘制图形

为了精确绘制图形,AutoCAD 2011 为用户提供了多种绘图的辅助功能。这些辅助工具能够帮助用户快速、准确地定位某些特殊点(如端点、中点、圆心等)和特殊位置(如水平位置、垂直位置)。这些工具包括栅格、捕捉、正交、对象捕捉、对象追踪、对象捕捉追踪、极轴追踪、动态输入等,它们主要集中显示在状态行的辅助工具栏上,如图 10-7 所示。

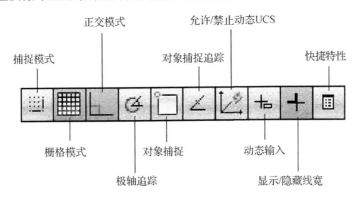

图 10-7　操作开关控制按钮

1. 点的捕捉

AutoCAD 2011 提供了"对象捕捉"工具栏,如图 10-7 和图 10-8 所示。利用这一工具,十字光标可被强制性地精确定位在已有对象的特定点和特定位置上。通过选择"工具"→"草图设置"打开如图 10-9 所示的对话框来设置捕捉选项。

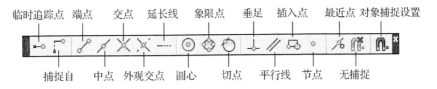

图 10-8　"对象捕捉"工具条

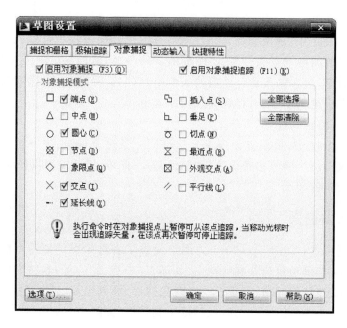

图 10 - 9 "草图设置"对话框

2. 设置捕捉和栅格

在绘制图形时,尽管可以通过移动光标来指定点的位置,但却很难精确指定点的某一位置。在 AutoCAD 2011 中,使用"捕捉"和"栅格"功能,可用来精确定位点,提高绘图效率。

(1)打开或关闭捕捉和栅格

"捕捉"用于设定鼠标光标移动的间距。"栅格"是一些标定位置的小点,起坐标纸的作用,可以提供直观的距离和位置参照。要打开或关闭"捕捉"和"栅格"功能,可以选择以下几种方法:

➤ 在 AutoCAD 2011 程序窗口的状态栏中,单击"捕捉"和"栅格"按钮。

➤ 按 F7 键打开或关闭栅格,按 F9 键打开或关闭捕捉。

➤ 选择"工具"→"草图设置"命令,打开"草图设置"对话框,在"捕捉和栅格"选项卡中选中或取消"启用捕捉"和"启用栅格"复选框。

(2)设置捕捉和栅格参数

利用"草图设置"对话框中的"捕捉和栅格"选项卡,可以设置捕捉和栅格的相关参数,各选项的功能如下:

➤ "启用捕捉"复选框:打开或关闭捕捉方式。选中该复选框,可以启用捕捉。

➤ "捕捉"选项组:设置捕捉间距、捕捉角度以及捕捉基点坐标。

➤ "启用栅格"复选框:打开或关闭栅格的显示。选中该复选框,可以启用栅格。

➤ "栅格"选项组:设置栅格间距。如果栅格的 X 轴和 Y 轴间距值为 0,则栅格采用捕捉 X 轴和 Y 轴间距的值。

➤ "捕捉类型和样式"选项组:可以设置捕捉类型和样式,包括"栅格捕捉"和"极轴捕捉"两种。

➤ "栅格行为"选项组:用于设置"视觉样式"下栅格线的显示样式。

（3）使用正交模式

在正交模式下，可以方便地绘出与当前 X 轴或 Y 轴平行的线段。在 AutoCAD 2011 程序窗口的状态栏中单击"正交"按钮，或按 F8 键，可以打开或关闭正交方式。

（4）打开对象捕捉功能

在绘图的过程中，经常要指定一些对象上已有的点，例如端点、圆心和两个对象的交点等。如果只凭观察来拾取，不可能非常准确地找到这些点。在 AutoCAD 2011 中，可以通过"对象捕捉"工具栏和"草图设置"对话框等方式调用对象捕捉功能，迅速、准确地捕捉到某些特殊点，从而精确地绘制图形。

（5）运行和覆盖捕捉模式

在 AutoCAD 2011 中，对象捕捉模式又可以分为运行捕捉模式和覆盖捕捉模式。在"草图设置"对话框的"对象捕捉"选项卡中，设置的对象捕捉模式始终处于运行状态，直到关闭为止，称为运行捕捉模式。

如果在点的命令行提示下输入关键字（如 MID、CEN、QUA 等），单击"对象捕捉"工具栏中的工具或在对象捕捉快捷菜单中选择相应命令，只临时打开捕捉模式，称为覆盖捕捉模式，该模式仅对本次捕捉点有效，在命令行中显示一个"于"标记。

要打开或关闭运行捕捉模式，可单击状态栏上的"对象捕捉"按钮。设置覆盖捕捉模式后，系统将暂时覆盖运行捕捉模式。

（6）使用自动追踪

在 AutoCAD 2011 中，自动追踪可按指定角度绘制对象，或者绘制与其他对象有特定关系的对象。自动追踪功能分极轴追踪和对象捕捉追踪两种。

极轴追踪是按事先给定的角度增量来追踪特征点，而对象捕捉追踪则按与对象的某种特定关系来追踪，这种特定的关系确定了一个未知角度。如果事先知道要追踪的方向（角度），则使用极轴追踪；如果事先不知道具体的追踪方向（角度），但知道与其他对象的某种关系（如相交），则用对象捕捉追踪。极轴追踪和对象捕捉追踪可以同时使用。

（7）使用动态输入

在 AutoCAD 2011 中，使用动态输入功能可以在指针位置处显示标注输入和命令提示等信息，从而极大地方便了绘图。

在"草图设置"对话框的"动态输入"选项卡中（见图 10-10），选中"启用指针输入"复选框，可以启用指针输入功能。可以在"指针输入"选项组中单击"设置"按钮，使用打开的"指针输入设置"对话框设置指针的格式和可见性，如图 10-11 所示。在"草图设置"对话框的"动态输入"选项卡中，选中"动态提示"选项组中的"在十字光标附近显示命令提示和命令输入（C）"复选框，可以在光标附近显示命令提示，如图 10-12 所示。

10.1.5　放大或缩小当前视窗对象

在 AutoCAD 中，缩放视图可以增加或减少图形对象的屏幕显示尺寸，但对象的真实尺寸保持不变。通过改变显示区域和图形对象的大小更准确、更详细地绘图。

在 AutoCAD 2011 中，选择"视图"→"缩放"命令（zoom）中的子命令或使用"缩放"工具栏，可以缩放视图，如图 10-13 所示。常用的缩放命令或工具有"比例"、"窗口"、"动态"和"中心"。

图 10-10　动态输入设置　　　　图 10-11　"指针输入设置"对话框

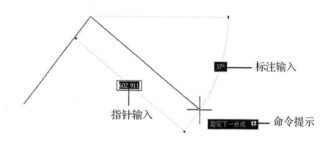

标注输入

指针输入

命令提示

图 10-12　草图动态提示

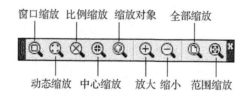

窗口缩放　比例缩放　缩放对象　全部缩放

动态缩放　中心缩放　放大　缩小　范围缩放

图 10-13　缩放工具条

1. 全部缩放

选择"视图"→"缩放"→"全部"命令，或在"标准"工具栏中单击，进入全部缩放模式，在当前视口中缩放显示整个图形。

2. 窗口缩放

选择"视图"→"缩放"→"窗口"命令，或在"标准"工具栏中单击，可以在屏幕上拾取两个对角点以确定一个矩形窗口，之后系统将矩形范围内的图形放大至整个屏幕。

3. 比例缩放

选择"视图"→"缩放"→"比例"命令，或在"标准"工具栏中单击，可以在屏幕上拾取两个对角点以确定一个矩形窗口，之后系统将矩形范围内的图形放大至整个屏幕。

4. 动态缩放视图

选择"视图"→"缩放"→"动态"命令或在"标准"工具栏中单击 🔍 ，可以动态缩放视图。当进入动态缩放模式时，在屏幕中将显示一个带"×"的矩形方框。单击鼠标左键，此时选择窗口中心的"×"消失，显示一个位于右边框的方向箭头，拖动鼠标可改变选择窗口的大小，以确定选择区域大小，最后按下 Enter 键，即可缩放图形。

5. 设置视图中心

选择"视图"→"缩放"→"中心"命令或在"标准"工具栏中单击 🔍 ，在图形中指定一点，然后指定一个缩放比例因子或者指定高度值来显示一个新视图，而选择的点将作为该新视图的中心点。如果输入的数值比默认值小，则会增大图像；如果输入的数值比默认值大，则会缩小图像。

10.2 绘图前的准备

在使用 AutoCAD 绘图前，经常需要对绘图环境的某些参数进行设置，使其更符合自己的使用习惯，从而提高绘图效率。

10.2.1 设置图形单位和精度

在中文版 AutoCAD 2011 中，用户可以选择"格式"→"单位"命令，在打开的"图形单位"对话框中设置绘图时使用的长度单位、角度单位以及单位的显示格式和精度等参数，如图 10 - 14 所示。

图 10 - 14 "图形单位"对话框

10.2.2 设置绘图界限

用户不仅可以通过设置参数选项和图形单位来设置绘图环境，还可以设置绘图界限。使用 Limits 命令或选择"格式"→"图形界限"命令来设置图形界限。它确定的区域是可见栅格指示的区域，如图 10 - 15 所示。

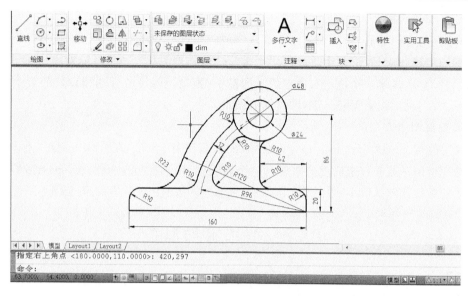

图 10-15 设置绘图界限

10.2.3 设置参数选项

单击"菜单浏览器"按钮，在弹出的菜单中单击"选项"按钮（OPTIONS），打开"选项"对话框。在该对话框中包含"文件"、"显示"、"打开和保存"、"打印和发布"、"系统"、"用户系统配置"、"草图"、"三维建模"、"选择集"和"配置"选项卡，如图 10-16 所示。用户可以根据个人需要设置绘图环境。

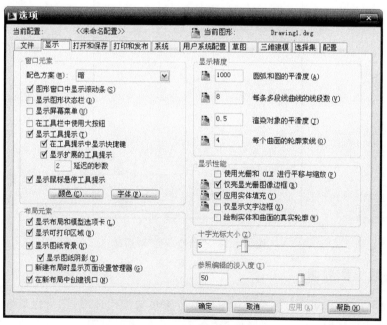

图 10-16 "选项"对话框

10.2.4　AutoCAD 2011 的图层

图层是 AutoCAD 2011 组织和管理图形的工具。所有图形对象都具有图层、颜色、线型和线宽这 4 个基本属性。使用不同的图层、不同的颜色、不同的线型和线宽绘制不同的对象和元素，方便控制了对象的显示和编辑，从而提高绘制复杂图形的效率和准确性。

1."图层特性管理器"对话框的组成

选择"格式"→"图层"命令，打开"图层特性管理器"对话框，如图 10 - 17 所示。它包括新建图层，删除图层和置为当前等内容。

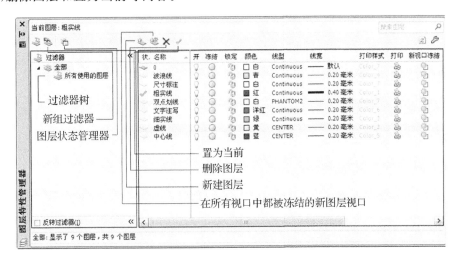

图 10 - 17　"图层特性管理器"对话框

2.创建新图层

开始绘制新图形时，AutoCAD 2011 将自动创建一个名为 0 的特殊图层。默认情况下，图层 0 将被指定使用 7 号颜色、Continuous 线型、"默认"线宽及 normal 打印样式，用户不能删除或重命名该图层 0。在绘图过程中需要先创建必要的新图层来组织图形。

在"图层特性管理器"对话框中单击"新建图层"按钮，可以创建一个名称为"图层 1"的新图层。默认情况下，新建图层与当前图层的状态、颜色、线性、线宽等设置相同。

当创建了图层后，图层的名称将显示在图层列表框中，如果要更改图层名称，可双缓击该图层名，然后输入一个新的图层名并按 Enter 键即可。

3.设置图层颜色

图层的颜色是图层中图形对象的颜色，每个图层都拥有自己的颜色，要改变图层的颜色，可在"图层特性管理器"对话框中单击图层的"颜色"列对应的图标，打开"选择颜色"对话框，如图 10 - 18 所示。

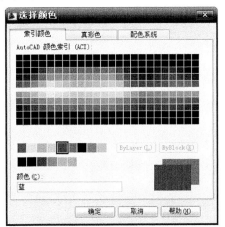

图 10 - 18　"选择颜色"对话框

4. 使用与管理线型

线型是指图形基本元素中线条的组成和显示方式,如虚线和实线等。在 AutoCAD 2011 中既有简单线型,也有由一些特殊符号组成的复杂线型,以满足不同国家或行业标准的要求。

(1)设置图层线型

在绘制图形时要使用线型来区分图形元素,这就需要对线型进行设置。默认情况下,图层的线型为 Continuous。要改变线型,可在图层列表中单击"线型"列的 Continuous,打开"选择线型"对话框,如图 10-19 所示,在"已加载的线型"列表框中选择一种线型,然后单击"确定"按钮。

(2)加载线型

默认情况下,在"选择线型"对话框的"已加载的线型"列表框中只有 Continuous 一种线型,如果要使用其他线型,必须将其添加到"已加载的线型"列表框中。可单击"加载"按钮打开"加载或重载线型"对话框,从当前线型库中选择需要加载的线型,然后单击"确定"按钮,如图 10-20 所示。

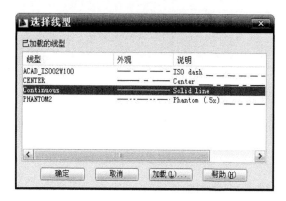

图 10-19　"选择线型"对话框　　　　图 10-20　"加载或重载线型"对话框

(3)设置线型比例

选择"格式"→"线型"命令,打开"线型管理器"对话框,可设置图形中的线型比例,从而改变非连续线型的外观,如图 10-21 所示。

图 10-21　"线型管理器"对话框

5. 设置图层线宽

要设置图层的线宽,可以在"图层特性管理器"对话框的"线宽"列中单击该图层对应的线宽"——默认",打开"线宽"对话框,如图 10 - 22 所示,有 20 多种线宽可供选择。也可以选择"格式"→"线宽"命令,打开"线宽设置"对话框,如图 10 - 23 所示,通过调整线宽比例,使图形中的线宽显示得更宽或更窄。

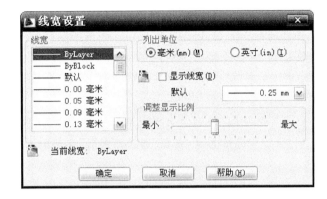

图 10 - 22　"线宽"对话框　　　　　　图 10 - 23　"线宽设置"对话框

6. 图层的其他操作

使用"图层特性管理器"对话框不仅可以创建图层,设置图层的颜色、线型和线宽,还可以对图层进行更多的设置与管理,如图层的切换、重命名、删除及图层的显示控制等。

（1）设置图层特性

使用图层绘制图形时,新对象的各种特性将默认为随层,由当前图层的默认设置决定。也可以单独设置对象的特性,新设置的特性将覆盖原来随层的特性。在"图层特性管理器"对话框中,每个图层都包含状态、名称、打开/关闭、冻结/解冻、锁定/解锁、线型、颜色、线宽和打印样式等特性。

（2）切换当前层

在"图层特性管理器"对话框的图层列表中,选择某一图层后,单击"置为当前"按钮,即可将该层设置为当前层。在实际绘图时,为了便于操作,主要通过"图层"工具栏和"对象特性"工具栏来实现图层切换,这时只需选择要将其设置为当前层的图层名称即可,如图 10 - 24 所示。此外,"图层"工具栏和"对象特性"工具栏中的主要选项与"图层特性管理器"对话框中的内容相对应,因此也可以用来设置与管理图层特性,如图 10 - 25 所示。

图 10 - 24　设置当前层

图 10 - 25 设置对象特性

(3)保存与恢复图层状态

图层设置包括图层状态和图层特性。图层状态包括图层是否打开、冻结、锁定、打印和在新视口中自动冻结。图层特性包括颜色、线型、线宽和打印样式。可以选择要保存的图层状态和图层特性。例如,可以选择只保存图形中图层的"冻结/解冻"设置,忽略所有其他设置。恢复图层状态时,除了每个图层的冻结或解冻设置以外,其他设置仍保持当前设置。在 AutoCAD 2011 中,可以使用"图层状态管理器"对话框来管理所有图层的状态。

(4)改变对象所在图层

在实际绘图中,如果绘制完某一图形元素后,发现该元素并没有绘制在预先设置的图层上,可选中该图形元素,并在"对象特性"工具栏的图层控制下拉列表框中选择预设层名即可。

10.2.5 样板图的建立

样板图是一种".dwt"文件,通过使用 AutoCAD 提供的标准样板文件和用户自定义的样板文件,可以避免重复设置绘图环境的各个项目,例如图形单位、图形界限、图框和标题栏以及图层特性等。

在 AutoCAD 2011 中新建图形时,系统会打开"选择样板"对话框,如图 10 - 26 所示,在文件列表框中列出了 AutoCAD 2011 的所有样板文件,样板文件对应的图幅分为英制和公制两种。默认情况下,图形样板文件存储在 Template 文件夹中。

如果根据现有的样板文件创建新图形,则新图形中的修改不会影响样板文件。通常存储在样板文件中的惯例和设置包括:单位类型和精度、标题栏、边框和徽标、图层名、捕捉、栅格和正交设置、图形(栅格)界限、标注样式、文字样式和线型等内容。

图 10 - 26 "选择样板"对话框

如果现有的样板文件不能满足绘图需求时,则需要用户自定义样板文件,具体方法和步骤如下:

(1)以默认设置建立一个新图形

新建一个 AutoCAD 2011 文件,打开"选择样板"对话框,采用"无样板打开－公制(M)"方式创建空白文档,如打开"acad.dwt"文件。

(2)设置图形单位和精度

在菜单栏中选择"格式"→"单位"命令,打开"图形单位"对话框,采用默认设置。

(3)设置图形界限

选择"格式"→"图形界限"命令,在命令行提示下,输入图形界限左下角的 X、Y 坐标(0,0) 和图形界限右上角的 X、Y 坐标(420,297),设置图形界限。

(4)创建图层,设置线型和颜色

在菜单栏中选择"格式"→"图层"命令,打开"图层特性管理器"对话框。单击"新建"按钮,依次建立细实线层、中心线层、尺寸标注层、波浪线层、剖面层、图框层、标题栏层,依次设置每个图层的颜色、线型和线宽属性。设置完成后,单击"确定"按钮关闭对话框。

(5)保存样板图文件

选择"文件"→"保存"或"文件"→"另存为"命令,打开"保存"→"图形另存为"对话框,如图 10－27 所示。在"存为类型"下拉列表框中选择"AutoCAD 样板文件(＊.dwt)"选项,输入文件名"机械制图 A3 图幅",单击"保存"按钮,保存文件。系统打开"样板选项"对话框,如图 10－28 所示,输入对该模板图形的描述和说明,例如,"标准国际(公制)图形样板。使用颜色相关打印样式",也可以省略不输。单击"确定"按钮,下次绘图时,可以打开该样板图文件,在此基础上绘图。

图 10－27　"图形另存为"对话框

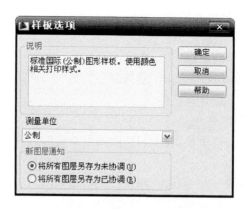

图 10 - 28 "样板选项"对话框

10.3 AutoCAD 2011 的主要命令

10.3.1 AutoCAD 2011 的绘图命令

无论是简单图形还是复杂图形,都是由直线、圆、圆弧等组成。只要熟练地掌握 AutoCAD 的基本绘图命令,就能绘制出机械图样。

"绘图"工具栏(见图 10 - 29)中的每个工具按钮都与"绘图"菜单中的绘图命令相对应,是图形化的绘图命令,具体功能与操作如表 10 - 1 所列。

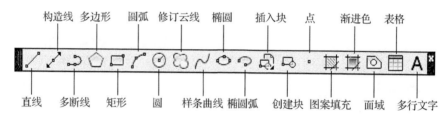

图 10 - 29 绘图工具栏

表 10 - 1 常用的绘图命令

功　能	菜单及命令行		操作示例	说　明
画直线	工具图标			(1)最初由两点决定一直线,若继续输入第三点,则画出第二条直线,以此类推。 (2)坐标输入可采取绝对坐标或相对坐标;第三点为相对坐标输入。 闭合(C):图形封闭; 放弃(U):取消刚绘制的直线段。
	菜单	"绘图"→"直线"	命令:_line 指定第一点:10,10 指定下一点或 [放弃(U)]:@10,20 指定下一点或 [放弃(U)]:@0,-10 指定下一点或 [闭合(C)/放弃(U)]:c	
	命令行	line↙		

功　能	菜单及命令行		操作示例	说　明
画矩形	工具图标	□	命令：_rectang 指定第一个角点或［倒角（C）/标高（E）/圆角（F）/厚度（T）/宽度（W）］：50,100 指定另一个角点或［面积（A）/尺寸（D）/旋转（R）］：@400,200	该命令可以绘制不同线宽的矩形以及带圆角的矩形。 （1）如果要改变矩形的线框，在提示项中先选（W）； （2）如果要画带有圆角的矩形，在提示项中先选（F）； （3）如果要画带有倒角的矩形，在提示项中先选（C）。
	菜单	"绘图"→"矩形"		
	命令行	rectangle✓		
画3到1 024边的正多边形	工具图标	⬠	命令：_polygon 输入边的数目 <4>：5 指定正多边形的中心点或［边（E）］：400,400 输入选项［内接于圆（I）/外切于圆（C）］<I>：I（选择画正多边形的方式） 指定圆的半径：200（输入半径）	polygon 画正多边形有三种方法： 设置外切与圆半径（C）； 设置内接与圆半径（D）； 设置正多边形的边长（E）。
	菜单	"绘图"→"正多边形"		
	命令行	polygon✓		
画一段圆弧	工具图标	⌒	命令：_arc 指定圆弧的起点或［圆心（C）］：100,100 指定圆弧的第二个点或［圆心（C）/端点（E）］：c 指定圆弧的圆心：@150,200 指定圆弧的端点或［角度（A）/弦长（L）］：a 指定包含角：175	默认按逆时针画圆弧。若所画圆弧不符合要求，可将起始点及终点调换次序后重画；如果有回车键回答第一次提问，则以上次所画线或圆弧的中点及方向作为本次所画圆弧的起点及起始方向。 绘制圆弧共有 10 种方法，用户可根据需要进行选择。
	菜单	"绘图"→"圆弧"		
	命令行	arc✓		
绘制圆	工具图标	◉	命令：_circle 指定圆的圆心或［三点（3P）/两点（2P）/相切、相切、半径（T）］：100,100 指定圆的半径或［直径（D）］：50	（1）半径或直径的大小可直接输入或在屏幕上取两点间的距离。 （2）circle命令主要有以下选项： 2P——用直径的两个端点决定圆； 3P——三点决定圆； TTR——与两物相切配合半径决定圆； C,R——圆心配合半径决定圆； C,D——圆心配合直径决定圆。
	菜单	"绘图"→"圆"		
	命令行	circle✓		

功　能	菜单及命令行		操作示例	说　明
绘制椭圆	工具图标	(图标)	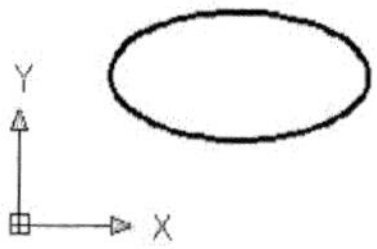 (椭圆图示)	在绘制椭圆和椭圆弧时执行的是同一个命令,即 ellipse。
	菜单	"绘图"→"椭圆"	命令：_ellipse 指定椭圆的轴端点或[圆弧(A)/中心点(C)]：	
	命令行	ellipse ↙	指定轴的另一个端点： 指定另一条半轴长度或[旋转(R)]：	
绘制样条曲线	工具图标	(图标)	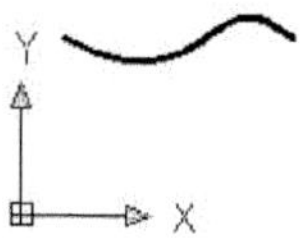 (样条曲线图示)	用输入一系列点和首末点的切线方向画一条样条曲线。机械制图中的波浪线就需用此命令绘制。 　一根波浪线至少要去 4 个点,起点和终点必须在轮廓线上(若在轮廓线外,可用编辑命令(trim)将多余的线修剪掉)。
	菜单	"绘图"→"样条曲线"	命令：_spline 指定第一个点或[对象(O)]： 指定下一点： 指定下一点或[闭合(C)/拟合公差(F)]<起点切向>：	
	命令行	spline ↙	指定下一点或[闭合(C)/拟合公差(F)]<起点切向>： 指定起点切向： 指定端点切向：	
绘制点	工具图标	(图标)	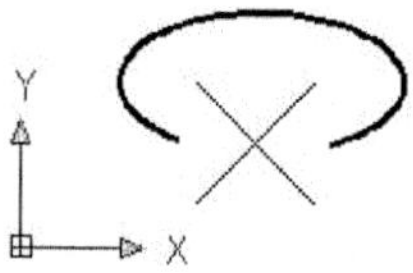 (点图示)	在 AutoCAD 2011 中,点对象有单点、多点、定数等分和定距等分 4 种。 　PDMODE 为点的样式设置命令,左图为 PDMODE＝3 的点的样式。 　PDSIZE 为点的大小设置命令。
	菜单	"绘图"→"点"	命令：_point 当前点模式：PDMODE＝0 PDSIZE＝0.0000 (按 Esc 结束命令)	
	命令行	point ↙		

10.3.2　AutoCAD 2011 的修改命令

在 AutoCAD 2011 中,要绘制较为复杂的图形,就必须借助于图形编辑命令。在选择对象后,可以使用夹点或修改菜单和修改工具栏中的编辑命令对图形进行编辑修改。

1. 编辑对象的方法

在 AutoCAD 2011 中,用户可以使用夹点对图形进行简单编辑,或综合使用"修改"菜单和"修改"工具栏中的多种编辑命令对图形进行较为复杂的编辑。

（1）使用夹点编辑对象

在选择对象时,在对象上将显示若干个小方框,这些小方框用来标记被选中对象的夹点,夹点就是对象上的控制点。然后单击其中一个夹点作为基点,可进行拉伸、旋转、移动、缩放及镜像等图形编辑操作。

（2）修改菜单

"修改"菜单用于编辑图形,创建复杂的图形对象。"修改"菜单中包含了 AutoCAD 2011 的大部分编辑命令,通过选择该菜单中的命令或子命令,可以完成对图形的所有编辑操作,合理地构造和组织图形,保证绘图的准确性,简化绘图操作。

（3）修改工具栏

如图 10 - 30 所示,"修改"工具栏的每个工具按钮都与"修改"菜单中相应的绘图命令相对应,单击即可执行相应的修改操作,具体功能如表 10 - 2 所列。

图 10 - 30　"修改"工具条

表 10 - 2　常用的实体编辑命令

功　能	命令输入		操作示例	图　例
删除图形中部分或全部实体	工具图标		命令：_erase 选择对象：（选择欲删除的实体）	
	菜单	"编辑"→"删除"		
	命令行	erase ✓		
复制一个实体,原实体保持不变	工具图标		命令：_copy 选择对象：找到 6 个 指定基点或[位移(D)]＜位移＞： 指定第二个点或 ＜使用第一个点作为位移＞:P1 指定第二个点或 [退出(E)/放弃(U)]＜退出＞: P2	P1　　　　P2
	菜单	"编辑"→"复制"		
	命令行	copy ✓		
将实体作镜像复制,原实体可保留也可删除	工具图标		命令：_mirror 选择对象：指定对角点：找到 6 个 选择对象： 指定镜像线的第一点：指定镜像线的第二点： 要删除源对象吗？[是（Y）/否（N）]＜N＞:	P1　　　　P2
	菜单	"编辑"→"镜像"		
	命令行	mirror ✓		

191

功　能	命令输入		操作示例	图　例
将选中的实体按矩形或环形的排列方式进行复制,产生的每个目标可单独处理	工具图标	⊞	在对被选中的实体进行环形阵列时,如果选中"复制时旋转项目"所对应的复选框,则旋转被阵列实体,否则不旋转。"阵列"对话框如图10－31所示。	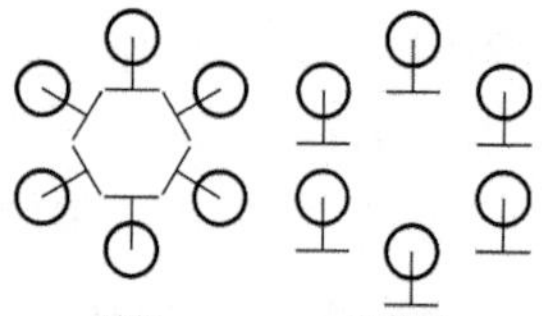 旋转　　不转旋
	菜单	"编辑"→"阵列"		
	命令行	array↙		
将实体从当前位置移动到另一新位置	工具图标	✥	命令:_move 选择对象:找到 6 个 指定基点或［位移(D)］＜位移＞:P1 指定第二个点或 ＜使用第一个点作为位移＞:P2	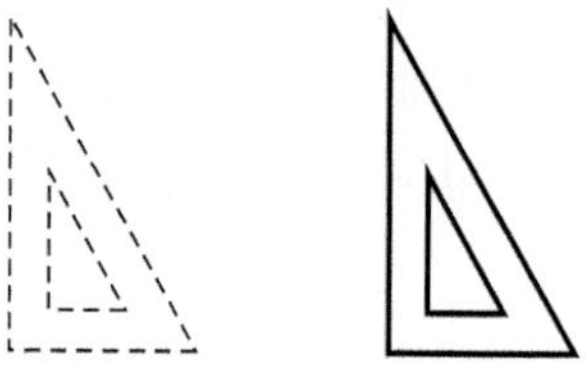 P1　　P2
	菜单	"编辑"→"移动"		
	命令行	move↙		
复制一个与选定实体平行并保持距离的实体到指定的那一边	工具图标	⌐	命令:_offset 当前设置:删除源＝否图层＝源 OFFSETGAPTYPE＝0 指定偏移距离或［通过(T)/删除(E)/图层(L)］＜10.0000＞:10 选择要偏移的对象或［退出(E)/放弃(U)］＜退出＞: 指定要偏移的那一侧上的点,或［退出(E)/多个(M)/放弃(U)］＜退出＞: 选择要偏移的对象,或［退出(E)/放弃(U)］＜退出＞:	
	菜单	"编辑"→"偏移"		
	命令行	offset↙		
将实体绕某一基准点旋转一定角度	工具图标	↻	命令:_rotate UCS当前的正角方向:ANGDIR＝逆时针 ANGBASE＝0 选择对象:找到 6 个 指定基点: 指定旋转角度或［复制(C)/参照(R)］＜300＞:30	 P1　　P2
	菜单	"编辑"→"旋转"		
	命令行	rotate↙		
移动或拉伸对象	工具图标	▱	操作方式根据图形对象在选择框中的位置决定。执行该命令时,可以使用"交叉窗口"方式或者"交叉多边形"方式选择对象,然后移动或拉伸(或压缩)与选择窗口边界相交的对象。 命令:_stretch 指定拉伸点或［基点(B)/复制(C)/放弃(U)/退出(X)］:	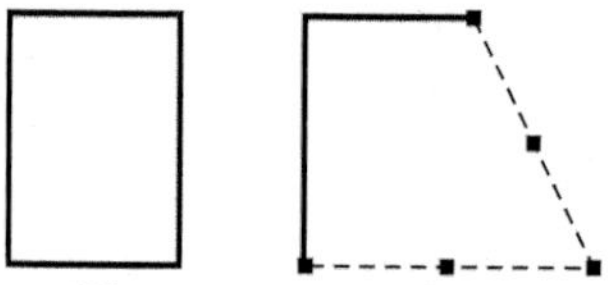 P1　　P2
	菜单	"编辑"→"拉伸"		
	命令行	stretch↙		

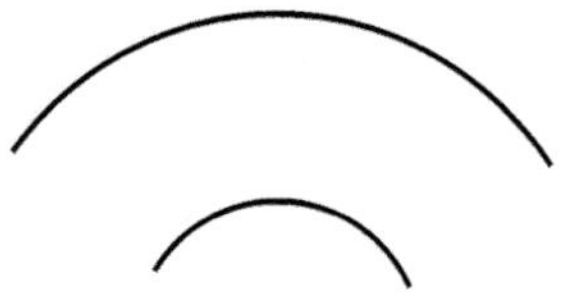

功　能	命令输入		操作示例	图　例
以某些实体作为边界，将另外某些不需要的部分剪掉	工具图标		命令：_trim 选择要修剪的对象，或按住 Shift 键选择要延伸的对象，或［栏选（F)/窗交(C)/投影(P)/边(E)/删除(R)/放弃(U)］：	 修剪前　　　修剪后 注意：选择被剪切边时，必须选在要删除的部分
	菜单	"编辑"→"修剪"		
	命令行	trim✓		
以某些实体作为边界，将另外一些实体延伸到此边界	工具图标		命令：_extend 选择边界的边… 选择对象或＜全部选择＞： 选择要延伸的对象，或按住 Shift 键选择要修剪的对象，或［栏选（F)/窗交(C)/投影(P)/边(E)/放弃(U)］：	
	菜单	"编辑"→"延伸"		
	命令行	extend✓		
修改线段或者圆弧的长度	工具图标		命令：_lengthen 选择对象或［增量（DE)/百分数(P)/全部(T)/动态(DY)］：de 输入长度增量或［角度（A）］＜0.0000＞：2 选择要修改的对象或［放弃(U)］：	
	菜单	"编辑"→"拉长"		
	命令行	lengthen✓		
将对象在一点处断为两个对象	工具图标		该命令是从"打断"命令中派生出来的。 命令：_break 选择对象： 指定第二个打断点 或［第一点(F)］：_f 指定第一个打断点： 指定第二个打断点：	
	菜单	"编辑"→"打断于点"		
	命令行	break✓		
将线、圆、弧和多义线等断开为两段	工具图标		命令：_break 选择对象： 指定第二个打断点 或［第一点(F)］： 说明：如果输入"@"表示第二个断点和第一个断点是同一点，相当于将实体分成两段。	
	菜单	"编辑"→"打断"		
	命令行	break✓		

功　能	命令输入		操作示例	图　例
连接某一连续图形上的两个部分,或者将某段圆弧闭合为整圆	工具图标	⊷	命令：_join 选择源对象： 选择圆弧,以合并到源或进行［闭合(L)］:L 已将圆弧转换为圆	合并前　　合并后
	菜单	"编辑"→"合并"		
	命令行	join↙		
对两条直线或多义线倒斜角	工具图标	◻	命令：_chamfer 选择第一条直线或［放弃(U)/多段线(P)/距离(D)/角度(A)/修剪(T)/方式(E)/多个(M)］:d 指定第一个倒角距离<0.0000>:2 指定第二个倒角距离<2.0000>:2 选择第一条直线或［放弃(U)/多段线(P)/距离(D)/角度(A)/修剪(T)/方式(E)/多个(M)］: 选择第二条直线,或按住 Shift 键选择要应用角点的直线	
	菜单	"编辑"→"倒角"		
	命令行	chamfer↙		
将实体按一定比例放大或缩小	工具图标	◻	命令：_scale 选择对象：找到 6 个 指定基点： 指定比例因子或［复制(C)/参照(R)］<1.0000>:0.5	
	菜单	"编辑"→"缩放"		
	命令行	scale↙		
对两实体或多义线进行圆弧连接	工具图标	◻	命令：_fillet 指定圆角半径<0.0000>:2 选择第一个对象或［放弃(U)/多段线(P)/半径(R)/修剪(T)/多个(M)］: 选择第 2 个对象	
	菜单	"编辑"→"圆角"		
	命令行	fillet↙		
将矩形、块等由多个对象边组成的组合对象分解成独立的实体	工具图标	🔲	命令：_explode 选择对象：找到 1 个 选择对象：	
	菜单	"编辑"→"分解"		
	命令行	explode↙		

194

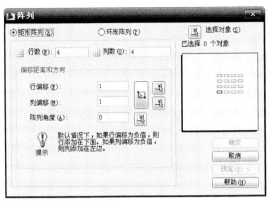
(a) 矩形阵列

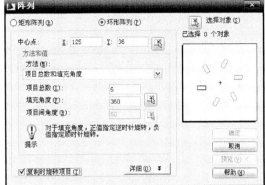
(b) 环形阵列

图 10 - 31　"阵列"对话框

2. 编辑对象特性

对象的颜色、线型、图层、线宽、对象的尺寸和位置等可以直接在"特性"选项板中设置和修改。选择"修改"→"特性"命令,或选择"工具"→"特性"命令,也可以在"标准"工具栏中单击按钮 ,打开"特性"选项板。

如图 10 - 32 所示,"特性"选项板中显示了当前选择集中对象的所有特性和特性值,当选中多个对象时,将显示它们的共有特性。

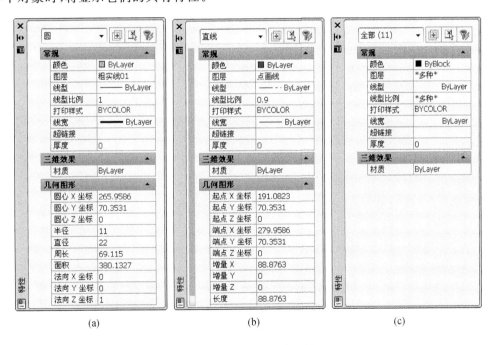

(a)　　　　　　　　　　(b)　　　　　　　　　　(c)

图 10 - 32　"特性"选项板

10.3.3　AutoCAD 2011 的尺寸命令

1. 添加文字

文字对象是 AutoCAD 2011 图形中很重要的图形元素,是机械制图和工程制图中不可缺少的组成部分。在一个完整的图样中,通常都包含文字注释来标注图样中的一些非图形信息。例如,机械工程图形中的技术要求、装配说明,以及工程制图中的材料说明、施工要求等。

(1)创建并设置文字样式

在 AutoCAD 2011 中,所有文字都有与之相关联的文字样式。在填写文字注释和尺寸标注时,AutoCAD 2011 通常使用当前的文字样式,也可以根据具体要求重新设置文字样式或创建新的样式。文字样式包括文字"字体"、"字型"、"高度"、"宽度系数"以及"垂直"等参数。

选择"格式"→"文字样式"命令,打开"文字样式"对话框,如图 10-33 所示。利用该对话框可以修改或创建文字样式,并设置文字的当前样式。AutoCAD 2011 提供了符合标注要求的字体文件,常用的有 gbenor.shx、gbeitc.shx 和 gbcbig.shx 文件。其中,gbenor.shx 和 gbeitc.shx 文件分别用于标注直体和斜体字母与数字;gbcbig.shx 则用于标注中文。

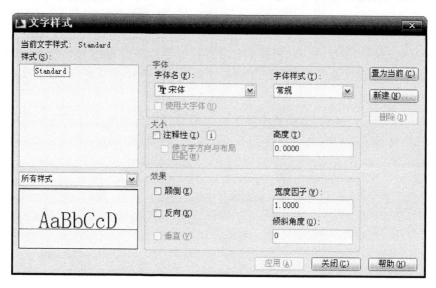

图 10-33 "文字样式"对话框

在绘制机械图样时,可以根据对汉字及数字、字母的不同要求,设置两种文本样式,分别用于汉字及数字、字母的输入,这样不仅可以获得美观的文字效果,又可以达到输入特殊字符的目的。

打开"A3 图幅-横放"样板图,在其中设置两种文本样式,即汉字和数字、字母。设置完成后,保存样板文件。

(2)创建单行文字

在 AutoCAD 2011 中,"文字"工具栏可以创建和编辑文字。对于单行文字来说,每一行都是一个文字对象。

选择"绘图"→"文字"→"单行文字"命令(dtext),或在"文字"工具栏中单击"单行文字"按钮,可以创建单行文字对象。

在实际设计绘图中,往往需要标注一些特殊的字符。例如,在文字上方或下方添加划线、标注度(°)、±、ϕ 等符号。这些特殊字符不能从键盘上直接输入,因此 AutoCAD 2011 提供了相应的控制符,以实现这些标注要求。

在 AutoCAD 2011 的控制符中,％％O 和％％U 分别是上划线与下划线的开关。第 1 次出现此符号时,可打开上划线或下划线,第 2 次出现该符号时,则会关掉上划线或下划线。

在"输入文字:"提示下,输入控制符时,这些控制符也临时显示在屏幕上,当结束文本创建命令时,这些控制符将从屏幕上消失,转换成相应的特殊符号。常用的特殊字符输入格式如下:％％D 表示"°"符号;％％P 表示"±"符号;％％C 表示"Φ"符号。

单行文字可进行单独编辑。编辑单行文字包括编辑文字的内容、对正方式及缩放比例,可以选择"修改"→"对象"→"文字"子菜单中的命令进行设置,各命令的功能如下:

➢"编辑"命令(ddedit):选择该命令,然后在绘图窗口中单击需要编辑的单行文字,进入文字编辑状态,可以重新输入文本内容。

➢"比例"命令(scaletext):选择该命令,然后在绘图窗口中单击需要编辑的单行文字,此时需要输入缩放的基点以及指定新高度、匹配对象(M)或缩放比例(S)。

➢"对正"命令(justifytext):选择该命令,然后在绘图窗口中单击需要编辑的单行文字,此时可以重新设置文字的对正方式。

(3)创建多行文字

"多行文字"又称为段落文字,是一种更易于管理的文字对象,可以由两行以上的文字组成,而且各行文字都是作为一个整体处理。选择"绘图"→"文字"→"多行文字"命令(mtext),或在"绘图"工具栏中单击"多行文字"按钮,然后在绘图窗口中指定一个用来放置多行文字的矩形区域,将打开"文字格式"工具栏和文字输入窗口。利用它们可以设置多行文字的样式、字体及大小等属性。

单击"堆叠/非堆叠"按钮,可以创建堆叠文字(堆叠文字是一种垂直对齐的文字或分数)。在使用时,需要分别输入分子和分母,其间使用/、♯或^分隔,然后选择这一部分文字,单击按钮即可。

在多行文字的文字输入窗口中,可以直接输入多行文字,也可以在文字输入窗口中右击,从弹出的快捷菜单中选择"输入文字"命令,将已经在其他文字编辑器中创建的文字内容直接导入到当前图形中。

要编辑创建的多行文字,可选择"修改"→"对象"→"文字"→"编辑"命令(ddedit),并单击创建的多行文字,打开多行文字编辑窗口,然后参照多行文字的设置方法,修改并编辑文字。也可以在绘图窗口中双击输入的多行文字,或在输入的多行文字上右击,从弹出的快捷菜单中选择"重复编辑多行文字"或"编辑多行文字"命令,打开多行文字编辑窗口。

在绘制零件图和装配图时,标题栏、明细栏、尺寸标注以及技术要求中的字体高度是不相同的,如文字高度一般为 7 mm,零件图和装配图的名称为 10 mm,标题栏中其他文字为 5 mm,尺寸文字为 5 mm。这种情况下,可以分别设置文字样式,如一般注释、标题栏中零件名、标题栏注释以及尺寸标注等;也可以按样板图中事先设置好的文字样式进行绘图,再用文字编辑命令改变字体的高度。

2. 标注尺寸

AutoCAD 2011 包含了一套完整的尺寸标注命令和实用程序,使用它们足以完成图纸中要求的尺寸标注。在进行尺寸标注之前,应了解 AutoCAD 2011 尺寸标注的组成,标注样式的创建和设置方法。

(1)创建尺寸标注的基本步骤

在 AutoCAD 2011 中对图形进行尺寸标注的基本步骤如下：

➢ 选择"格式"→"图层"命令,在打开的"图层特性管理器"对话框中创建一个独立的图层,用于尺寸标注。

➢ 选择"格式"→"文字样式"命令,在打开的"文字样式"对话框中创建一种文字样式,用于尺寸标注。

➢ 选择"格式"→"标注样式"命令,在打开的"标注样式管理器"对话框中设置样式。

➢ 使用对象捕捉和标注等功能,对图形中的元素进行标注。

(2)创建标注样式

选择"格式"→"标注样式"命令,打开"标注样式管理器"对话框,如图 10 - 34 所示。

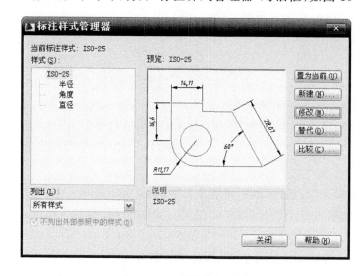

图 10 - 34 "标注样式管理器"对话框

单击"新建"按钮,在打开的"新建标注样式"对话框中即可创建新标注样式,如图 10 - 35 所示。"新建标注样式"对话框各选项的功能如下：

➢ "线"选项卡。"尺寸线"选项组:设置尺寸线的颜色、线宽及尺寸线与图形、尺寸线之间的距离等;"尺寸界线"选项组:设置尺寸界线的颜色、线宽以及超出尺寸线的长度等。

➢ "符号和箭头"选项卡。"箭头"选项组:设置尺寸线和引线箭头的类型及尺寸大小等,通常情况下,尺寸线的两个箭头应一致;"圆心标记"选项组:设置圆或圆弧的圆心标记类型,如"标记"、"直线"和"无";"弧长符号"选项组:设置弧长符号显示的位置,包括"标注文字的前缀"、"标注文字的上方"和"无"3 种方式;"半径标注折弯"选项组:设置标注圆弧半径时标注线的折弯角度大小。

➢ "文字"选项卡。"文字外观"选项组:设置文字的样式、颜色、高度和分数高度比例,以及控制是否绘制文字边框;"文字位置"选项组:设置文字的垂直、水平位置以及从尺寸线的偏移量;"文字对齐"选项组:设置标注文字是保持水平还是与尺寸线平行。

④"调整"选项卡。"调整选项"选项组：用于设置文字和尺寸的管理规则及标注特征比例；"文字位置"选项组：设置当文字不在默认位置时的位置；"标注特征比例"选项组：设置标注尺寸的特征比例，以便通过设置全局比例来增加或减少各标注的大小；"优化"选项组：可以对标注文本和尺寸线进行细微调整。

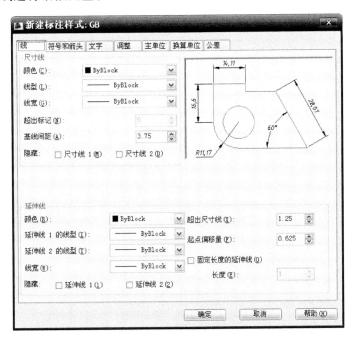

图 10 - 35 "新建标注样式"对话框

⑤"主单位"选项卡。"线性标注"选项组：设置线性标注的单位格式与精度；"测量单位比例"选项组：使用"比例因子"文本框可以设置测量尺寸的缩放比例，AutoCAD 2011 的实际标注值为测量值与该比例的积；选中"仅应用到布局标注"复选框，可以设置该比例关系仅适用于布局；"消零"选项组：设置是否显示尺寸标注中的前导和后续零；"角度标注"选项组：使用"单位格式"下拉列表框设置标注角度时的单位，使用"精度"下拉列表框设置标注角度的尺寸精度，使用"消零"选项组设置是否消除角度尺寸的前导和后续零。

⑥"换算单位"选项卡。设置换算单位的格式。

⑦"公差"选项卡。设置是否标注公差，以及以何种方式进行标注。

(3)尺寸标注与编辑标注对象

了解尺寸标注的组成与规则、标注样式的创建和设置方法后，可以使用标注工具标注图形。AutoCAD 2011 提供了完善的标注命令，例如使用"直径"、"半径"、"角度"、"线性"、"圆心标记"等标注命令，可以对直径、半径、角度、直线及圆心位置等进行标注。

①尺寸标注：AutoCAD 将尺寸标注命令进行了分类，常用的尺寸标注命令如表 10 - 3所列。

表 10 - 3 常用的尺寸标注命令

命　令	命令输入		说　明	图　例
线性尺寸标注命令,用于标注水平、垂直线性尺寸	图例	⊢⊣	命令:_dimlinear 指定第一条尺寸界线原点或＜选择对象＞: 指定第二条尺寸界线原点: 指定尺寸线位置或［多行文字(M)/文字(T)/角度(A)/水平(H)/垂直(V)/旋转(R)］: 标注文字 ＝ 22	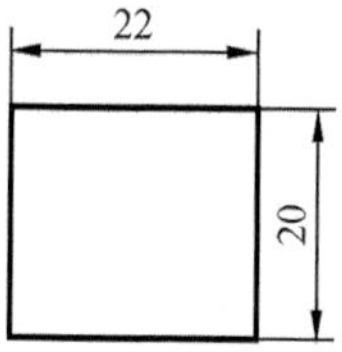 22, 20 矩形
	菜单	"标注"→"线性"		
	命令行	dimlinear ↙		
对齐(平行)型尺寸标注命令,用于倾斜尺寸的标注	图例	✐	命令:_dimaligned 指定第一条尺寸界线原点或＜选择对象＞: 指定第二条尺寸界线原点: 指定尺寸线位置或［多行文字(M)/文字(T)/角度(A)］: 标注文字 ＝10	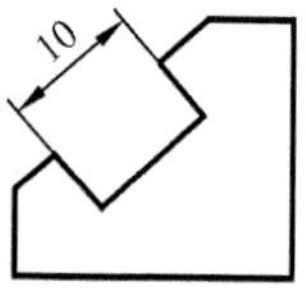 10 斜线
	菜单	"标注"→"对齐"		
	命令行	dimaligned ↙		
弧长标注命令,可以标注圆弧线段或多段线圆弧线段部分的弧长	图例	⌒	命令:_dimarc 选择弧线段或多段线弧线段: 指定弧长标注位置或［多行文字(M)/文字(T)/角度(A)/部分(P)/引线(L)］: 标注文字 ＝ 17	 ⌒17
	菜单	"标注"→"弧长"		
	命令行	dimarc ↙		
基线型尺寸标注命令,用于以同一条尺寸界线为基准,标注多个尺寸。在采用基线方式标注之前,一般应先标注出一个线性尺寸(如右图中尺寸10),再执行该命令	图例	⊢⊢	命令:_dimbaseline 指定第二条尺寸界线原点或［放弃(U)/选择(S)］＜选择＞: 标注文字 ＝ 23 指定第二条尺寸界线原点或［放弃(U)/选择(S)］＜选择＞: 系统重复该提示,采用空响应可结束该命令(尺寸线间的距离由尺寸标注样式的设置所决定)	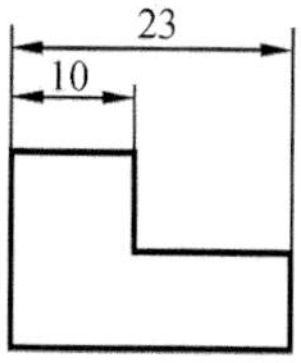 23, 10
	菜单	"标注"→"基线"		
	命令行	dimbaseline ↙		
连续型尺寸标注命令,用于首尾相连的尺寸标注,在采用该方式标注之前,应先标注出一个线性尺寸,再执行该命令	图例	⊢⊢⊣	命令:_dimcontinue 指定第二条尺寸界线原点或［放弃(U)/选择(S)］＜选择＞: 标注文字 ＝ 13 指定第二条尺寸界线原点或［放弃(U)/选择(S)］＜选择＞:(系统重复该提示,采用空响应可结束该命令)	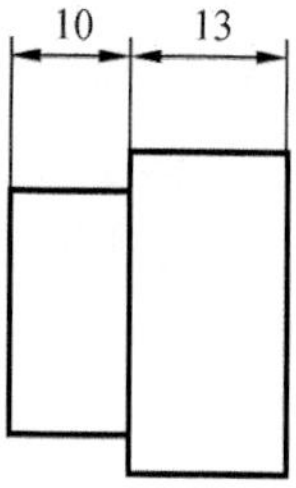 10 13
	菜单	"标注"→"连续"		
	命令行	dimcontinue ↙		

命 令	命令输入		说 明	图 例
半径型尺寸标注命令，标注圆和圆弧的半径尺寸	图例		命令：_dimradius 选择圆弧或圆： 标注文字 = 15 指定尺寸线位置或［多行文字（M）/文字（T）/角度（A）］：	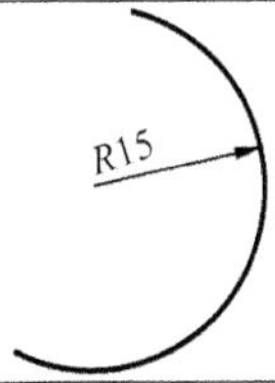 R15
	菜单	"标注"→"半径"		
	命令行	dimradius ↙		
折弯型尺寸标注命令，可以折弯标注圆和圆弧的半径，但需要指定一个位置代替圆或圆弧的圆心	图例		命令：_dimjogged 选择圆弧或圆： 指定中心位置替代： 标注文字 = 88 指定尺寸线位置或［多行文字（M）/文字（T）/角度（A）］： 指定折弯位置：	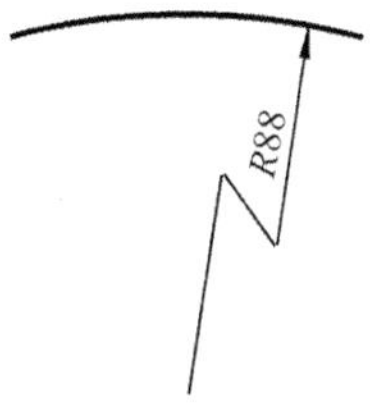 R88
	菜单	"标注"→"折弯"		
	命令行	dimjogged ↙		
直径型尺寸标注命令，用于标注指定圆和圆弧的直径尺寸。该命令先选择需要标注的圆和圆弧，然后给出尺寸数字的位置	图例		当通过"多行文字（M）"和"文字（T）"选项重新确定尺寸文字时，需要在尺寸文字前加前缀%%C，才能使标出的直径尺寸有直径符号φ	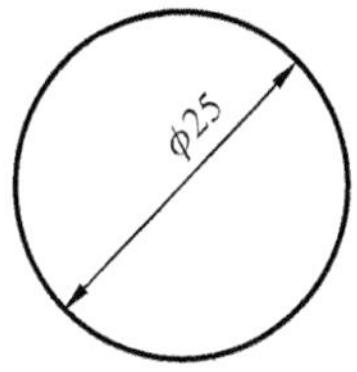 φ25
	菜单	"标注"→"直径"		
	命令行	dimdiameter ↙		
角度型尺寸标注命令，可以标注圆和圆弧的角度、两条直线间的角度，或者三点间的角度	图例		命令：_dimangular 选择圆弧、圆、直线或<指定顶点>： 选择第二条直线： 指定标注弧线位置或［多行文字（M）/文字（T）/角度（A）］：41	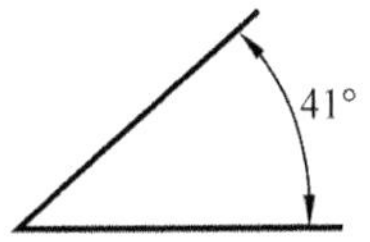 41°
	菜单	"标注"→"角度"		
	命令行	dimangular ↙		
圆心标记命令，可标注圆和圆弧的圆心。此时只需要选择待标注其圆心的圆弧或圆即可	图例		命令：_dimcenter 选择圆弧或圆：	+
	菜单	"标注"→"圆心标记"		
	命令行	dimcenter ↙		
坐标标注命令，标注某点相对于用户坐标原点的坐标	图例		命令：_dimordinate 指定点坐标： 指定引线端点或［X 基准（X）/Y 基准（Y）/多行文字（M）/文字（T）/角度（A）］：108,67	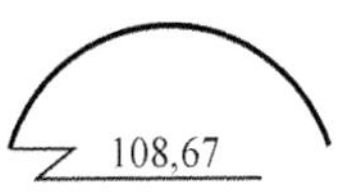 108,67
	菜单	"标注"→"坐标"		
	命令行	dimordinate ↙		
引线型（旁注）尺寸标注命令，可以实现多行文本的引出功能，旁注指引线既可以是折线，又可以是样条曲线；旁注指引线的起始端可以有箭头，也可以没有箭头	图例		执行该命令，命令提示为：指定第一个引线点或［设置（S）］<设置>：给定引线起点，若输入 S，则可进行该命令的设置，其设置内容如图 10-36所示	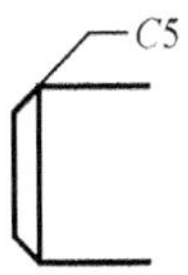 C5
	菜单	"标注"→"引线"		
	命令行	qleader ↙		

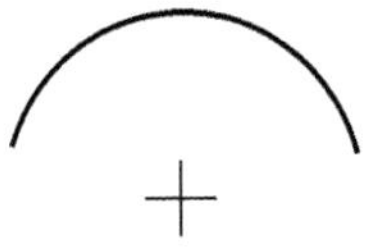

续表 10－3

命　令	命令输入		说　明	图　例
快速标注尺寸命令,该命令可以快速创建成组的基线、连续、阶梯和坐标标注,快速标注多个圆、圆弧,以及编辑现有标注的布局	图例	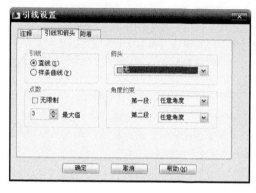	命令：_qdim 选择要标注的几何图形：(可选择一个或多个) 指定尺寸线位置或［连续(C)/并列(S)/基线(B)/坐标(O)/半径(R)/直径(D)/基准点(P)/编辑(E)/设置(T)］＜连续＞：	
	菜单	"标注"→"快速标注"		
	命令行	qdim↙		

(a)　　　　　　　　　　　　　　　(b)

图 10－36　"引线设置"对话框

② 编辑尺寸标注:尺寸标注完成以后,用户还可以方便地对其进行编辑修改,例如对已标注对象的文字、位置及样式等内容进行修改,而不必删除所标注的尺寸对象再重新进行标注,具体功能如表 10－4 所列。

表 10－4　尺寸编辑命令

命　令	命令输入		说　明	图　例
编辑标注命令,用于修改尺寸文字的内容,或调整文字的位置,或改变尺寸界线的方向等	图例	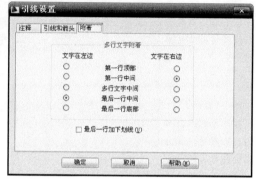	命令：_ dimedit 输入标注编辑类型［默认(H)/新建(N)/旋转(R)/倾斜(O)］＜默认＞：	22　20　22　20
	菜单	"标注"→"倾斜"		
	命令行	dimedit↙		

命　令	命令输入		说　明	图　例
尺寸标注(文字移动和旋转标注)文字编辑命令,用于修改尺寸文字的位置	图例	⊢Ａ⊣	命令：_dimtedit 选择标注： 指定标注文字的新位置或〔左(L)/右(R)/中心(C)/默认(H)/角度(A)〕：	22 20 22 20
	菜单	"标注"→"编辑标注文字"		
	命令行	dimtedit↙		

3. 尺寸公差的标注

在零件图中,常见的尺寸公差标注形式如图 10 - 37 所示。该类公差尺寸的标注应在"标注样式管理器"对话框中进行。其中,上偏差为 +0.015、下偏差为 +0.002,上偏差为 +0.021、下偏差为 0 在如图 10 - 38 所示的对话框中设置。"$\phi30\pm0.026$"可在尺寸标注时,采用文字的形式直接输入。

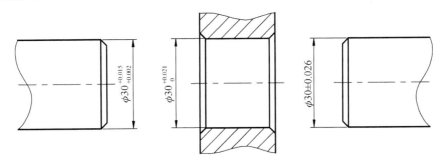

图 10 - 37　公差标注参数设置

4. 形位公差标注

在图样上标注形位公差时采用代号标注。标注形位公差代号一般可以采用两个命令实现:其一是采用"引线"型尺寸标注命令,注写带引线的形位公差代号;其二是采用"公差命令",注写不带引线的形位公差代号。如图 10 - 39 所示,现以轴的同轴度为例,介绍"引线"型尺寸标注命令标注形位公差的方法。具体操作步骤如下:

(1)单击按钮👆,执行"引线"命令。

(2)设置"引线设置"对话框,注写形位公差代号。在命令提示行中输入"s",即可调出"引线设置"对话框,其设置如图 10 - 40 所示。

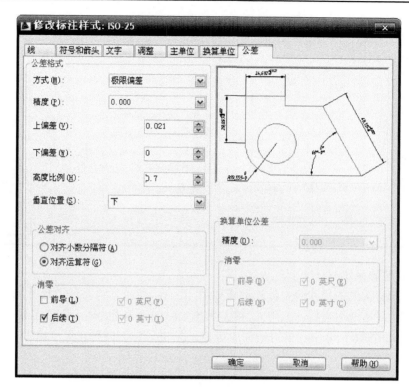

图 10 - 38　公差标注参数设置

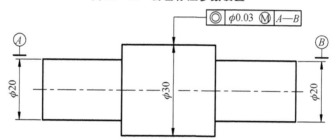

图 10 - 39　形位公差标注示例

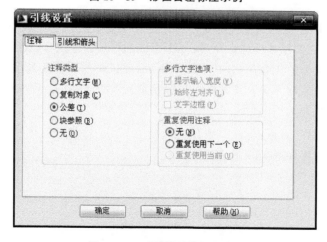

图 10 - 40　"引线设置"对话框

命令：_qleader

指定第一个引线点或［设置(S)］＜设置＞：s；

指定第一个引线点或［设置(S)］＜设置＞：给定被测要素上一点；

指定第一个引线点或［设置(S)］＜设置＞：给定指引线上一点；

指定第一个引线点或［设置(S)］＜设置＞：给定折线上一点，并弹出"形位公差"对话框，如图 10-41 所示。

指定第一个引线点或［设置(S)］＜设置＞：

指定下一点：

指定下一点：单击符号栏，可弹出形位公差的"特征符号"窗口，如图 10-42 所示，选择相应的项目符号。在"公差 1"栏内填写公差数值，也可根据需要，单击公差数值前后的"直径符号"或"包容条件代号"。单击"形位公差"对话框中的"确定"按钮，即可在指定位置标出形位公差代号。

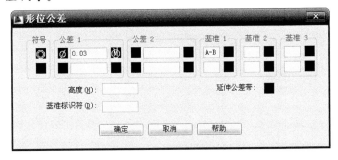

图 10-41　"形位公差"对话框　　　　　　　　　图 10-42　"特征符号"对话框

标注基准代号采用图块制作方法，将基准代号定义成图块，标注在基准要素处。

10.3.4　AutoCAD 2011 的图案填充

在 AutoCAD 2011 中，图案填充属于二维图形对象，是一种使用指定线条图案来充满指定区域的图形对象，常常用于表达剖切面和不同类型物体对象的外观纹理。

选择"绘图"→"图案填充"或在"绘图"工具栏中单击按钮，打开"图案填充和渐变色"对话框的"图案填充"选项卡，通过该选项卡可以设置图案填充时的类型和图案、角度和比例等特性，如图 10-43 所示。

1."类型和图案"选项组

在该组中，可以设置图案填充的类型和图案等选项，主要选项的功能如下：

(1)"类型"下拉列表框：设置填充的图案类型，包括"预定义"、"用户定义"和"自定义"3 个选项。其中，"预定义"选项可以使用 AutoCAD 2011 提供的图案；选择"用户定义"选项则需要临时定义图案，该图案由一组平行线或者相互垂直的两组平行线组成；选择"自定义"选项，可以使用事先定义好的图案。

(2)"图案"下拉列表框：设置填充的图案，当在"类型"下拉列表框中选择"预定义"时该选项可用。

(3)"样例"预览窗口：显示当前选中的图案样例，单击所选的样例图案，也可打开"填充图案选项板"对话框选择图案。

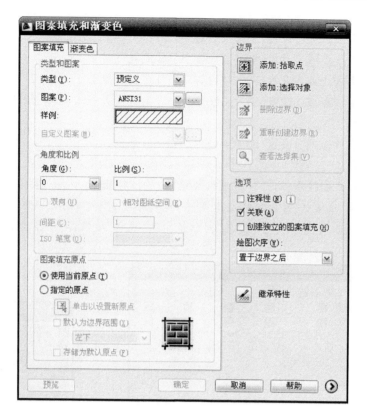

图 10-43　"图案填充和渐变色"对话框

(4)"自定义图案"下拉列表框:选择自定义图案,在"类型"下拉列表框中选择"自定义"类型时该选项可用。

2."角度和比例"选项组

在"角度和比例"选项组中,可以设置用户定义类型的图案填充的角度和比例等参数,主要选项的功能如下:

(1)"角度"下拉列表框:设置填充图案的旋转角度,每种图案在定义的旋转角度都为 0。

(2)"比例"下拉列表框:设置图案填充时的比例值,每种图案在定义时的初始比例为 1。

(3)"双向"复选框:当在"图案填充"选项卡中的"类型"下拉列表框中选择"用户定义"选项时,选中该复选框,可使用相互垂直的两组平行线填充图形;否则为一组平行线。

(4)"相对图纸空间"复选框:设置比例因子是否为相对于图纸空间的比例。

(5)"间距"文本框:在"类型"下拉列表框中选择"用户定义"时,用于设置填充平行线之间的距离。

(6)"ISO 笔宽"下拉列表框:填充图案采用 ISO 图案时用于设置笔的宽度。

3."图案填充原点"选项组

在"图案填充原点"选项组中,可以设置图案填充原点的位置。主要选项的功能如下:

(1)"使用当前原点"单选按钮:可以使用当前 UCS 的原点(0,0)作为图案填充原点。

(2)"指定的原点"单选按钮:可以通过指定点作为图案填充原点。

4."边界"选项组

在"边界"选项组中,包括"拾取点"、"选择对象"等按钮,其功能如下:

(1)"拾取点"按钮：以拾取点的形式来指定填充区域的边界。单击该按钮切换到绘图窗口,可在需要填充的区域内任意指定一点,系统会自动计算出包围该点的封闭填充边界,同时亮显该边界。如果在拾取点后系统不能形成封闭的填充边界,则会显示错误提示信息。

(2)"选择对象"按钮：单击该按钮将切换到绘图窗口,可以通过选择对象的方式来定义填充区域的边界。

(3)"删除边界"按钮：单击该按钮可以取消系统自动计算或用户指定的边界。

(4)"重新创建边界"按钮：重新创建图案填充边界。

5.其他选项功能

在"选项"选项组中,"关联"复选框用于创建其边界时随之更新的图案和填充;"创建独立的图案填充"复选框用于创建独立的图案填充;"绘图次序"下拉列表框用于指定图案填充的绘图顺序,图案填充可以放在图案填充边界及所有其他对象之后或之前。

此外,单击"继承特性"按钮,可以将现有图案填充或填充对象的特性应用到其他图案填充或填充对象;单击"预览"按钮,可以使用当前图案填充设置显示当前定义的边界,单击图形或按 Esc 键返回对话框,单击、右击或按 Enter 键接受图案填充。

10.3.5　图块的创建与设置

在绘制图形时,如果图形中有大量相同或相似的内容,或者所绘制的图形与已有的图形文件相同,则可以把要重复绘制的图形创建成图块(简称为块),并根据需要为块创建属性,指定块的名称、用途及设计者等信息,在需要时将这组对象插入到图中任意指定位置,还可以按不同的比例和旋转角度插入,从而提高绘图速度、节省存储空间、便于修改图形。

1.创建块

选择"绘图"→"块"→"创建"命令(block),或在"绘图"工具栏中单击"创建块"按钮,打开"块定义"对话框,可以将已绘制的对象创建为块。

(1)"名称"下拉列表框

块的名称可以是中文或字母、数字、下画线构成的字符串,如"表面粗糙度"等。

(2)"基点"选项组

选择一点作为被创建块的基点,可以在对话框中输入基点的坐标值(x,y,z);也可以单击按钮,在绘图区域选择一点。

(3)"对象"选项组

选择定义块的内容,单击按钮,在绘图区域选择要转换为块的图形对象。选择完毕后,重新显示对话框,并在选项组最下面一行显示"已选择 X 个对象",并且被选对象在预览框中显示出来,如图 10-44 所示。该栏中有 3 个单选按钮,其中,"保留"表示保留构成块的对象;"转换为块"表示将选取的图形对象转换为插入的块;"删除"表示定义块后,将删除生成块定义的对象。

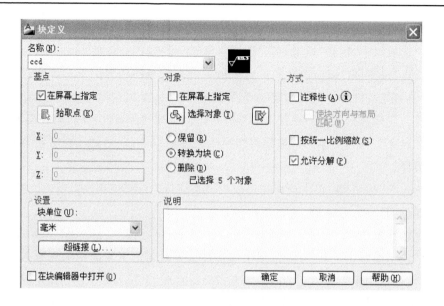

图 10 - 44   创建表面粗糙度块

(4)"设置"选项组

一般情况下,该选项组内容默认设置即可。如果要选择其他的单位,则可单击"块单位"下的"倒三角",此时出现下拉菜单,并列出所有单位,可根据需要进行选择。如果希望块在被插入后不能被分解,则可将"允许分解"复选框中的"√"去掉。

需要注意的是:AutoCAD 2011 中的块分为两种,即"内部块"和"外部块"。这两种块的区别在于:用 BMAKE 命令定义的块称为"内部块",它保存于当前图形中,只能在当前图形中通过块插入命令被引用;而"外部块"则不同,一旦定义了"外部块",它会以图形文件的形式保存在硬盘上,而且可以被所有的图形文件引用。

2. 插入块

选择"插入"→"块"命令(insert),或在"绘图"工具栏中单击"插入块"按钮，打开如图 10 - 45 所示的"插入"对话框。用户可以利用该对话框在图形中插入块或其他图形,并且在插入块的同时还可以改变所插入块或图形的比例与旋转角度,结果如图 10 - 46 所示。

图 10 - 45   "插入"对话框

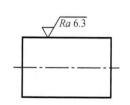

图 10 - 46   插入块

（1）"名称"下拉列表框：输入要插入的块的名称。在下拉列表中列出的块都是"内部块"，如果要选择一个"外部块"，则单击"浏览"按钮，从弹出的"选择文件"对话框中进行选择。

（2）"插入点"选项组：输入要插入块的基点的坐标值或在绘图区域选择一点。

（3）"缩放比例"选项组：设置块插入的比例，默认在 3 个方向上都为 1∶1。可以直接输入比例数值或者通过在屏幕上拖动鼠标来确定。

（4）"旋转"选项组：输入块插入时的旋转角度，方法参见旋转命令的使用。

（5）"分解"复选框：如果选中该复选框，则插入后的块将自动被分解为多个单独的对象，而不是整体的块对象。该选项相当于插入块后再使用一次分解命令 explode。

3. 定义块属性

块除了包含图形对象以外，还可以具有非图形信息，例如，把一个螺栓图形定义为块以后，还可以把其规格、国标号、生产厂、价格等文本信息一并加入到块中。块的这些非图形信息叫做块的属性，它是块的组成部分，其与图形对象一起构成一个整体，在插入块时 AutoCAD 2011 把图形对象连同其属性一起插入到图形中。

一个属性包括属性标记和属性值两方面的内容。例如，可以把"规格"定义为属性标记，而将具体的规格参数定义为属性值。属性定义好后，以其标记在图形中显示出来，而把有关信息保存在图形文件中。在插入这种带属性的块时，AutoCAD 2011 通过属性提示要求输入属性值，块插入后，属性以属性值显示出来。因此，同一块在不同的插入点可以具有不同的属性值。若在定义属性时，把属性值定义为常量，则系统不询问属性值。

（1）创建并使用带有属性的块

如图 10-47 所示，选择"绘图"→"块"→"定义属性"命令（attdef），可以使用打开的"属性定义"对话框创建块属性。图中各选项功能如下：

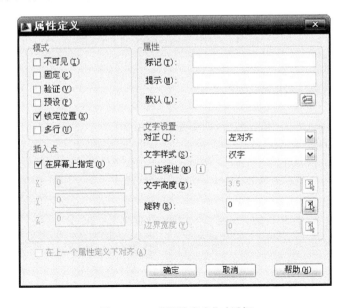

图 10-47　"属性定义"对话框

①"模式"选项组:由于定义属性的模式。其中"不可见"表示属性值不直接显示在图形中;"固定"表示属性值是固定不变的,不能更改;"验证"表示在插入块时不能更改属性值,但是可以通过修改属性的办法来修改;"预设"用于控制是否对属性值直接预设成它的默认值;"锁定位置"锁定块参照中属性的位置,解锁后可以编辑;"多行"指定属性值可以包含多行文字。

②"属性"选项组:用来定义属性。在"标记"中输入属性标记,"标记"不能空白;在"提示"中输入在命令行显示的提示信息。

③"插入点"选项组:通过鼠标在屏幕上选取或者直接输入坐标的方法来确定文本在图形中的位置。

④"文字选项"选项组:用于定义文字的对齐方式、文本样式、字体高度和旋转角度。其中,高度和角度可以在图形中拖动鼠标决定。

(2)在图形中插入带属性定义的块

在创建带有附加属性的块时,需要同时选择块属性作为块的成员对象。带有属性的块创建完成后,就可以使用"插入"对话框,在文档中插入该块。

(3)编辑块属性

选择"修改"→"对象"→"文字"→"编辑"命令(ddedit)或双击块属性,选择"修改"→"对象"→"属性"→"单个"命令(eattedit),或在"修改Ⅱ"工具栏中单击"编辑属性"按钮，都可以编辑块对象的属性。

(4)存储块

AutoCAD 2011 提供的块存盘命令 wblock 是定义"外部块"的命令。执行 wblock 命令将打开"写块"对话框。实质上,"外部块"就是一个图形文件,在保存为块文件后其文件名的扩展名为.dwg。

10.4　工程图绘制实例

10.4.1　二维图形绘制实例

现以图 10-48 所示的二维图形为例,介绍二维图形的绘制方法。

1. 图形分析

(1)尺寸分析

该图形中的线性尺寸 36、角度尺寸 30°以及圆或圆弧尺寸 $R3$、$R5$、$R9$、$R12$、$R16$ 和 $3×\phi10$ 等均为定形尺寸;尺寸 56、12、34 和 22 等均为定位尺寸。

(2)线段分析

根据尺寸分析的结果,该图形中的圆$\phi10$、圆弧 $R12$ 和 $R16$,30°角的边以及 34、36 所决定的直线段均为已知

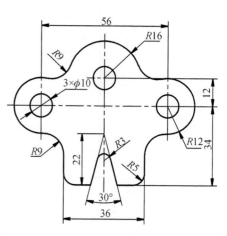

图 10-48　二维图形及尺寸

线段;而圆弧 $R3$、$R5$ 和 $R9$ 均为连接线段。

2. 创建样板图

设置绘图初始环境的内容,如绘图单位与界限、图层(线型、颜色、线宽)、字体样式、标注样式等,并保存为"二维图形.dwt"样板文件,以免绘图时重复设置。

3. 图形绘制

打开"二维图形.dwt"样板文件,开始绘制图形。二维图形的作图过程如图 10 - 49 所示,具体步骤如下:

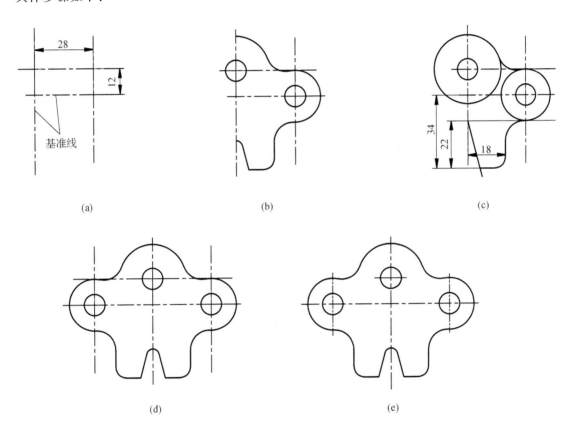

图 10 - 49 二维图形绘制过程

(1)绘制图形的基准线及各线段的定位线,如图 10 - 49(a)所示。该步骤的作图提示:

① 图形的基准线一般为图形的对称线、中心线或图形上较长的直线段,本例以对称线和中心线为基准线。由于图形左右对称,故仅需绘制右半边的图线即可。

② 选择点划线所在的图层为当前图层。

③ 相互平行的直线段应尽量采用偏移命令作图。

(2)绘制已知线段及连接线段,如图 10 - 49(b)所示。该步骤的作图提示:

① 先画已知线段(如 $R16$、$R12$、$\phi 10$),后画连接线段($R9$)。

② 选择粗实线所在的图层为当前图层。

③ 绘制线段时,应尽量采用对象捕捉方式或采用"先画长后剪短"的方法作图。

④ 绘制连接圆弧时,应尽量采用画圆角命令作图,以减少图中的图线。

⑤ 绘制 15°斜线时,其终点数据的输入应灵活地采用数据输入方法,本例采用相对极坐标输入终点的数据(@28＜285)。

(3)修剪或删除多余的图线,如图 10－49(c)所示。

(4)采用镜像命令绘制左半边的图形,并绘制圆弧 R3,如图 10－49(d)所示。

(5)按制图要求整理各线段(一般采用修剪、夹点编辑等操作),如图 10－49 (e)所示。

图形绘制完成后,以"二维图形. dwg"格式保存文件。

10.4.2　零件图绘制实例

零件图一般采用多个视图,视图之间、每个结构不同的视图上的投影也要保证对应关系,所以利用三等规律作图是一种通用方法。绘图过程只要充分利用软件的各类作图工具,如对象捕捉、极轴追踪、对象追踪、正交工具、图层管理、编辑命令、显示控制、构造线等命令,结合平时积累总结的绘图技巧,就能够快速、准确地绘制出零件图。

下面以虎钳中的固定钳身零件为例,说明零件图的绘制方法。

(1)看懂零件图样,了解固定钳身的结构特点,如图 10－50 所示。

(2)绘图环境设置(亦可直接调用前面学习时所设置的"A3 图幅－横放"样板图)。

①设置图形界限:按照图形所注尺寸,设置成 A3(420×297)大小的图形界限,横放。

②设置对象捕捉模式:通过"草图设置"对话框设置相应的捕捉点。

③设置粗实线、细实线、中心线、虚线、标注层、文字层等图层。

(3)绘制图框及标题栏,结果如图 10－51(a)所示。

(4)绘制零件图。

①在图面合适的位置绘制三个视图的辅助基准线,如图 10－51(b)所示。

②画俯视图。因俯视图有前后对称面,所以可以从俯视图入手,在粗实线图层下绘制三个视图。将前后对称中心线向上依次偏移 37,22.5,20,12;画右端面线,以右端面为边向左偏移152,得到钳座总长;再以右端面为边向左依次偏移 20,8,并以右端面 28 处为边向左偏移 7 和15,87,10,然后进行必要的修剪。将水平偏移 20 的线段改为虚线。画底座螺钉孔。以直径为11,25 画同心圆,以半径 13 画凸耳半圆;将中心线向上偏移 20 画钳口铁螺钉中心孔轴线;执行镜像命令,完成俯视草图。

③画主视图和左视图。主视图中将螺杆孔中心线两边偏移 15,画出底座轮廓线和上部工作表面轮廓线。以钳座底面为边向上偏移 58,36,10 对应俯视图画若干垂直线。过左视图和俯视图对称中线的交点作一条(－45°)的构造线。利用构造线将俯视图与左视图的对应线条画出来,如图 10－51(c)所示。

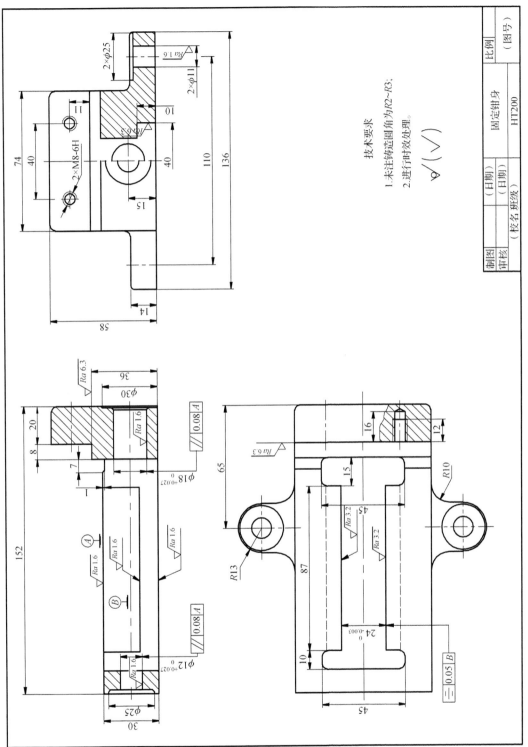

图10-50　固定钳身零件工作图

技术要求
1.未注铸造圆角为R2~R3；
2.进行时效处理。

固定钳身

HT200

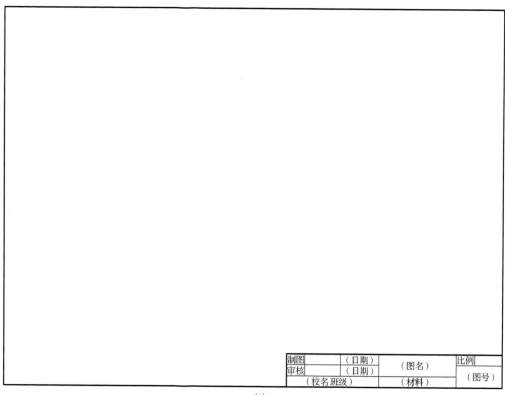

(a)

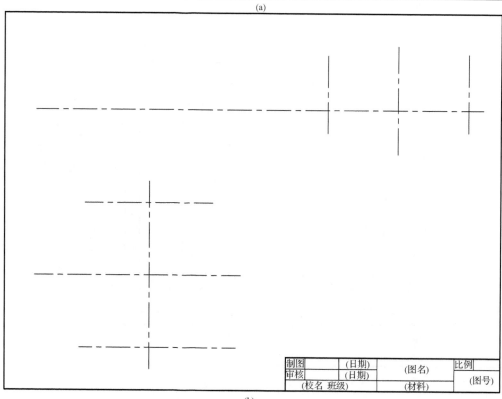

(b)

图 10－51　虎钳固定钳身绘制过程

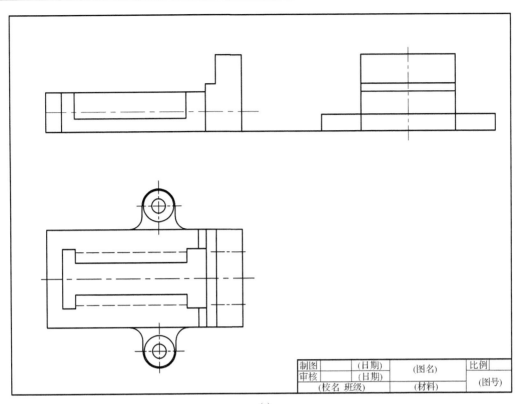

(c)

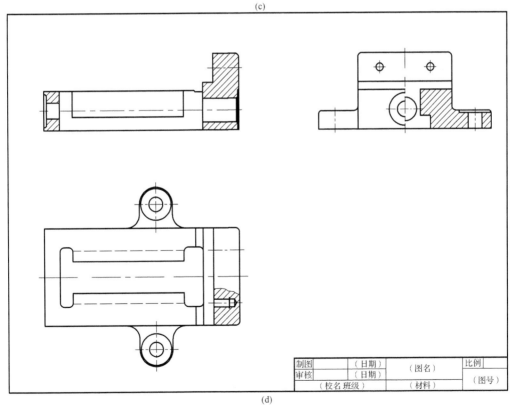

(d)

图 10 - 51　虎钳固定钳身绘制过程(续)

④进行必要的修剪。完成三个视图的主要轮廓线。画螺杆孔、螺钉孔、倒圆、倒角及一些细微部分图形。在剖面线图层下作图案填充,完成三个视图的绘制,如图 10-51(d)所示。

(5)标注尺寸及尺寸公差。零件的一组图形绘制完成后,调用尺寸"标注"命令,完成尺寸的标注及尺寸公差的标注。其中,同时标注公差代号和极限偏差数值的标注形式,可先用"分解"命令将公差尺寸拆散;再用修改"文字"命令在基本尺寸后加注公差带代号和圆括号(圆括号内加 6 个空格);最后用"移动"命令将相应文字移动到位。

①文字样式设定。选择"格式"→"文字样式"命令,打开"文字样式"对话框,参见图 10-33 修改或创建文字样式。

②标注样式设定。选择"格式"→"标注样式",打开标注样式对话框,创建样式名"GB"。特别注意:标注样式中,直线和箭头设置、文字设置、调整设置和主单位设置应符合《机械制图》、《技术制图》国家标准的有关规定。

➤ 水平和垂直尺寸标注,如主视图中的 152,20,8,7,1,30,36 等,俯视图中的 65,15,87,10,45,12,16 等,左视图中的 74,40,11,14,58,15,10,110,136 等。

➤ 半径标注,如 $R13$,$R10$ 等。

➤ 标注孔径,采用线性标注命令,选择多行文字选项,在文字半径器中增加符号 ϕ,标注 $\phi25$,$\phi30$,$\phi11$ 等。

➤ 标注 $\phi12$ 和 $\phi18$ 的螺杆孔,先用"线性标注"命令标注尺寸,在"特性"中修改前缀及公差,用"编辑标注文字"命令将尺寸文字移到图形外。

➤ 引线标注钳口铁螺钉孔及公差。打开引线设置对话框,设置标注螺钉孔。再选择公差,打开形位公差对话框,标注形位公差。

(6)粗糙度标注。画粗糙度符号,创建属性定义,写块,插入粗糙度块,输入属性值。

(7)技术要求。最后利用"多行文字"命令标注技术要求,完成尺寸标注及文字注写。

10.4.3 装配图绘制实例

装配图是安装、调试、操作和检测机器或部件的重要技术文件,主要表达机器或部件的结构形状、装配关系、工作原理和技术要求。在设计中一般先画出装配图,然后再由装配图所提供的结构形式和尺寸拆画零件图。装配图的画法与零件图的画法基本一致,但如果已经完成了零件图的绘制,需画一张装配图时,就可利用已有的零件图来拼画装配图,以节省绘图的时间。在 AutoCAD 2011 中常用以下两种方法实现零件图拼画装配图。

1. 零件图形文件插入法拼画装配图

(1)先画各个零件图,用定义基点命令 base 设置插入基点,然后把要用于装配的零件图用 wblock 命令定义为块文件。

(2)由零件图拼画装配图。

① 多个图形文件用插入块命令 insert 直接插入到同一图形中,插入点为已定义的基点,插入后的图形文件以块的形式存在于当前图形中。

② 使用 explode 命令将图形分解,并进行编辑,使之符合要求。

③ 再用 trim 命令修剪多余线段,完成装配图拼画。

2. 利用 AutoCAD 2011 的设计中心组合装配图

使用 AutoCAD 2011 的设计中心打开多个图形后,就可以像 Windows 的资源管理器一样,通过复制和粘贴功能实现图形之间的图块、图层定义、布局和文字样式等内容的共享,从而简化绘图过程。

（1）启动 AutoCAD 2011 设计中心的方法：

➤ 执行"工具""选项板"→"设计中心"菜单项。

➤ 单击标准工具栏中的"设计中心"图标▣。

➤ 在命令行输入 adcenter 命令。

启动该命令后，将打开"设计中心"选项板，该选项板包括 4 个选项卡："文件夹"、"打开的图形"、"历史记录"和"联机设计中心"。

（2）利用 AutoCAD 2011 设计中心打开图形文件。在"内容显示窗口"中单击欲打开的图形文件，然后从弹出的快捷菜单中选择"在应用程序窗口中打开"命令，可在绘图区打开所选图形文件。

（3）利用 AutoCAD 2011 设计中心插入图形文件。

利用 AutoCAD 2011 设计中心，可以将已有的图形文件作为图块插入到当前图形中，具体方法为：在"内容显示窗口"中，单击要插入的图形文件，按住鼠标左键将其拖动到绘图区后松开，此时系统出现插入图块提示信息，用户根据信息进行操作，即可完成图形文件的插入。

将图 10－52 所示的零件图拼画成装配图，如图 10－53 所示。

这里只给出用块插入方法拼画装配图的步骤，利用 AutoCAD 2011 的设计中心组合装配图请参考相关的 AutoCAD 书籍。

（1）将零件图逐一绘制完毕，启用块存盘命令将零件图写成单个外部块文件。

在命令行输入外部块命令 wblock→显示"写块"对话框→在文件名区：输入图形文件名，如"底座"→在保存位置区：指定文件保存位置→单击"选择对象"按钮→用对象选择集选择零件图形，单击"确定"按钮，这时系统重新显示"写块"对话框→单击"拾取点"按钮→指定图形的插入点，单击"确定"按钮，完成零件图的外部块创建。

（2）建立装配图的样板图。在"创建新图形"对话框中选择"A3 图幅－样板图"样板文件，建立一张新图，并绘制好标题栏、明细栏。注意：标题栏、明细栏可以定义为带属性的外部块文件，需要时通过"块插入"命令直接插入，并根据提示输入属性值。

（3）将"底座"零件图块插入到 A3 图幅中。在命令行中输入"块插入"命令→显示"插入"对话框→单击"浏览"按钮→显示"选择文件"对话框→打开已保存的零件图，如"底座"→指定比例放大 2 倍→单击"确定"按钮→拖动图形，插入到指定点。

（4）将"调节螺母"零件图块插入到图中，比例放大 2 倍。

（5）将"顶尖"零件图块插入到图中，比例放大 2 倍，逆时针旋转 90°。

（6）将"螺钉"零件图块插入到图中，比例放大 2 倍。

（7）利用 explode 命令分解各零件图块，修剪多余线段完成装配，结果如图 10－53 所示。

（8）检查校核图形，删除多余图线，补画缺漏图线，保存图形。

思考题

1. AutoCAD 2011 有哪些主要功能？

2. AutoCAD 2011 命令的输入方式有哪几种？该如何输入？

3. AutoCAD 2011 中坐标有几种表示方法？如何使用？

4. 常用二维图形编辑命令有哪些？

5. 如何设置和改变当前的文本样式？如何设定符合国标的标注样式？

6. 什么是图层？叙述图层的几种状态及其特点。

7. 什么是图块？如何制定和使用图块？

8. 什么是块属性？如何编辑块属性？

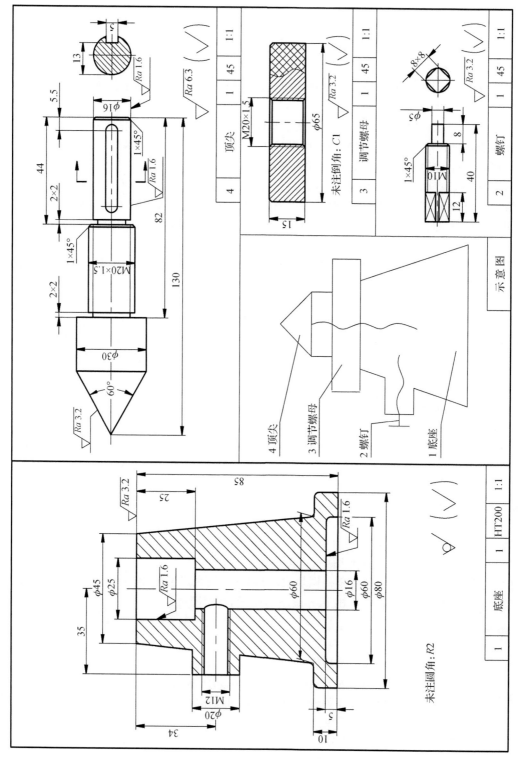

图10-52 调节螺丝装配体—零件图

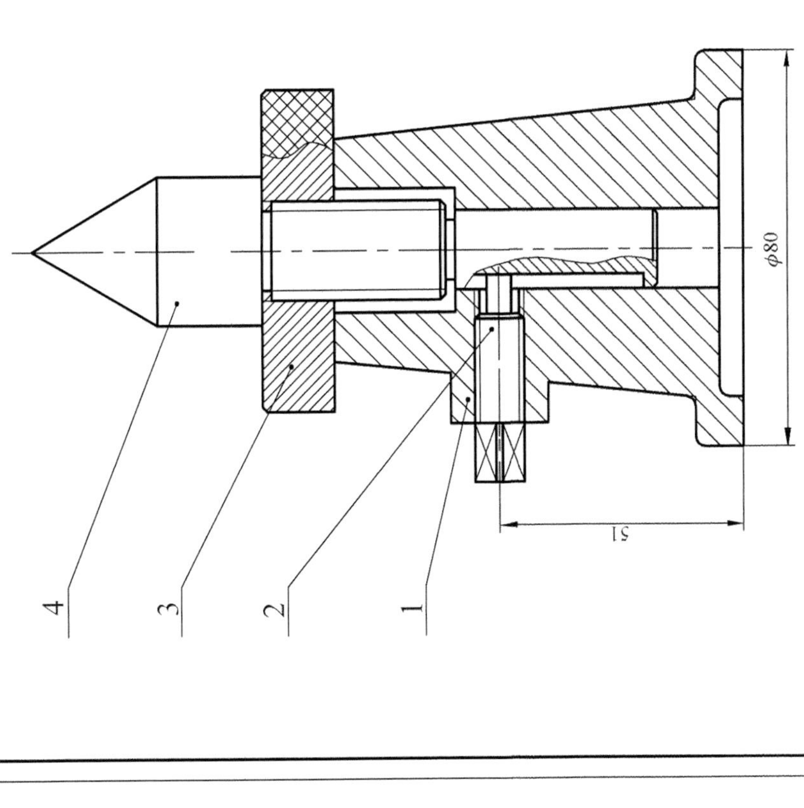

序号	名　称	数量	材　料	备　注
4	顶　尖	1	45	
3	调 节 螺 母	1	45	
2	螺　钉	1	45	
1	底　座	1	HT200	

调节螺丝装配图

（材料）

制图	（日期）		比例	2:1
审核	（日期）		（图号）	

（校名班级）

图10-53　调节螺丝装配体

$\phi80$

51

4 3 2 1

附　录

一、常用螺纹及螺纹紧固件

1. 普通螺纹(摘自 GB/T 193—2003 和 GB/T 196—2003)

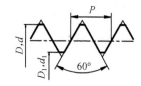

标记示例

公称直径 24 mm,螺距 3 mm,右旋粗牙普通螺纹,公差带代号 5g,其标记为:M24 - 5g。

公称直径 24 mm,螺距 1.5 mm,左旋细牙普通螺纹,公差带代号 7H,长旋合长度,其标记为:M24×1.5 - 7H - L - LH。

内外螺纹旋合的标记:M16 - 7H/6g。

附表 1-1　普通螺纹直径、螺距与基本尺寸　　　　　　单位:mm

公称直径 D、d		螺距 P		粗牙小径	公称直径 D、d		螺距 P		粗牙小径
第一系列	第二系列	粗牙	细牙	D_1、d_1	第一系列	第二系列	粗牙	细牙	D_1、d_1
3		0.5	0.35	2.459	16		2	1.5,1	13.835
4		0.7	0.5	3.242		18			15.294
5		0.8		4.134	20		2.5	2,1.5,1	17.294
6		1	0.75	4.917		22			19.294
8		1.25	1,0.75	6.647	24		3		20.752
10		1.5	1.25,1,0.75	8.376	30		3.5	(3),2,1.5,1	26.211
12		1.75	1.25,1	10.106	36		4	3,2,1.5	31.670
	14	2	1.5,1.25,1	11.835		39			34.670

注:应优先选用第一系列,括号内尺寸尽可能不用。

2. 管螺纹(摘自 GB/T 7307—2001)

55°非密封管螺纹(GB/T 7307—2001)

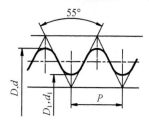

标记示例

尺寸代号为 3 的 A 级右旋圆柱外螺纹的标记:G3A。

尺寸代号为 4 的 B 级左旋圆柱外螺纹的标记:G4B - LH。

尺寸代号为 2 的左旋圆柱内螺纹的标记:G2LH。

附表 1－2　管螺纹尺寸代号及基本尺寸

尺寸代号	每 25.4 mm 内牙数 n	螺距 P/mm	大径 $D=d$/mm	小径 $D_1=d_1$/mm	基准距离/mm
1/4	19	1.337	13.157	11.445	6
3/8	19	1.337	16.662	14.950	6.4
1/2	14	1.814	20.955	18.631	8.2
3/4	14	1.814	26.441	24.117	9.5
1	11	2.309	33.249	30.291	10.4
1¼	11	2.309	41.910	38.952	12.7
1½	11	2.309	47.803	44.845	12.7
2	11	2.309	59.614	56.656	15.9

3. 梯形螺纹(摘自 GB/T 5796.2—2005、GB/T 5796.3—2005 和 GB/T 5796.4—2005)

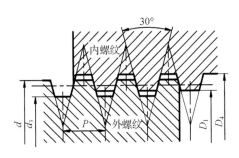

标记示例

公称直径 28 mm、导程和螺距 5 mm 的右旋单线梯形螺纹,中径公差带代号 7H,其标记为:Tr28×5－7H。

公称直径 28 mm、导程 10 mm、螺距 5 mm 右旋双线梯形螺纹,中径公差带代号 7e,其标记为:Tr28×10(P5)－7e。

公称直径 28 mm、导程 10 mm、螺距 5 mm 左旋双线梯形螺纹,中径公差带代号 7e,长旋合长度,其标记为:Tr28×10(P5)LH－7e－L。

附表 1－3　梯形螺纹直径、螺距系列与基本尺寸　　　　　　　　　单位:mm

公称直径 d 第一系列	公称直径 d 第二系列	螺距 P	大径 D_4	小径 d_3	小径 D_1	公称直径 d 第一系列	公称直径 d 第二系列	螺距 P	大径 D_4	小径 d_3	小径 D_1
	11	☐2	11.500	8.500	9.000	24		3	24.500	20.500	21.000
		3		7.500	8.000			☐5		18.500	19.000
12		2	12.500	9.500	10.000			8	25.000	15.000	16.000
		☐3		8.500	9.000		26	3	26.500	22.500	23.000
	14	2	14.500	11.500	12.000			☐5		20.500	21.000
		☐3		10.500	11.000			8	27.000	17.000	18.000
16		☐2	16.500	13.500	14.000	28		3	28.500	24.500	25.000
		☐4		11.500	12.000			☐5		22.500	23.000
	18	2	18.500	15.500	16.000			8	29.000	19.000	20.000
		☐4		13.500	14.000		30	3	30.500	26.500	27.000
20		2	20.500	17.500	18.000			☐6	31.000	23.000	24.000
		☐4		15.500	16.000			10		19.000	20.000
	22	3	22.500	18.500	19.000	32		3	32.500	28.500	29.000
		☐5		16.500	17.000			☐6	33.000	25.000	26.000
		8	23.000	13.000	14.000			10		21.000	22.000

注:1. 螺纹公差带代号:外螺纹有 9c、8c、8e、7e;内螺纹有 9H、8H、7H。

　　2. 优先选用黑框内的螺距。

4. 六角头螺栓(A 和 B 级 GB/T 5782－2000)

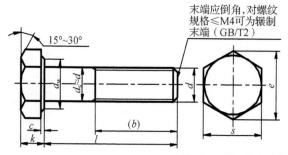

末端应倒角,对螺纹规格≤M4可为辗制末端(GB/T2)

标注示例

螺纹规格 d＝M12,公称长度 l＝80 mm,性能等级为 8.8 级,表面氧化、产品等级为 A 级的六角头螺栓,其标记为:螺栓 GB/T 5782 M12×80。

附表 1－4　六角头螺栓各部分尺寸

单位:mm

螺纹规格 d			M3	M4	M5	M6	M8	M10	M12	M16	M20	M24	M30	M36
s 公称＝max			5.50	7.00	8.00	10.00	13.00	16.00	18.00	24.00	30.00	36.00	46	55.0
k 公称			2	2.8	3.5	4	5.3	6.4	7.5	10	12.5	15	18.7	22.5
c	max		0.4	0.4	0.5	0.5	0.6	0.6	0.6	0.8	0.8	0.8	0.8	0.8
	min		0.15	0.15	0.15	0.15	0.15	0.15	0.15	0.2	0.2	0.2	0.2	0.2
d_w min	产品等级	A	4.57	5.88	6.88	8.88	11.63	14.63	16.63	22.49	28.19	33.61	—	—
		B	4.45	5.74	6.74	8.74	11.47	14.47	16.47	22	27.7	33.25	42.75	51.11
e min	产品等级	A	6.01	7.66	8.79	11.05	14.38	17.77	20.03	26.75	33.53	39.98	—	—
		B	5.88	7.50	8.63	10.89	14.20	17.59	19.85	26.17	32.95	39.55	50.85	51.11
b 参考 GB/T 5782－2000	$l\leqslant125$		12	14	16	18	22	26	30	38	46	54	66	—
	$125<l\leqslant200$		18	20	22	24	28	32	36	44	52	60	72	84
	$l>200$		31	33	35	37	41	45	49	57	65	73	85	97
	l 范围		20~30	25~40	25~50	30~60	40~80	45~100	50~120	65~160	80~200	90~240	110~300	140~360
l 系列			2,3,4,5,6,8,10,12,16,20~65(5 进位),70~160(10 进位),180~500(20 进位)											

注: 1. 标准规定螺栓的螺纹规格 d＝M1.6～M64。

2. 产品等级 A,B 是根据公差取值不同而定,A 级公差小,A 级用于 d＝1.6～24 mm 和 $l\leqslant10d$ 或 $l\leqslant150$ mm 的螺栓,B 级用于 $d>24$ mm、$l>10d$ 或 $l>150$ mm 的螺栓。

3. 材料为钢的螺栓性能等级有 5.6、8.8、9.8、10.9 级。其中 8.8 级为常用。8.8 级前面的数字 8 表示公称抗拉强度(σ_b,N/mm²)的 1/100,后面数字 8 表示公称屈服点(σ_s,N/mm²)或公称规定非比例伸长应力($\sigma_{p0.2}$,N/mm²)与公称抗拉强度(σ_b)的比值(屈强比)的 10 倍。

5. 双头螺柱

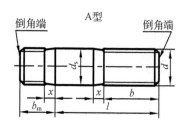

A 型

倒角端　　　　倒角端

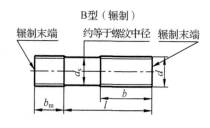

B 型(辗制)

辗制末端　约等于螺纹中径　辗制末端

GB/T 897－1988 (b_m＝1d);

GB/T 898－1988 (b_m＝1.25d);

GB/T 899－1988 (b_m＝1.5d);

GB/T 900－1988 (b_m＝2d)

标记示例

两端均为粗牙普通螺纹 $d=10$ mm、$l=50$ mm、性能等级为 4.8 级、不经表面处理、B 型、$b_m=1d$ 的双头螺柱的标记:螺柱 GB/T 897 M10×50。

旋入机体一端为粗牙普通螺纹,旋螺母一端为螺距 $P=1$ mm 的细牙普通螺纹,$d=10$ mm,$l=50$ mm,性能等级为 4.8 级、不经表面处理、A 型、$b_m=1d$ 的双头螺柱的标记:螺柱 GB/T 897 A M10—M10×1×50。

旋入机体一端为过渡配合螺纹的第一种配合,旋螺母一端为粗牙普通螺纹,$d=10$ mm,$l=50$ mm,性能等级为 8.8 级、镀锌钝化、B 型、$b_m=1d$ 的双头螺柱的标记:螺柱 GB/T 897 B M10—M10×50—8.8—Zn·D。

附表 1－5　双头螺柱各部分尺寸   单位:mm

螺纹规格 d		M3	M4	M5	M6	M8	M10	M12	M16	M20	M24
b_m 公称	GB/T 897—1988			5	6	8	10	12	16	20	24
	GB/T 898—1988			6	8	10	12	15	20	25	30
	GB/T 899—1988	4.5	6	8	10	12	15	18	24	30	36
	GB/T 900—1988	6	8	10	12	16	20	24	32	40	48
d_s	max			5	6	8	10	12	16	20	24
	min			4.7	5.7	7.64	9.64	11.57	15.57	19.48	23.48
X				1.5P			1.5P				
$\dfrac{l}{b}$		$\dfrac{16\sim20}{6}$ $\dfrac{(22)\sim40}{12}$	$\dfrac{16\sim(22)}{8}$ $\dfrac{25\sim40}{14}$	$\dfrac{16\sim22}{10}$ $\dfrac{25\sim50}{16}$	$\dfrac{20\sim(22)}{10}$ $\dfrac{25\sim30}{14}$ $\dfrac{(32)\sim(75)}{18}$	$\dfrac{20\sim(22)}{12}$ $\dfrac{25\sim30}{16}$ $\dfrac{(32)\sim90}{22}$	$\dfrac{25\sim(28)}{14}$ $\dfrac{30\sim(38)}{16}$ $\dfrac{40\sim120}{26}$ $\dfrac{130}{32}$	$\dfrac{25\sim30}{16}$ $\dfrac{(32)\sim40}{20}$ $\dfrac{45\sim120}{30}$ $\dfrac{130\sim180}{36}$	$\dfrac{30\sim(38)}{20}$ $\dfrac{40\sim(55)}{30}$ $\dfrac{60\sim120}{38}$ $\dfrac{130\sim200}{44}$	$\dfrac{35\sim40}{25}$ $\dfrac{45\sim(65)}{35}$ $\dfrac{70\sim120}{46}$ $\dfrac{130\sim200}{52}$	$\dfrac{45\sim50}{30}$ $\dfrac{(55)\sim(75)}{45}$ $\dfrac{80\sim120}{54}$ $\dfrac{130\sim200}{60}$

注: 1. GB/T 897—1988 和 GB/T 898—1988 规定螺柱的螺纹规格 $d=$M5~M48,公称长度 $l=$16~300 mm;GB/T 899—1988 和 GB/T 900—1988 规定螺柱的螺纹规格 $d=$M2~M48,公称长度 $l=$12~300 mm。

2. 螺柱公称长度 l(系列):12,(14),16,(18),20,(22),25,(28),30,(32),35,(38),40,45,50,(55),60,(65),70,(75),80,(85),90,(95),100~260(10 进位),280,300,单位 mm,尽可能不采用括号内的数值。

3. 材料为钢的螺柱性能等级有 4.8、5.8、6.8、8.8、10.9、12.9 级,其中 4.8 级为常用。

6. 螺 钉

(1) 开槽沉头螺钉(GB/T 68—2000)

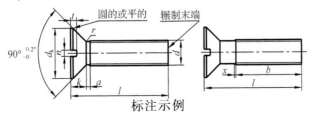

标注示例

螺纹规格 $d=$M5、公称长度 $l=20$ mm、性能等级为 4.8 级、不经表面处理的 A 级开槽沉头螺钉的标记:螺钉 GB/T 68 M5×20。

附表 1－6 开槽沉头螺钉各部分尺寸（GB/T 68－2000）　　　　单位:mm

螺纹规格 d	M1.6	M2	M2.5	M3	M4	M5	M6	M8	M10
P	0.35	0.4	0.45	0.5	0.7	0.8	1	1.25	1.5
a max	0.7	0.8	0.9	1	1.4	1.6	2	2.5	3
b min	25	25	25	25	38	38	38	38	38
d_k 理论值 max	3.6	4.4	5.5	6.3	9.4	10.4	12.6	17.3	20
k 公称 max	1	1.2	1.5	1.65	2.7	2.7	3.3	4.65	5
n 公称	0.4	0.5	0.6	0.8	1.2	1.2	1.6	2	2.5
r max	0.4	0.5	0.6	0.8	1	1.3	1.5	2	2.5
t max	0.5	0.6	0.75	0.85	1.3	1.4	1.6	2.3	2.6
x max	0.9	1	1.1	1.25	1.75	2	2.5	3.2	3.8
公称长度 l	2.5～16	3～20	4～25	5～30	6～40	8～50	8～60	10～80	12～80
l 系列	2.5,3,4,5,6,8,10,12,(14),16,20,25,30,35,40,45,50,(55),60,(65),70,(75),80								

注: 1. 括号中的规格尽可能不采用。

　　2. M1.6～M3 的螺钉,公称长度 $l \leqslant 30$ mm,制出全螺纹;M4～M10 的螺钉,公称长度 $l \leqslant 45$ mm,制出全螺纹。

　　3. 无螺纹部分杆径约等于螺纹中径或允许等于螺纹大径。

　　4. P 为粗牙螺距。

（2）内六角圆柱头螺钉 GB/T 70.1－2008

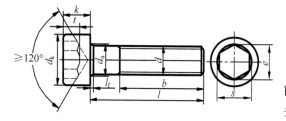

标记示例

螺纹规格 $d=$ M5、公称长度 $l=20$ mm、性能等级为 8.8 级、表面氧化的 A 级内六角圆柱头螺钉的标记:螺钉 GB/T 70.1 M5×20。

附表 1－7 内六角圆柱头螺钉各部分尺寸　　　　单位:mm

螺纹规格 d	M2.5	M3	M4	M5	M6	M8	M10	M12	M16	M20	M24	M30	M36
d_k max	4.50	5.50	7.00	8.50	10.00	13.00	16.00	18.00	24.00	30.00	36.00	45.00	54.00
d_a max	3.1	3.6	4.7	5.7	6.8	9.2	11.2	13.7	17.7	22.4	26.4	33.4	39.4
l_f max	0.51	0.51	0.6	0.6	0.68	1.02	1.02	1.45	1.45	2.04	2.04	2.89	2.89
k max	2.50	3.00	4.00	5.00	6.00	8.00	10.00	12.00	16.00	20.00	24.00	30.00	36.00
t min	1.1	1.3	2	2.5	3	4	5	6	8	10	12	15.5	19
e min	2.303	2.873	3.443	4.583	5.723	6.683	9.149	11.429	15.996	19.437	21.734	25.154	30.854
s 公称	2	2.5	3	4	5	6	8	10	14	17	19	22	27
b(参考)	17	18	20	22	24	28	32	36	44	52	60	72	84
l 范围	4～25	5～30	6～40	8～50	10～60	12～80	16～100	20～120	25～160	30～200	40～400	45～200	55～200

注: 1. 标准规定螺钉规格 M1.6～M64。

　　2. 公称长度 l(系列):2.5,3,4,5,6～16(2 进位),20～65(5 进位),70～160(10 进位),180～300(20 进位),单位 mm。

　　3. 材料为钢的螺钉性能等级有 8.8 级、10.9 级、12.9 级,其中 8.8 级为常用。

（3）开槽圆柱头螺钉（GB/T 65—2000）

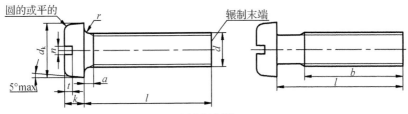

标记示例

螺纹规格 d＝M5、公称长度 l＝20 mm、性能等级为 4.8 级、不经表面处理的 A 级开槽圆柱头螺钉的标记：螺钉 GB/T 65 M5×20。

附表 1 - 8　开槽圆柱头螺钉各部分尺寸　　　　　　　　单位：mm

螺纹规格 d	M3	M4	M5	M6	M8	M10
P（螺距）	0.5	0.7	0.8	1	1.25	1.5
a　max	1	1.4	1.6	2	2.5	3
b　min	25	38	38	38	38	38
d_k　公称＝max	5.5	7	8.5	10	13	16
k　公称＝max	2	2.6	3.3	3.9	5	6
n　公称	0.8	1.2	1.2	1.6	2	2.5
t　min	0.85	1.1	1.3	1.6	2	2.4
r　min	0.1	0.2	0.2	0.25	0.4	0.4
公称长度 l	4～30	5～40	6～50	8～60	10～80	12～80
l 系列	5,6,8,10,12,(14),16,20,25,30,35,40,45,50,(55),60,(65),70,(75),80					

注：1. 公称长度 l≤40 mm 的螺钉，制出全螺纹。

2. 标准规定螺纹规格 d＝M1.6～M10；公称长度 l＝2～80 mm（系列）为 2,3,4,5,6,8,10,12,(14),16,20,25,30,35,40,45,50,(55),60,(65),70,(75),80，尽可能不采用括号中的规格。

3. 无螺纹部分杆径约等于螺纹中径或允许等于螺纹大径。

4. 材料为钢的螺钉性能等级有 4.8 级、5.8 级，其中 4.8 级为常用。

5. P 为粗牙螺距。

（4）内六角沉头螺钉 GB/T 70.3—2008

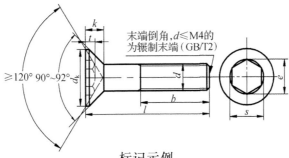

标记示例

螺纹规格 d＝M12、公称长度 l＝40 mm、性能等级为 8.8 级、表面氧化的 A 级内六角沉头螺钉的标记：螺钉 GB/T 70.3 M12×40。

附表 1-9 内六角沉头螺钉各部分尺寸 单位:mm

螺纹规格 d	M3	M4	M5	M6	M8	M10	M12	M16
d_k 理论值 max	6.72	8.96	11.20	13.44	17.92	22.40	26.88	33.60
k max	1.86	2.48	3.1	3.72	4.96	6.2	7.44	8.8
t min	1.1	1.5	1.9	2.2	3	3.6	4.3	4.8
s 公称	2	2.5	3	4	5	6	8	10
e min	2.303	2.873	3.443	4.853	5.723	6.863	9.149	11.429
b 参考	18	20	22	24	28	32	36	44
l 范围	5~30	6~40	8~50	10~60	12~80	16~100	20~100	30~100

7. 1 型六角螺母

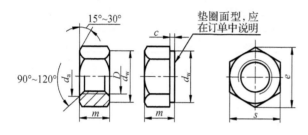

标记示例

螺纹规格 D＝M12、性能等级为 8 级、不经表面处理、产品等级为 A 级的 1 型六角螺母的标记:螺母 GB/T 6170 M12。

附表 1-10 1型六角螺母各部分尺寸(GB/T 6170－2000) 单位:mm

螺 纹 规 格 d		M3	M4	M5	M6	M8	M10	M12	M16	M20	M24	M30	M36
e min		6.01	7.66	8.79	11.05	14.38	17.77	20.03	26.75	32.95	39.55	50.85	60.79
s	公称 max	5.50	7.00	8.00	10.00	13.00	16.00	18.00	24.00	30.00	36	46	55.0
	min	5.32	6.78	7.78	9.78	12.73	15.73	17.73	23.67	29.16	35	45	53.8
c max		0.40	0.40	0.50	0.50	0.60	0.60	0.60	0.80	0.80	0.80	0.80	0.80
d_w	min	4.6	5.9	6.9	8.9	11.6	14.6	16.6	22.5	27.7	33.2	42.7	51.1
d_a	max	3.45	4.6	5.75	6.75	8.75	10.8	13	17.3	21.6	25.9	32.4	38.9
	min	3.00	4.0	5.00	6.00	8.00	10.0	12	16.0	20.0	24.0	30.0	36.0
m	max	2.40	3.2	4.7	5.2	6.80	8.40	10.80	14.8	18.0	21.5	25.6	31.0
	min	2.15	2.9	4.4	4.9	6.44	8.04	10.37	14.1	16.9	20.2	24.3	29.4

注:A 级用于 $D \leqslant 16$;B 级用于 $D > 16$

8. 平垫圈－A 级(GB/T 97.1－2002)、平垫圈倒角型－A 级(GB/T 97.2－2002)

平垫圈－A 级   平垫圈倒角型－A 级

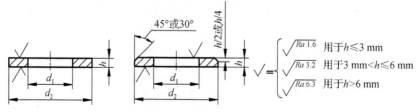

标记示例

标准系列、公称规格 8 mm、由钢制造的硬度等级为 200HV 级、不经表面处理、产品等级为 A 级的平垫圈的标记:垫圈 GB/T 97.1 8。

标准系列、公称规格 8 mm、由 A2 组不锈钢制造的硬度等级为 200HV 级、不经表面处理、产品等级为 A 级的平垫圈的标记:垫圈 GB/T 97.1 8 A2。

附表 1－11　垫圈各部分尺寸　　　　　　　　　　　　　　　　　　　　单位:mm

公称规格(螺纹大径 d)	2	2.5	3	4	5	6	8	10	12	14	16	20	24	30
内径 d_1　公称(min)	2.2	2.7	3.2	4.3	5.3	6.4	8.4	10.5	13	15	17	21	25	31
外径 d_2　公称(max)	5	6	7	9	10	12	16	20	24	28	30	37	44	56
厚度 h　公称	0.3	0.5	0.5	0.8	1	1.6	1.6	2	2.5	2.5	3	3	4	4

9. 标准型弹簧垫圈(GB/T 93－1987)、轻型弹簧垫圈(GB/T 859－1987)

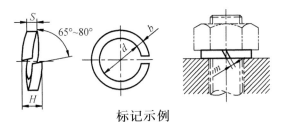

标记示例

规格 16 mm、材料为 65Mn、表面氧化的标准型弹簧垫圈的标记:垫圈 GB/T 93 16。

规格 16 mm、材料为 65Mn、表面氧化的轻型弹簧垫圈的标记:垫圈 GB/T 859 16。

附表 1－12　标准型弹簧垫圈各部分尺寸　　　　　　　　　　　　　　单位:mm

规格(螺纹大径)		2	2.5	3	4	5	6	8	10	12	16	20	24	30	36	42	48
d		2.1	2.6	3.1	4.1	5.1	6.1	8.1	10.2	12.2	16.2	20.2	24.5	30.5	36.5	42.5	48.5
H min	GB/T 93—1987	1	1.3	1.6	2.2	2.6	3.2	4.2	5.2	6.2	8.2	10	12	15	18	21	24
	GB/T 859—1987			1.6	1.6	2.2	2.6	3.2	4	5	6.4	8	10	12			
$S(b)$	GB/T 93—1987	0.5	0.65	0.8	1.1	1.3	1.6	2.1	2.6	3.1	4.1	5	6	7.5	9	10.5	12
S	GB/T 859—1987			0.8	0.8	1.1	1.3	1.6	2	2.5	3.2	4	5	6			
$m \leqslant$	GB/T 93—1987	0.25	0.33	0.4	0.55	0.65	0.8	1.05	1.3	1.55	2.05	2.5	3	3.75	4.5	5.25	6
	GB/T 859—1987			0.3	0.4	0.55	0.65	0.8	1	1.25	1.5	2	2.5	3			
b	GB/T 859—1987			1	1.2	1.5	2	2.5	3	3.5	4.5	5.5	7	9			

二、销

1. 圆柱销　不淬硬钢和奥氏体不锈钢(GB/T 119.1—2000)

圆柱销　淬硬钢和马氏体不锈钢(GB/T 119.2—2000)

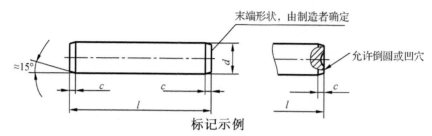

标记示例

公称直径 $d=6$ mm、公差为 m6、公称长度 $l=30$ mm、材料为钢、不经淬火、不经表面处理的圆柱销的标记:销 GB/T 119.1 6m6×30。

附表 2-1　圆柱销各部分尺寸(GB/T 119.1—2000,GB/T 119.2—2000)　　　单位:mm

公称直径 d		3	4	5	6	8	10	12	16	20	25	30	40	50
$c\approx$		0.5	0.63	0.8	1.2	1.6	2	2.5	3	3.5	4	5	6.3	8
L 范围	GB/T 119.1	8~30	8~40	10~50	12~60	14~80	18~95	22~140	26~180	35~200	50~200	60~200	80~200	95~200
	GB/T 119.2	8~30	10~40	12~50	14~60	18~80	22~100	26~100	40~100	50~100				
l 系列		2,3,4,5,6~32(2 进位),35~100(5 进位),120~200(20 进位)												

注:1. GB/T 119.1—2000 规定圆柱销的公称直径 $d=0.6~50$ mm,公称长度 $l=2~200$ mm,公差有 m6 和 h8。

2. GB/T 119.2—2000 规定圆柱销的公称直径 $d=1~20$ mm,公称长度 $l=3~100$ mm,公差仅有 m6。

3. 当圆柱销公差为 h8 时,其表面粗糙度 $Ra\leqslant1.6$ μm。

4. 公称长度大于 200 mm,按 20 mm 递增。

2. 圆锥销(GB/T 117—2000)

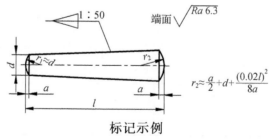

$$r_2\approx\frac{a}{2}+d+\frac{(0.02l)^2}{8a}$$

标记示例

公称直径 $d=6$ mm、公称长度 $l=30$ mm、材料为 35 钢、热处理硬度 28~38HRC、表面氧化处理的 A 型圆锥销的标记:销 GB/T 117 6×30。

附表 2-2　圆锥销各部分尺寸（GB/T 117—2000）　　　　　单位：mm

公称直径 d	4	5	6	8	10	12	16	20	25	30	40	50
$a\approx$	0.5	0.63	0.8	1	1.2	1.6	2	2.5	3	4	5	6.3
公称长度 l	14～55	18～60	22～90	22～120	26～160	32～180	40～200	45～200	50～200	55～200	60～200	65～200
l 系列	2,3,4,5,6～32(2 进位),35～100(5 进位),120～200(20 进位)											

注：1. 标准规定圆锥销的公称直径 $d=0.6\sim50$ mm。

　　2. 圆锥销有 A 型和 B 型。A 型为磨削，锥面表面粗糙度 $Ra=0.8\ \mu m$；B 型为切削或冷镦，锥面表面粗糙度 $Ra=3.2\ \mu m$。

　　3. 公称长度大于 200 mm，按 20 mm 递增。

三、键

普通型　平键（GB/T 1096—2003）

平键　键槽的剖面尺寸（GB/T 1095—2003）

普通型　平键 GB/T 1096—2003

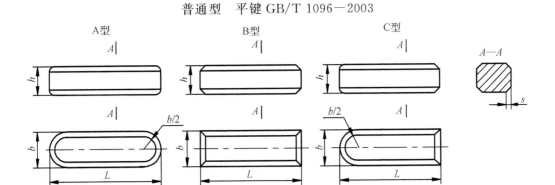

平键　键槽的剖面尺寸 GB/T 1095—2003

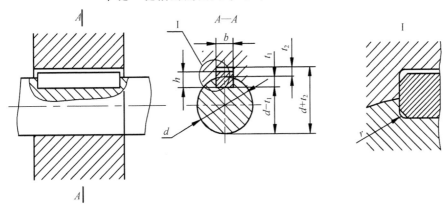

标记示例

宽度 $b=16$ mm、高度 $h=10$ mm、长度 $L=100$ mm 普通 A 型平键的标记为：GB/T 1096 键 $16\times10\times100$。

宽度 $b=16$ mm、高度 $h=10$ mm、长度 $L=100$ mm 普通 B 型平键的标记为：GB/T 1096 键 B$16\times10\times100$。

宽度 $b=16$ mm、高度 $h=10$ mm、长度 $L=100$ mm 普通 C 型平键的标记为：GB/T 1096 键 C$16\times10\times100$。

附表 3－1　普通平键的尺寸和公差　　　　　单位：mm

键			键　槽										
				宽度 b					深度				
			基本尺寸	极限偏差					轴 t_1		毂 t_2		半径 r
键尺寸 $b\times h$	倒角或倒圆 s	L 范围		正常联结		紧密联结	松联结		基本尺寸	极限偏差	基本尺寸	极限偏差	
				轴 N9	毂 JS9	轴和毂 P9	轴 H9	毂 D10					min	max
2×2	0.16～0.25	6～20	2	−0.004 −0.029	±0.0125	−0.006 −0.031	+0.025 0	+0.060 +0.020	1.2	+0.1 0	1.0	+0.1 0	0.08	0.16
3×3		6～36	3						1.8		1.4			
4×4		8～45	4	0 −0.030	±0.015	−0.012 −0.042	+0.030 0	+0.078 +0.030	2.5		1.8			
5×5	0.25～0.40	10～56	5						3.0		2.3		0.16	0.25
6×6		14～70	6						3.5		2.8			
8×7		18～90	8	0 −0.036	±0.018	−0.015 −0.051	+0.036 0	+0.098 +0.040	4.0		3.3			
10×8		22～110	10						5.0		3.3			
12×8	0.40～0.60	28～140	12	0 −0.043	±0.0215	−0.018 −0.061	+0.043 0	+0.120 +0.050	5.0		3.3		0.25	0.40
14×9		36～160	14						5.5		3.8			
16×10		45～180	16						6.0	+0.2 0	4.3	+0.2 0		
18×11		50～200	18						7.0		4.4			
20×12	0.60～0.80	56～220	20	0 −0.052	±0.026	−0.022 −0.074	+0.052 0	+0.149 +0.065	7.5		4.9		0.40	0.60
22×14		63～250	22						9.0		5.4			
25×14		70～280	25						9.0		5.4			
28×16		80～320	28						10.0		6.4			
L 系列			6,8,10,12,14,16,18,20,22,25,28,32,36,40,45,50,56,63,70,80,90,100,110,125,140, 160,180,200,220,250,280,320,360,400,450,500											

注：1. 标准规定键宽 $b=2\sim100$ mm，公称长度 $L=6\sim500$ mm。

2. 在零件图中轴槽深用 $d-t_1$ 标注，轮毂槽深用 $d+t_2$ 标注。键槽的极限偏差按 t_1（轴）和 t_2（毂）的极限偏差选取，但轴槽深（$d-t_1$）的极限偏差值应取负号。

3. 键的材料常用 45 钢。

4. 轴槽、轮毂槽的键槽宽度 b 两侧面粗糙度参数 Ra 值推荐为 $1.6\sim3.2$ μm。

5. 轴槽底面、轮毂槽底面的表面粗糙度参数 Ra 值为 6.3 μm。

四、滚动轴承

附表 4-1　滚动轴承各部分尺寸(GB/T 276—1994,GB/T 297—1994,GB/T 301—1995) 单位:mm

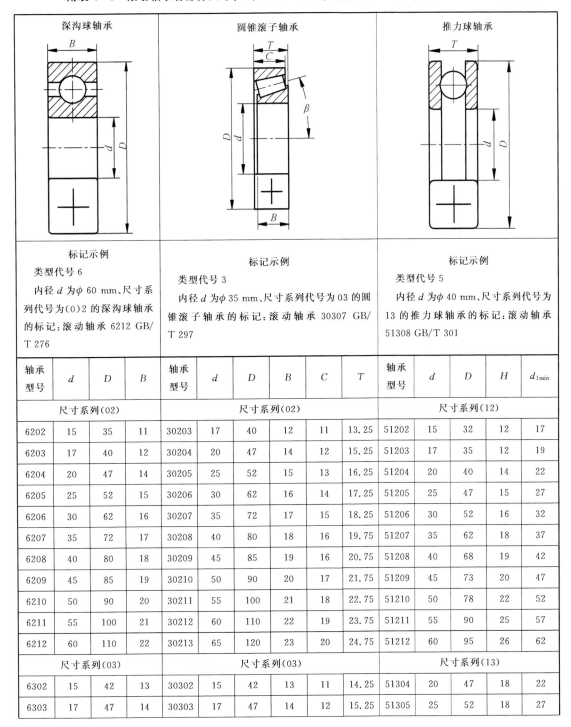

深沟球轴承	圆锥滚子轴承	推力球轴承
标记示例 类型代号 6 内径 d 为 ϕ 60 mm、尺寸系列代号为(0)2 的深沟球轴承的标记:滚动轴承 6212 GB/T 276	**标记示例** 类型代号 3 内径 d 为 ϕ 35 mm、尺寸系列代号为 03 的圆锥滚子轴承的标记:滚动轴承 30307 GB/T 297	**标记示例** 类型代号 5 内径 d 为 ϕ 40 mm、尺寸系列代号为 13 的推力球轴承的标记:滚动轴承 51308 GB/T 301

轴承型号	d	D	B	轴承型号	d	D	B	C	T	轴承型号	d	D	H	$d_{1\min}$
尺寸系列(02)				尺寸系列(02)						尺寸系列(12)				
6202	15	35	11	30203	17	40	12	11	13.25	51202	15	32	12	17
6203	17	40	12	30204	20	47	14	12	15.25	51203	17	35	12	19
6204	20	47	14	30205	25	52	15	13	16.25	51204	20	40	14	22
6205	25	52	15	30206	30	62	16	14	17.25	51205	25	47	15	27
6206	30	62	16	30207	35	72	17	15	18.25	51206	30	52	16	32
6207	35	72	17	30208	40	80	18	16	19.75	51207	35	62	18	37
6208	40	80	18	30209	45	85	19	16	20.75	51208	40	68	19	42
6209	45	85	19	30210	50	90	20	17	21.75	51209	45	73	20	47
6210	50	90	20	30211	55	100	21	18	22.75	51210	50	78	22	52
6211	55	100	21	30212	60	110	22	19	23.75	51211	55	90	25	57
6212	60	110	22	30213	65	120	23	20	24.75	51212	60	95	26	62
尺寸系列(03)				尺寸系列(03)						尺寸系列(13)				
6302	15	42	13	30302	15	42	13	11	14.25	51304	20	47	18	22
6303	17	47	14	30303	17	47	14	12	15.25	51305	25	52	18	27

尺寸系列(03)				尺寸系列(03)						尺寸系列(13)				
6304	20	52	15	30304	20	52	15	13	16.25	51306	30	60	21	32
6305	25	62	17	30305	25	62	17	15	18.25	51307	35	68	24	37
6306	30	72	19	30306	30	72	19	16	20.75	51308	40	78	26	42
6307	35	80	21	30307	35	80	21	18	22.75	51309	45	85	28	47
6308	40	90	23	30308	40	90	23	20	25.25	51310	50	95	31	52
6309	45	100	25	30309	45	100	25	22	27.25	51311	55	105	35	57
6310	50	110	27	30310	50	110	27	23	29.25	51312	60	110	35	62
6311	55	120	29	30311	55	120	29	25	31.5	51313	65	115	36	67
6312	60	130	31	30312	60	130	31	26	33.5	51314	70	125	40	72
6313	65	140	33	30313	65	140	33	28	36.0	51315	75	135	44	77

五、零件常用标准结构

1. 零件倒圆与倒角(GB/T 6403.4—2008)

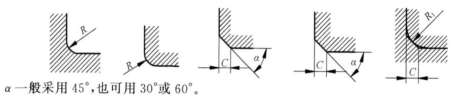

α 一般采用 45°,也可用 30° 或 60°。

附表 5 - 1　与直径 ϕ 相应的倒角 C、倒圆 R 的推荐值　　　单位:mm

ϕ	~3	>3~6	>6~10	>10~18	>18~30	>30~50	>50~80	>80~120	>120~180
C 或 R	0.2	0.4	0.6	0.8	1.0	1.6	2.0	2.5	3.0
ϕ	>180~250	>250~320	>320~400	>400~500	>500~630	>630~800	>800~1 000	>1 000~1 250	>1 250~1 600
C 或 R	4.0	5.0	6.0	8.0	10	12	16	20	25

2. 螺纹退刀槽、倒角(GB/T 3—1997)

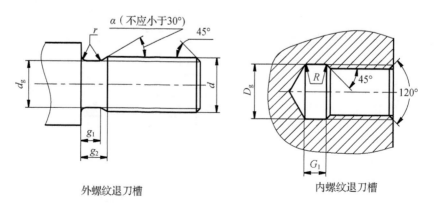

外螺纹退刀槽　　　　　　　　　　内螺纹退刀槽

附表 5－2　普通螺纹退刀槽和倒角　　　　　　单位：mm

		螺距 P	0.25	0.3	0.35	0.4	0.45	0.5	0.6	0.7	0.75	0.8	1	1.25
普通螺纹	外螺纹退刀槽	g_2 max	0.75	0.9	1.05	1.2	1.35	1.5	1.8	2.1	2.25	2.4	3	3.75
		g_1 min	0.4	0.5	0.6	0.6	0.7	0.8	0.9	1.1	1.2	1.3	1.6	2
		d_g	$d-0.4$	$d-0.5$	$d-0.6$	$d-0.7$	$d-0.7$	$d-0.8$	$d-1$	$d-1.1$	$d-1.2$	$d-1.3$	$d-1.6$	$d-2$
		$r\approx$	0.12	0.16	0.16	0.2	0.2	0.2	0.4	0.4	0.4	0.4	0.6	0.6
	内螺纹退刀槽	G_1 一般						2	2.4	2.8	3	3.2	4	5
		G_1 短的						1	1.2	1.4	1.5	1.6	2	2.5
		D_g						$D+0.3$					$D+0.3$	
		$R\approx$						0.2	0.3	0.4	0.4	0.4	0.5	0.6

		螺距 P	1.5	1.75	2	2.5	3	3.5	4	4.5	5	5.5	6	参考值
普通螺纹	外螺纹退刀槽	g_2 max	4.5	5.25	6	7.5	9	10.5	12	13.5	15	17.5	18	$\approx 3P$
		g_1 min	2.5	3	3.4	4.4	5.2	6.2	7	8	9	11	11	—
		d_g	$d-2.3$	$d-2.6$	$d-3$	$d-3.6$	$d-4.4$	$d-5$	$d-5.7$	$d-6.4$	$d-7$	$d-7.7$	$d-8.3$	—
		$r\approx$	0.8	1	1	1.2	1.6	1.6	2	2.5	2.5	3.2	3.2	—
	内螺纹退刀槽	G_1 一般	6	7	8	10	12	14	16	18	20	22	24	$=4P$
		G_1 短的	3	3.5	4	5	6	7	8	9	10	11	12	$=2P$
		D_g					$D+0.5$							—
		$R\approx$	0.8	0.9	1	1.2	1.5	1.8	2	2.2	2.5	2.8	3	$\approx 0.5P$

注：1. d、D 为螺纹公称直径代号。

2. d_g 公差为 h13($d>3$ mm)、h12($d\leqslant 3$ mm)。

3. 内螺纹"短"退刀槽仅在结构受限制时采用。

4. D_g 公差为 H13。

5. 外螺纹始端端面倒角一般为 45°，也可采用 60° 或 30° 倒角；倒角深度应大于或等于螺纹牙型高度；内螺纹入口端面的倒角一般为 120°，也可采用 90° 倒角；端面倒角直径为 $(1.05\sim 1)D$。

3. 砂轮越程槽（GB/T 6043.5—2008）

附表 5－3　砂轮越程槽的尺寸　　　　　　单位：mm

b_1	0.6	1.0	1.6	2.0	3.0	4.0	5.0	8.0	10
b_2	2.0	3.0		4.0		5.0		8.0	10
h	0.1	0.2		0.3	0.4		0.6	0.8	1.2
r	0.2	0.5		0.8	1.0		1.6	2.0	3.0
d	~ 10			$10\sim 50$		$50\sim 100$		100	

注：1. 越程槽内与直线相交处，不允许产生尖角；

2. 越程槽深度 h 与圆弧半径 r 要满足 $r\leqslant 3h$。

六、极限与配合

附表 6-1 轴的基本偏差数值

基本尺寸/mm 大于	至	a 11	b 11	b 12	c 9	c 10	c ⑩	d 8	d ⑨	d 10	d 11	e 7	e 8	e 9
—	3	-270 / -330	-140 / -200	-140 / -240	-60 / -85	-60 / -100	-60 / -120	-20 / -34	-20 / -45	-20 / -60	-20 / -30	-14 / -24	-14 / -28	-14 / -30
3	6	-270 / -345	-140 / -215	-140 / -260	-70 / -100	-70 / -118	-70 / -145	-30 / -48	-30 / -60	-30 / -78	-30 / -105	-20 / -32	-20 / -38	-20 / -50
6	10	-280 / -370	-150 / -240	-150 / -300	-80 / -116	-80 / -138	-80 / -170	-40 / -62	-40 / -76	-40 / -98	-40 / -130	-25 / -40	-25 / -47	-25 / -61
10	14	-290 / -400	-150 / -260	-150 / -330	-95 / -138	-95 / -165	-95 / -205	-50 / -77	-50 / -93	-50 / -120	-50 / -160	-32 / -50	-32 / -59	-32 / -75
14	18	-290 / -400	-150 / -260	-150 / -330	-95 / -138	-95 / -165	-95 / -205	-50 / -77	-50 / -93	-50 / -120	-50 / -160	-32 / -50	-32 / -59	-32 / -75
18	24	-300 / -430	-160 / -290	-160 / -370	-110 / -162	-110 / -194	-110 / -240	-65 / -98	-65 / -117	-65 / -149	-65 / -195	-40 / -61	-40 / -73	-40 / -92
24	30	-300 / -430	-160 / -290	-160 / -370	-110 / -162	-110 / -194	-110 / -240	-65 / -98	-65 / -117	-65 / -149	-65 / -195	-40 / -61	-40 / -73	-40 / -92
30	40	-310 / -470	-170 / -330	-170 / -420	-120 / -182	-120 / -220	-120 / -280	-80 / -119	-80 / -142	-80 / -180	-80 / -240	-50 / -75	-50 / -112	-50 / -189
40	50	-320 / -480	-180 / -340	-180 / -430	-130 / -192	-130 / -230	-130 / -290	-80 / -119	-80 / -142	-80 / -180	-80 / -240	-50 / -75	-50 / -112	-50 / -189
50	65	-340 / -530	-190 / -380	-190 / -490	-140 / -214	-140 / -260	-140 / -330	-100 / -146	-100 / -174	-100 / -220	-100 / -290	-60 / -90	-60 / -106	-60 / -134
65	80	-360 / -550	-200 / -390	-200 / -500	-150 / -224	-150 / -270	-150 / -340	-100 / -146	-100 / -174	-100 / -220	-100 / -290	-60 / -90	-60 / -106	-60 / -134
80	100	-380 / -600	-220 / -440	-220 / -570	-170 / -257	-170 / -310	-170 / -390	-120 / -174	-120 / -207	-120 / -260	-120 / -340	-72 / -107	-72 / -126	-72 / -159
100	120	-410 / -630	-240 / -460	-240 / -590	-180 / -267	-180 / -320	-180 / -400	-120 / -174	-120 / -207	-120 / -260	-120 / -340	-72 / -107	-72 / -126	-72 / -159
120	140	-460 / -710	-260 / -510	-260 / -660	-200 / -300	-200 / -360	-200 / -450	-145 / -208	-145 / -245	-145 / -305	-145 / -395	-85 / -125	-85 / -148	-85 / -185
140	160	-520 / -770	-280 / -530	-280 / -680	-210 / -310	-210 / -370	-210 / -460	-145 / -208	-145 / -245	-145 / -305	-145 / -395	-85 / -125	-85 / -148	-85 / -185
160	180	-580 / -830	-310 / -560	-310 / -710	-230 / -330	-230 / -390	-230 / -480	-145 / -208	-145 / -245	-145 / -305	-145 / -395	-85 / -125	-85 / -148	-85 / -185
180	200	-660 / -950	-340 / -630	-340 / -800	-240 / -355	-240 / -425	-240 / -530	-170 / -242	-170 / -285	-170 / -355	-170 / -460	-100 / -146	-100 / -172	-100 / -215
200	225	-740 / -1030	-380 / -670	-380 / -840	-260 / -375	-260 / -445	-260 / -550	-170 / -242	-170 / -285	-170 / -355	-170 / -460	-100 / -146	-100 / -172	-100 / -215
225	250	-820 / -1110	-420 / -710	-420 / -880	-280 / -395	-280 / -465	-280 / -570	-170 / -242	-170 / -285	-170 / -355	-170 / -460	-100 / -146	-100 / -172	-100 / -215
250	280	-920 / -1240	-480 / -800	-480 / -1000	-300 / -430	-300 / -510	-300 / -620	-190 / -271	-190 / -320	-190 / -400	-190 / -510	-110 / -162	-110 / -191	-110 / -240
280	315	-1050 / -1370	-540 / -860	-540 / -1060	-330 / -460	-330 / -540	-330 / -650	-190 / -271	-190 / -320	-190 / -400	-190 / -510	-110 / -162	-110 / -191	-110 / -240
315	355	-1200 / -1560	-600 / -960	-600 / -1170	-360 / -500	-360 / -590	-360 / -720	-210 / -299	-210 / -350	-210 / -440	-210 / -570	-125 / -182	-125 / -214	-125 / -265
355	400	-1350 / -1710	-680 / -1040	-680 / -1250	-400 / -540	-400 / -630	-400 / -760	-210 / -299	-210 / -350	-210 / -440	-210 / -570	-125 / -182	-125 / -214	-125 / -265
400	450	-1500 / -1900	-760 / -1160	-760 / -1390	-440 / -595	-440 / -690	-440 / -840	-230 / -327	-230 / -385	-230 / -480	-230 / -630	-135 / -198	-135 / -232	-135 / -200
450	500	-1650 / -2050	-840 / -1240	-840 / -1470	-480 / -635	-480 / -730	-480 / -880	-230 / -327	-230 / -385	-230 / -480	-230 / -630	-135 / -198	-135 / -232	-135 / -200

(GB/T 1800.3—1998)　　　　　单位：μm

（带圈优先公差带）

	f					g			h							
5	6	⑦	8	9	5	⑥	7	5	⑥	⑦	8	⑨	10	11	12
−6 −10	−6 −12	−6 −16	−6 −20	−6 −31	−2 −6	−2 −8	−2 −12	0 −4	0 −6	0 −10	0 −14	0 −25	0 −40	0 −60	0 −100
−10 −15	−10 −18	−10 −22	−10 −28	−10 −40	−4 −9	−4 −12	−4 −16	0 −5	0 −8	0 −12	0 −18	0 −30	0 −48	0 −75	0 −120
−13 −19	−13 −22	−13 −28	−13 −35	−13 −49	−5 ⑩	−5 −14	−5 −20	0 −6	0 −9	0 −15	0 −22	0 −36	0 −58	0 −90	0 −150
−16 −24	−16 −27	−16 −34	−16 −43	−16 −59	−6 −14	−6 −17	−6 −24	0 −8	0 −11	0 −18	0 −27	0 −43	0 −70	0 −110	0 −180
−20 −29	−20 −33	−20 −41	−20 −53	−20 −72	−7 −16	−7 −20	−7 −28	0 −9	0 −13	0 −21	0 −33	0 −52	0 −84	0 −130	0 −210
−25 −36	−25 −41	−25 −50	−25 −64	−25 −87	−9 −20	−9 −25	−9 −34	0 −11	0 −16	0 −25	0 −39	0 −62	0 −100	0 −160	0 −250
−30 −43	−30 −49	−30 −60	−30 −76	−30 −104	−10 −23	−10 −29	−10 −40	0 −13	0 −19	0 −30	0 −46	0 −74	0 −120	0 −190	0 −300
−36 −51	−36 −58	−36 −71	−36 −90	−36 −123	−12 −27	−12 −34	−12 −47	0 −15	0 −22	0 −35	0 −54	0 −87	0 −140	0 −220	0 −350
−43 −61	−43 −68	−43 −83	−43 −106	−43 −143	−14 −32	−14 −39	−14 −54	0 −18	0 −25	0 −40	0 −63	0 −100	0 −160	0 −250	0 −400
−50 −70	−50 −79	−50 −96	−50 −122	−50 −165	−15 −35	−15 −44	−15 −61	0 −20	0 −29	0 −46	0 −72	0 −115	0 −185	0 −290	0 −460
−56 −79	−56 −79	−56 −108	−56 −137	−56 −186	−17 −40	−17 −49	−17 −69	0 −23	0 −32	0 −52	0 −81	0 −130	0 −210	0 −320	0 −520
−62 −87	−62 −87	−62 −119	−62 −151	−62 −202	−18 −43	−18 −54	−18 −75	0 −25	0 −36	0 −57	0 −89	0 −140	0 −230	0 −360	0 −570
−68 −95	−68 −95	−68 −131	−68 −165	−68 −223	−20 −47	−20 −60	−20 −83	0 −27	0 −40	0 −63	0 −97	0 −155	0 −250	0 −400	0 −630

附表 6－1　轴的基本偏差数值

| 基本尺寸/mm | | 常用及优先公差带 | | | | | | | | | | | | | | |
大于	至	js 5	js 6	js 7	k 5	k ⑥	k 7	m 5	m 6	m 7	N 5	N ⑥	N 7	P 5	P ⑥	P 7
—	3	±2	±3	±5	+4 / 0	+6 / 0	+10 / 0	+6 / +2	+8 / +2	+12 / +2	+8 / +4	+10 / +4	+14 / +4	+10 / +6	+12 / +6	+16 / +6
3	6	±2.5	±4	±6	+6 / +1	+9 / +1	+13 / +1	+9 / +4	+12 / +4	+16 / +4	+13 / +8	+16 / +8	+20 / +8	+17 / +12	+20 / +12	+24 / +12
6	10	±3	±4.5	±7	+7 / +1	+10 / +1	+16 / +1	+12 / +6	+15 / +6	+21 / +6	+16 / +10	+19 / +10	+25 / +10	+21 / +15	+24 / +15	+30 / +15
10	14	±24	±5.5	±9	+9 / +1	+12 / +1	+19 / +1	+15 / +7	+18 / +7	+25 / +7	+20 / +12	+23 / +12	+30 / +12	+26 / +18	+29 / +18	+36 / +18
14	18	±24	±5.5	±9	+9 / +1	+12 / +1	+19 / +1	+15 / +7	+18 / +7	+25 / +7	+20 / +12	+23 / +12	+30 / +12	+26 / +18	+29 / +18	+36 / +18
18	24	±4.5	±6.5	±10	+11 / +2	+15 / +2	+23 / +2	+17 / +8	+21 / +8	+29 / +8	+24 / +15	+28 / +15	+36 / +15	+31 / +22	+35 / +22	+43 / +22
24	30	±4.5	±6.5	±10	+11 / +2	+15 / +2	+23 / +2	+17 / +8	+21 / +8	+29 / +8	+24 / +15	+28 / +15	+36 / +15	+31 / +22	+35 / +22	+43 / +22
30	40	±5.5	±8	±12	+13 / +2	+18 / +2	+27 / +2	+20 / +9	+25 / +9	+34 / +9	+28 / +17	+33 / +17	+42 / +17	+37 / +26	+42 / +26	+51 / +26
40	50	±5.5	±8	±12	+13 / +2	+18 / +2	+27 / +2	+20 / +9	+25 / +9	+34 / +9	+28 / +17	+33 / +17	+42 / +17	+37 / +26	+42 / +26	+51 / +26
50	65	±6.5	±9.5	±15	+15 / +2	+21 / +2	+32 / +2	+24 / +11	+30 / +11	+41 / +11	+33 / +20	+39 / +20	+50 / +20	+45 / +32	+51 / +32	+62 / +32
65	80	±6.5	±9.5	±15	+15 / +2	+21 / +2	+32 / +2	+24 / +11	+30 / +11	+41 / +11	+33 / +20	+39 / +20	+50 / +20	+45 / +32	+51 / +32	+62 / +32
80	100	±7.5	±11	±17	+18 / +3	+25 / +3	+38 / +3	+28 / +13	+35 / +13	+48 / +13	+38 / +23	+45 / +23	+58 / +23	+52 / +37	+59 / +37	+72 / +37
100	120	±7.5	±11	±17	+18 / +3	+25 / +3	+38 / +3	+28 / +13	+35 / +13	+48 / +13	+38 / +23	+45 / +23	+58 / +23	+52 / +37	+59 / +37	+72 / +37
120	140	±9	±12.5	±20	+21 / +3	+28 / +3	+43 / +3	+33 / +15	+40 / +15	+55 / +15	+45 / +27	+52 / +27	+67 / +27	+61 / +43	+68 / +43	+83 / +43
140	160	±9	±12.5	±20	+21 / +3	+28 / +3	+43 / +3	+33 / +15	+40 / +15	+55 / +15	+45 / +27	+52 / +27	+67 / +27	+61 / +43	+68 / +43	+83 / +43
160	180	±9	±12.5	±20	+21 / +3	+28 / +3	+43 / +3	+33 / +15	+40 / +15	+55 / +15	+45 / +27	+52 / +27	+67 / +27	+61 / +43	+68 / +43	+83 / +43
180	200	±10	±14.5	±23	+24 / +4	+33 / +4	+50 / +4	+37 / +17	+46 / +17	+63 / +17	+51 / +31	+60 / +31	+77 / +31	+70 / +50	+79 / +50	+96 / +50
200	225	±10	±14.5	±23	+24 / +4	+33 / +4	+50 / +4	+37 / +17	+46 / +17	+63 / +17	+51 / +31	+60 / +31	+77 / +31	+70 / +50	+79 / +50	+96 / +50
225	250	±10	±14.5	±23	+24 / +4	+33 / +4	+50 / +4	+37 / +17	+46 / +17	+63 / +17	+51 / +31	+60 / +31	+77 / +31	+70 / +50	+79 / +50	+96 / +50
250	280	±11.5	±16	±26	+27 / +4	+36 / +4	+56 / +4	+43 / +20	+52 / +20	+72 / +20	+57 / +34	+66 / +34	+86 / +34	+79 / +56	+88 / +56	+108 / +56
280	315	±11.5	±16	±26	+27 / +4	+36 / +4	+56 / +4	+43 / +20	+52 / +20	+72 / +20	+57 / +34	+66 / +34	+86 / +34	+79 / +56	+88 / +56	+108 / +56
315	355	±12.5	±18	28	+29 / +4	+40 / +4	+61 / +4	+46 / +21	+57 / +21	+78 / +21	+62 / +37	+73 / +37	+94 / +37	+87 / +62	+98 / +62	+119 / +62
355	400	±12.5	±18	28	+29 / +4	+40 / +4	+61 / +4	+46 / +21	+57 / +21	+78 / +21	+62 / +37	+73 / +37	+94 / +37	+87 / +62	+98 / +62	+119 / +62
400	450	±13.5	±20	±31	+32 / +5	+45 / +5	+68 / +5	+50 / +23	+63 / +23	+86 / +23	+67 / +40	+80 / +40	+103 / +40	+95 / +68	+108 / +68	+131 / +68
450	500	±13.5	±20	±31	+32 / +5	+45 / +5	+68 / +5	+50 / +23	+63 / +23	+86 / +23	+67 / +40	+80 / +40	+103 / +40	+95 / +68	+108 / +68	+131 / +68

（GB/T 1800.3—1998）　　　　　　　　　　单位：μm

（带　圈　优　先　公　差　带）

r 5	r 6	r 7	s 5	s ⑥	s 7	t 5	t 6	t 7	u ⑥	u 7	v 6	x 6	y 6	z 6
+14/+10	+16/+10	+20/+10	+18/+14	+20/+14	+24/+14	—	—	—	+24/+18	+28/+18	—	+26/+20	—	+32/+26
+20/+15	+23/+15	+27/+15	+24/+19	+27/+19	+31/+19	—	—	—	+31/+23	+35/+23	—	+36/+28	—	+43/+35
+25/+19	+28/+19	+34/+19	+29/+23	+32/+23	+38/+23	—	—	—	+37/+28	+43/+28	—	+43/+34	—	+51/+42
+31/+23	+34/+23	+41/+23	+36/+28	+39/+28	+46/+28	—	—	—	+44/+33	+51/+33	—	+51/+40	—	+61/+50
+31/+23	+34/+23	+41/+23	+36/+28	+39/+28	+46/+28	—	—	—	+44/+33	+51/+33	+50/+39	+56/+45	—	+71/+60
+37/+28	+41/+28	+49/+28	+44/+35	+48/+35	+56/+35	—	—	—	+54/+41	+62/+41	+60/+47	+67/+54	+76/+63	+86/+73
+37/+28	+41/+28	+49/+28	+44/+35	+48/+35	+56/+35	+50/+41	+54/+41	+62/+41	+61/+48	+69/+48	+68/+55	+77/+64	+88/+75	+101/+88
+45/+34	+50/+34	+59/+34	+54/+43	+59/+43	+68/+43	+59/+48	+64/+48	+73/+48	+76/+60	+85/+60	+84/+68	+96/+80	+110/+94	+128/+112
+45/+34	+50/+34	+59/+34	+54/+43	+59/+43	+68/+43	+65/+54	+70/+54	+79/+54	+86/+70	+95/+70	+97/+81	+113/+97	+130/+114	+152/+136
+54/+41	+60/+41	+71/+41	+66/+53	+72/+53	+83/+53	+79/+66	+85/+66	+96/+66	+106/+87	+117/+87	+121/+102	+141/+122	+163/+144	+191/+172
+56/+43	+62/+43	+73/+43	+72/+59	+78/+59	+89/+59	+88/+75	+94/+75	+105/+75	+121/+102	+132/+102	+139/+120	+165/+146	+193/+174	+229/+210
+66/+51	+73/+51	+86/+51	+86/+71	+93/+71	+106/+71	+106/+91	+113/+91	+126/+91	+146/+124	+159/+124	+168/+146	+200/+178	+236/+214	+280/+258
+69/+54	+76/+54	+89/+54	+94/+79	+101/+79	+114/+79	+119/+104	+126/+104	+139/+104	+166/+144	+179/+144	+194/+172	+232/+210	+276/+254	+332/+310
+81/+63	+88/+63	+103/+63	+110/+92	+117/+92	+132/+92	+140/+122	+147/+122	+162/+122	+195/+170	+210/+170	+227/+202	+273/+248	+325/+300	+390/+365
+83/+65	+90/+65	+105/+65	+118/+100	+125/+100	+140/+100	+152/+134	+159/+134	+174/+134	+215/+190	+230/+190	+253/+228	+305/+280	+365/+340	+440/+415
+86/+68	+93/+68	+108/+68	+126/+108	+133/+108	+148/+108	+164/+146	+171/+146	+186/+146	+235/+210	+250/+210	+277/+252	+335/+310	+405/+380	+490/+465
+97/+77	+106/+77	+123/+77	+142/+122	+151/+122	+168/+122	+186/+166	+195/+166	+212/+166	+265/+236	+282/+236	+313/+284	+379/+350	+454/+425	+549/+520
+100/+80	+109/+80	+126/+80	+150/+130	+159/+130	+176/+130	+200/+180	+209/+180	+226/+180	+287/+258	+304/+258	+339/+310	+414/+385	+499/+470	+604/+575
+104/+84	+113/+84	+130/+84	+160/+140	+169/+140	+186/+140	+216/+196	+225/+196	+242/+196	+313/+284	+330/+284	+369/+340	+454/+425	+549/+520	+669/+640
+117/+94	+126/+94	+146/+94	+181/+158	+190/+158	+210/+158	+241/+218	+250/+218	+270/+218	+347/+315	+367/+315	+417/+385	+507/+475	+612/+580	+742/+710
+121/+98	+130/+98	+150/+98	+193/+170	+202/+170	+222/+170	+263/+240	+272/+240	+292/+240	+382/+350	+402/+350	+457/+425	+557/+525	+682/+650	+822/+790
+133/+108	+144/+108	+165/+108	+215/+190	+226/+190	+247/+190	+293/+268	+304/+268	+325/+268	+426/+390	+447/+390	+511/+475	+626/+590	+766/+730	+936/+900
+139/+114	+150/+114	+171/+114	+233/+208	+244/+208	+265/+208	+319/+294	+330/+294	+351/+294	+471/+435	+492/+435	+566/+530	+696/+660	+856/+820	+1036/+1000
+153/+126	+166/+126	+189/+126	+259/+232	+272/+232	+295/+232	+357/+330	+370/+330	+393/+330	+530/+490	+553/+490	+635/+595	+780/+740	+960/+920	+1140/+1100
+159/+132	+172/+132	+195/+132	+279/+252	+292/+252	+315/+252	+387/+360	+400/+360	+423/+360	+580/+540	+603/+540	+700/+660	+860/+820	+1040/+1000	+1290/+1250

附表 6-2　孔的基本偏差数值

基本尺寸/mm		A	B	C	C	D	D	D	D	E	E	F	F	F	F	G	G	H	H	H	H	H	H	H
大于	至	11	11	12	11	8	⑨	10	11	8	9	6	7	⑧	9	6	⑦	6	⑦	⑧	⑨	10	11	12
—	3	+330 +270	+200 +140	+240 +140	+120 +60	+34 +20	+45 +20	+60 +20	+80 +20	+28 +14	+39 +14	+12 +6	+16 +6	+20 +6	+31 +6	+8 +2	+12 +2	+6 0	+10 0	+14 0	+25 0	+40 0	+60 0	+100 0
3	6	+345 +270	+215 +140	+260 +140	+145 +70	+48 +30	+60 +30	+78 +30	+105 +30	+38 +20	+50 +20	+18 +10	+22 +10	+28 +10	+40 +10	+12 +4	+16 +4	+8 0	+12 0	+18 0	+30 0	+48 0	+75 0	+120 0
6	10	+370 +280	+240 +150	+300 +150	+170 +80	+62 +40	+76 +40	+98 +40	+130 +40	+47 +25	+61 +25	+22 +13	+28 +13	+35 +13	+49 +13	+14 +5	+20 +5	+9 0	+15 0	+22 0	+36 0	+58 0	+90 0	+150 0
10	14	+400 +290	+260 +150	+330 +150	+205 +95	+77 +50	+93 +50	+120 +50	+160 +50	+59 +32	+75 +32	+27 +16	+34 +16	+43 +16	+59 +16	+17 +6	+24 +6	+11 0	+18 0	+27 0	+43 0	+70 0	+110 0	+180 0
14	18	+400 +290	+260 +150	+330 +150	+205 +95	+77 +50	+93 +50	+120 +50	+160 +50	+59 +32	+75 +32	+27 +16	+34 +16	+43 +16	+59 +16	+17 +6	+24 +6	+11 0	+18 0	+27 0	+43 0	+70 0	+110 0	+180 0
18	24	+430 +300	+290 +160	+370 +160	+240 +110	+98 +65	+117 +65	+149 +65	+195 +65	+73 +40	+92 +40	+33 +20	+41 +20	+53 +20	+72 +20	+20 +7	+28 +7	+13 0	+21 0	+33 0	+52 0	+84 0	+130 0	+210 0
24	30	+430 +300	+290 +160	+370 +160	+240 +110	+98 +65	+117 +65	+149 +65	+195 +65	+73 +40	+92 +40	+33 +20	+41 +20	+53 +20	+72 +20	+20 +7	+28 +7	+13 0	+21 0	+33 0	+52 0	+84 0	+130 0	+210 0
30	40	+470 +310	+330 +170	+420 +170	+280 +120	+119 +80	+142 +80	+180 +80	+240 +80	+89 +50	+112 +50	+41 +25	+50 +25	+64 +25	+87 +25	+25 +9	+34 +9	+16 0	+25 0	+39 0	+62 0	+100 0	+160 0	+250 0
40	50	+480 +320	+340 +180	+430 +180	+290 +130	+119 +80	+142 +80	+180 +80	+240 +80	+89 +50	+112 +50	+41 +25	+50 +25	+64 +25	+87 +25	+25 +9	+34 +9	+16 0	+25 0	+39 0	+62 0	+100 0	+160 0	+250 0
50	65	+530 +340	+380 +190	+490 +190	+330 +150	+146 +100	+170 +100	+220 +100	+290 +100	+106 +60	+134 +60	+49 +30	+60 +30	+76 +30	+104 +30	+29 +10	+40 +10	+19 0	+30 0	+46 0	+74 0	+120 0	+190 0	+300 0
65	80	+550 +360	+390 +200	+500 +200	+340 +150	+146 +100	+170 +100	+220 +100	+290 +100	+106 +60	+134 +60	+49 +30	+60 +30	+76 +30	+104 +30	+29 +10	+40 +10	+19 0	+30 0	+46 0	+74 0	+120 0	+190 0	+300 0
80	100	+600 +380	+400 +220	+570 +220	+390 +170	+174 +120	+207 +120	+260 +120	+340 +120	+126 +72	+159 +72	+58 +36	+71 +36	+90 +36	+123 +36	+34 +12	+47 +12	+22 0	+35 0	+54 0	+87 0	+140 0	+220 0	+350 0
100	120	+630 +410	+460 +240	+590 +240	+400 +180	+174 +120	+207 +120	+260 +120	+340 +120	+126 +72	+159 +72	+58 +36	+71 +36	+90 +36	+123 +36	+34 +12	+47 +12	+22 0	+35 0	+54 0	+87 0	+140 0	+220 0	+350 0
120	140	+710 +460	+510 +260	+660 +260	+450 +200	+208 +145	+245 +145	+305 +145	+395 +145	+148 +85	+185 +85	+68 +43	+83 +43	+106 +43	+143 +43	+39 +14	+54 +14	+25 0	+40 0	+63 0	+100 0	+160 0	+250 0	+400 0
140	160	+770 +520	+530 +280	+680 +280	+460 +210	+208 +145	+245 +145	+305 +145	+395 +145	+148 +85	+185 +85	+68 +43	+83 +43	+106 +43	+143 +43	+39 +14	+54 +14	+25 0	+40 0	+63 0	+100 0	+160 0	+250 0	+400 0
160	180	+830 +580	+560 +310	+710 +310	+480 +230	+208 +145	+245 +145	+305 +145	+395 +145	+148 +85	+185 +85	+68 +43	+83 +43	+106 +43	+143 +43	+39 +14	+54 +14	+25 0	+40 0	+63 0	+100 0	+160 0	+250 0	+400 0
180	200	+950 +660	+630 +340	+800 +340	+530 +240	+242 +170	+285 +170	+355 +170	+460 +170	+172 +100	+215 +100	+79 +50	+96 +50	+122 +50	+165 +50	+44 +15	+61 +15	+29 0	+46 0	+72 0	+115 0	+185 0	+290 0	+460 0
200	225	+1030 +740	+670 +380	+840 +380	+550 +260	+242 +170	+285 +170	+355 +170	+460 +170	+172 +100	+215 +100	+79 +50	+96 +50	+122 +50	+165 +50	+44 +15	+61 +15	+29 0	+46 0	+72 0	+115 0	+185 0	+290 0	+460 0
225	250	+1110 +820	+710 +420	+880 +420	+570 +280	+242 +170	+285 +170	+355 +170	+460 +170	+172 +100	+215 +100	+79 +50	+96 +50	+122 +50	+165 +50	+44 +15	+61 +15	+29 0	+46 0	+72 0	+115 0	+185 0	+290 0	+460 0
250	280	+1240 +920	+800 +480	+1000 +480	+620 +300	+271 +190	+320 +190	+400 +190	+510 +190	+191 +110	+240 +110	+88 +56	+108 +56	+137 +56	+186 +56	+49 +17	+69 +17	+32 0	+52 0	+81 0	+130 0	+210 0	+320 0	+520 0
280	315	+1370 +1050	+860 +540	+1060 +540	+650 +330	+271 +190	+320 +190	+400 +190	+510 +190	+191 +110	+240 +110	+88 +56	+108 +56	+137 +56	+186 +56	+49 +17	+69 +17	+32 0	+52 0	+81 0	+130 0	+210 0	+320 0	+520 0
315	355	+1560 +1200	+960 +600	+1170 +600	+720 +360	+299 +210	+350 +210	+440 +210	+570 +210	+214 +125	+265 +125	+98 +62	+119 +62	+151 +62	+202 +62	+54 +18	+75 +18	+36 0	+57 0	+89 0	+140 0	+230 0	+360 0	+570 0
355	400	+1710 +1350	+1040 +680	+1250 +680	+760 +400	+299 +210	+350 +210	+440 +210	+570 +210	+214 +125	+265 +125	+98 +62	+119 +62	+151 +62	+202 +62	+54 +18	+75 +18	+36 0	+57 0	+89 0	+140 0	+230 0	+360 0	+570 0
400	450	+1900 +1500	+1160 +760	+1390 +760	+840 +440	+327 +230	+385 +230	+480 +230	+630 +230	+232 +135	+290 +135	+108 +68	+131 +68	+165 +68	+223 +68	+60 +20	+83 +20	+40 0	+63 0	+97 0	+155 0	+250 0	+400 0	+630 0
450	500	+2050 +1650	+1240 +840	+1470 +840	+880 +480	+327 +230	+385 +230	+480 +230	+630 +230	+232 +135	+290 +135	+108 +68	+131 +68	+165 +68	+223 +68	+60 +20	+83 +20	+40 0	+63 0	+97 0	+155 0	+250 0	+400 0	+630 0

(GB/T1800.3—1998)　　　　　　　単位:μm

常　用　及　优　先　公　差　带

JS			K			M			N			P		R		S		T		U
6	7	8	6	⑦	8	6	7	8	6	⑦	8	6	⑦	6	7	6	⑦	6	7	⑦
±3	±5	±7	0/−6	0/−10	0/−14	−2/−8	−2/−12	−2/−16	−4/−10	−4/−14	−4/−18	−6/−12	−6/−16	−10/−16	−10/−20	−14/−20	−14/−24	—	—	−18/−28
±4	±6	±9	+2/−6	+3/−9	+5/−13	−1/−9	0/−12	+2/−16	−5/−13	−4/−16	−9/−20	−9/−17	−8/−20	−12/−20	−11/−23	−16/−24	−15/−27	—	—	−19/−31
±4.5	±7	±⑩	+2/−7	+5/−10	+6/−16	−3/−12	0/−15	+1/−21	−7/−16	−4/−19	−3/−25	−12/−21	−9/−24	−16/−25	−13/−28	−20/−29	−17/−32	—	—	−22/−37
±5.5	±9	±13	+2/−9	+6/−12	+8/−19	−4/−15	0/−18	+2/−25	−9/−20	−5/−23	−3/−30	−15/−26	−11/−29	−20/−31	−16/−34	−25/−35	−21/−39	—	—	−26/−44
±6.5	±10	±16	+2/−11	+6/−15	+10/−23	−4/−17	0/−21	+4/−29	−11/−24	−7/−28	−3/−36	−18/−31	−14/−35	−24/−37	−20/−41	−31/−44	−27/−48	−33/−54	—	—
																		−37/−50	−33/−54	−40/−61
±8	±12	±19	+3/−13	+7/−18	+12/−27	−4/−20	0/−25	+5/−34	−12/−28	−8/−33	−3/−42	−21/−37	−17/−42	−29/−45	−25/−50	−38/−54	−34/−59	−43/−59	−39/−64	−51/−76
																		−49/−65	−45/−70	−61/−86
±9.5	±15	±23	+4/−15	+9/−21	+14/−32	−5/−24	0/−30	+5/−41	−14/−33	−9/−39	−4/−50	−26/−45	−21/−51	−35/−54	−30/−60	−47/−66	−42/−72	−60/−79	−55/−85	−76/−106
														−37/−56	−32/−62	−53/−72	−48/−78	−69/−88	−64/−94	−91/−121
±11	±17	±27	+4/−18	+10/−25	+16/−38	−6/−28	0/−35	+6/−48	−16/−38	−10/−45	−4/−58	−30/−52	−24/−59	−44/−66	−38/−73	−64/−86	−58/−93	−84/−106	−78/−113	−111/−146
														−47/−69	−41/−76	−72/−94	−66/−101	−97/−119	−91/−126	−131/−166
±12.5	±20	±31	+4/−21	+12/−28	+20/−43	−8/−33	0/−40	+8/−55	−20/−45	−12/−52	−4/−67	−36/−61	−28/−68	−56/−81	−48/−88	−85/−110	−77/−117	−115/−140	−107/−147	−155/−195
														−58/−83	−50/−90	−93/−118	−85/−125	−127/−152	−119/−159	−175/−215
														−61/−86	−53/−93	−101/−126	−93/−133	−139/−164	−131/−171	−195/−235
±14.5	±23	±36	+5/−24	+13/−33	+22/−50	−8/−37	0/−46	+9/−63	−22/−51	−14/−60	−5/−77	−41/−70	−33/−79	−68/−97	−60/−106	−113/−142	−105/−151	−157/−186	−149/−195	−219/−265
														−71/−100	−68/−109	−121/−150	−113/−159	−171/−200	−163/−209	−241/−287
														−75/−104	−67/−113	−131/−160	−123/−169	−187/−216	−179/−225	−267/−313
±16	±26	±40	+5/−27	+16/−36	+25/−56	−9/−41	0/−52	+9/−72	−25/−57	−14/−66	−5/−86	−47/−79	−36/−88	−85/−117	−74/−126	−149/−181	−138/−190	−209/−241	−198/−250	−295/−347
														−89/−121	−78/−130	−161/−193	−150/−202	−231/−263	−220/−270	−330/−382
±18	±28	±44	+7/−29	+17/−40	+28/−61	−10/−46	0/−57	+11/−78	−26/−62	−16/−73	−5/−94	−51/−87	−41/−98	−97/−133	−87/−144	−179/−215	−169/−226	−257/−293	−247/−304	−369/−426
														−103/−139	−93/−150	−197/−233	−187/−244	−283/−319	−273/−330	−414/−471
±20	±31	±48	+8/−32	+18/−45	+29/−68	−10/−50	0/−63	+11/−86	−27/−67	−17/−80	−6/−103	−55/−95	−45/−108	−113/−153	−103/−166	−219/−259	−209/−272	−317/−357	−307/−370	−467/−530
														−119/−159	−109/−172	−239/−279	−229/−292	−347/−387	−337/−400	−517/−580

参 考 文 献

[1] 焦永和.机械制图[M].北京:北京理工大学出版社,2001.

[2] 大连理工大学工程图学教研室.机械制图[M].北京:高等教育出版社,2007.

[3] 周静卿,张淑娟,赵凤琴.机械制图与计算机绘图[M].北京:中国农业大学出版社,2007.

[4] 钱可强.机械制图[M].北京:高等教育出版社,2007.

[5] 张崇本,张雪梅.机械制图[M].北京:机械工业出版社,2010.

[6] 机械科学研究总院中机生产力促进中心.工业行业国家标准和行业标准目录[M].昆明:云南科技出版社,2009.

[7] 张淑娟,全腊珍,杨启勇.工程制图[M].北京:中国农业大学出版社,2010.

[8] 刘永田,金乐.机械制图基础[M].北京:北京航空航天大学出版社,2009.

[9] 邹玉堂,路慧彪,王淑英.现代工程制图[M].北京:机械工业出版社,2009.

[10] 冯秋官.机械制图与计算机绘图[M].北京:机械工业出版社,2010.

[11] 郭克希,王建国.机械制图[M].北京:机械工业出版社,2010.

[12] 王兰美,冯秋官.机械制图[M].北京:高等教育出版社,2010.

[13] 杨惠英,王玉坤. 机械制图[M]. 北京:清华大学出版社,2010.

[14] 中华人民共和国国家质量监督检验检疫总局,中国国家标准化管理委员会.产品几何技术规范(GPS)技术产品文件中表面结构的表示法[M].北京:中国标准出版社,2007.